现代消费社会水足迹

（原书第二版）

〔荷〕Arjen Y. Hoekstra 著

吴普特 卓 拉等 译

科学出版社

北 京

图字号：01-2020-5487

内 容 简 介

水足迹，用于衡量生产者或消费者直接或者间接水资源消耗及其对水环境的影响，被公认为最为全面的水资源评价指标之一。本书是“水足迹之父”——阿尔杰恩·胡克斯特拉教授生前出版的最后一部重要著作，系统总结了其团队自2002年以来的最新研究进展，涉及多行业、多尺度的水足迹量化与评价，充分展示了水足迹领域的前沿动态。较第一版，新增了三个章节，分别阐述人类环境足迹、水足迹思想简史、能源转换：怎样同时减少碳足迹和水足迹。完善了对水资源可持续管理的可持续性、高效性与公平性的解析与探讨。

本书可供水资源、环境科学及管理科学等相关领域研究人员、管理人员参考。

图书在版编目(CIP)数据

现代消费社会水足迹：原书第二版/（荷）胡克斯特拉（Arjen Y. Hoekstra）著；吴普特等译．—北京：科学出版社，2020. 11

书名原文：The Water Footprint of Modern Consumer Society（Second Edition）

ISBN 978-7-03-057455-8

Ⅰ．①现…　Ⅱ．①胡…　②吴…　Ⅲ．①消费经济学-水资源利用-研究
Ⅳ．①F014. 5

中国版本图书馆CIP数据核字（2020）第186195号

责任编辑：韦　沁／责任校对：张小霞
责任印制：吴兆东／封面设计：北京图阅盛世文化传媒有限公司

科学出版社 出版
北京东黄城根北街16号
邮政编码：100717
http://www.sciencep.com

北京建宏印刷有限公司 印刷
科学出版社发行　各地新华书店经销

*

2020年11月第　一　版　开本：787×1092　1/16
2020年11月第一次印刷　印张：13 1/2
字数：320 000

定价：108.00元

（如有印装质量问题，我社负责调换）

The Water Footprint of Modern Consumer Society, 2nd edition / by Arjen Y. Hoekstra / ISBN: 9781138354784

译者前言

人类活动的加剧对水资源的占用和对水环境的干扰，使水问题愈加复杂，不断给实现可持续水资源管理带来新的和愈加严峻的挑战。水足迹是由本书作者阿尔杰恩·胡克斯特拉（Arjen Y. Hoekstra）教授于2002年提出的，旨在度量人类活动对水资源量的直接或间接消耗及对水质的影响。因其具有对不同来源水量与水质影响的统一评价，对虚拟水流动或贸易的有机拓展及与“足迹家族”各成员的较强包容性、可比性等显著优势，水足迹的核算、评价及调控已成为水资源管理学科的热点和前沿研究领域之一。人类生产、消费和贸易活动与水资源系统的内在联系日渐明晰。

2014年，应胡克斯特拉教授邀请，我们翻译出版了《现代消费社会水足迹》(第一版)。2019年11月，胡克斯特拉教授来西北农林科技大学参加“2019全球视角下的区域水资源管理研讨会”时，将刚刚出版的《现代消费社会水足迹》(第二版）赠予我校，并与来自世界各国的诸位参会专家深入研讨了一系列尚未完全解决的水科学问题：如何在全球化背景下识别和解决不同时空尺度水资源的复杂难题？水足迹作为重要的水消耗、水影响测量和评价工具该如何在实际水资源管理过程中更好地发挥作用？等等。

但不久，胡克斯特拉教授突然辞世，不仅使我们大家共同商定的研究计划失去了一位杰出的“领导者”，也使国际水科学领域痛失一位尚还年轻的科学明星！作为其多年的朋友和科学研究的合作者，我们决定再次承担胡克斯特拉教授最新著作的翻译任务，作为对他所作科学贡献的一份缅怀与纪念。而本书内容的前沿性和启发性是我们决定尽早完成翻译和出版的更重要的原因。

该书系统总结了胡克斯特拉教授及其团队自2002年至2019年的研究成果，涉及对全球多行业、多尺度水足迹量化与评价的探索。较第一版，新增了人类环境足迹（第一章）、水足迹思想简史（第二章）、能源转换：怎样同时减少碳足迹和水足迹（第八章）三个章节的内容；完善了对于水资源可持续管理三大支柱——可持续性（第十一章）、高效性（第十二章）和公平性（第十三章）科学内涵的解析。

在完成译稿的过程中，多次阅读原作并与第一版仔细对照，结合我们自己及团队多年聚焦我国灌区-流域-国家尺度农业生产和消费系统水足迹及虚拟水流动的研究工作，有以下几点思考与感想，愿与读者朋友分享：

（一）水资源是人类实现可持续发展目标的重要部分和关键介质

从“联合国千年发展目标（Millennium Development Goals，MDGs，2000年）”到“联合国可持续发展目标（Sustainable Development Goals，SDGs，2015年）”，全球各个国家不断加强合作，努力完善和落实人类经济、社会与环境可持续发展的愿景。

水资源因其同时具有资源稀缺性和利用多样性之特点，一方面，对有限水资源的保量、保质获取是可持续发展目标的重要组成部分；另一方面，作为保障食物安全、能源安全、生态安全的重要基础要素，水资源也是实现多个可持续发展目标的关键介质。

水资源的这一特征催生了“行星边界”“水-能源-粮食纽带系统”等科学新名词和研究新领域，也提出了更多悬而未决的水科学问题。

（二）开放经济社会的水资源管理不仅仅是当地政府和用水户的责任

虚拟水贸易的概念提醒我们：从富水地区或具有高水分生产力的地区进口水密集型产品是缓解缺水地区水资源压力的有效途径，同时，也揭示了贸易活动对水资源压力的责任转移过程。作为综合耗水指标，水足迹的提出与研究推动和拓展了学界对人类生产-贸易-消费活动对水资源流动影响的认知。

农业是全球，也是我国第一大用水户。胡克斯特拉教授团队的研究估算出近1/4的全球农业生产水足迹随国际贸易形成虚拟水流动；我们的研究得出，在我国人均作物产品消费水足迹的35%都来自于其所在省区外。显然，在现代自然-经济-社会复杂系统中，消费需求多元化，区域间贸易活动加剧，内嵌于其中的虚拟水流动日趋频繁，水资源消耗形成实体水-虚拟水嵌入转化、互为反馈、相互影响的耦合流动过程。

越来越多的学者通过大量研究多次揭示和证实了水资源短缺或污染问题的责任转移和外部化现象。开放经济社会的水资源管理已不再仅仅是水资源所在当地和用水户的责任。但是，对于世界上绝大多数地区和流域，上述水资源问题责任归属的深刻变革仍然没有得到水资源管理者的接纳和重视。

（三）传统水资源学科解决水资源问题已然势单力薄

传统的水文水资源学科解决水问题的焦点是自然-社会系统中的实体水循环和生产过程中实体水利用效率的提高。然而，要破解由现代经济活动、社会活动和各行业之间相互作用所引发的实体水-虚拟水耦合流动过程中的水问题，单靠传统水文水资源学科已然不足，这在该书内容中也多有体现。多学科交叉、多技术融合，最终形成具有完整体系的新兴学科分支的需求日益强烈。

2017年，胡克斯特拉教授视水足迹研究为一个系统的学术领域（research field）；2019年，美国学者保罗·迪奥多里克（Paolo D’Odorico）教授呼吁应将虚拟水循环纳入水文循环范畴；同年，我们团队尝试初步提出了“过程水文学”（process hydrology），即揭示实体水-虚拟水在复杂系统中耦合流动规律与伴生效应的交叉学科，以期为今后从经济社会全产业链视角管理和调控水资源提供科学理论和系统的方法手段。

一个不容否认的事实是未来水资源的可持续管理与利用，仅仅依靠对实体水的管理和利用恐怕难以完成此重任。我们认为正确的理念与做法应是：不仅要树立水资源是全球资源的观念，提高科学高效利用有限水资源的意识，更重要的是要建立实体水-虚拟水统筹管理的科学理论与技术体系，并将这一科学理论与技术体系融入全产业链过程之中，实现真正的区域“适水发展”，为构建人类命运共同体提供水资源保障。当然，这一领域的探索方兴未艾，真正实现这一宏伟目标任重而道远。

在第一版翻译工作的基础上，本书翻译工作由西北农林科技大学吴普特和卓拉组织完成，参加翻译工作的有博士研究生高洁（前言、第十二、十五章）、姬祥祥（第一、二、四、五、十七章）、冯变变（第八、九、十、十三、十六章）、黄红荣（第三、六、七、十一、十四章）。全书由卓拉、高洁统校，吴普特、卓拉终校定稿。

南方科技大学刘俊国教授，西北农林科技大学赵西宁、王玉宝、孙世坤、高学睿等对本书翻译工作也提出了许多宝贵意见，在此表示衷心感谢。

笔者切盼本书能够为我国相关领域专家学者和水资源管理工作人员提供参考。由于译者水平有限，书中不妥之处在所难免，恳请不吝指正。

吴普特　卓　拉

2020 年 7 月

第二版前言

自本书第一版问世以来，如何将水足迹降低到可持续水平的问题变得更加紧迫。淡水短缺逐渐成为一种全球系统性风险。自 2012 年以来，世界经济论坛在其最近的八份年度风险报告中，都将水资源危机列为全球经济面临的五大危机之一（WEF，2019）。全球三分之二的人口生活在每年至少有一个月严重缺水的地区（Mekonnen and Hoekstra，2016），近 5 亿人面临全年水资源严重短缺。

过度用水现象仍然普遍存在。美国的科罗拉多河（Colorado River），在汇入海洋的途中，河水被抽取用于供给农业、工业和家庭用水。中亚的咸海和伊朗的乌尔米亚（Urima）湖，由于所在流域的过度用水已几近消失。各大洲的地下水储量也正以令人担忧的速度枯竭。例如，美国过度开发其高原和中央山谷含水层，印度和巴基斯坦过度开发其恒河上游和印度河下游，取水率高达自然补给率 10～50 倍的情况十分普遍（Dalin *et al.*，2017）。在许多地方，如也门，地下水位每年下降 1m，水污染也很严重。农业生产中的化肥和农药残留最终汇入河流，浓度超过了当地水质标准，而政府没有采取任何有效行动。由于服装业的废水排放，孟加拉国的几条河流随着西方的最新时尚而呈现红色、紫色或蓝色。

我们中的一些人，如我自己，生活在多雨的地区，认为缺水似乎是一个遥远的问题，但其实我们距离缺水比我们想象的更近。令人吃惊的是，欧洲消费者的水足迹有 40% 依赖于欧洲大陆以外，而且往往在水资源严重短缺的地区。我们许多食物和其他商品都是从水资源紧张的国家进口，尤其是食物生产，需要耗费大量的水。例如，生产一块 200g 的牛排，平均需要消耗 3000L 水；一块 200g 的巧克力需要 3400L 水。牲畜的饲料和我们直接食用的食物都是集约化交易的，往往来自缺水地区。例如，英国大约 50% 的消费水足迹来源于国外水资源利用不可持续的流域（Hoekstra and Mekonnen，2016）。

水资源耗竭和污染已经持续很多年，但我们仍未找到适当的应对措施。在本书中，我提出了一系列的选择，以实现更可持续的水资源利用。首先，各国政府必须为世界上所有的流域及集水区设定水足迹上限，这样的上限对限制每个流域的用水量是非常必要的。由于流域可供利用的最大水量在干旱期相对较低，在湿润期相对较高，其全年变化有所不同，所以水足迹上限将视当地水资源供应情况而定。此外，并不是流域内所有的水资源都可以被利用，很大一部分需要用以维持生态系统正常运转和支持那些依靠水环境生存的人们。水足迹上限也可以用来设定水体污染的最大程度，这取决于水体的自净能力。一旦有了上限，我们需要确保发放给特定用户的“水足迹许可证”用水量不超过上限。只有这样，我们才能保证耗水量和污染物负荷量保持在水资源利用可持续水平内。我们应该清楚，如果我们可以将用过的水净化，并把它返送到水源地，水资源短缺则可能不是一个必然的问题。因此，水足迹只度量耗水量（即没有返回水源地的水），以及被污染的水的体积。

其次，为食物、饮料、服装、花卉、生物能源等用水需求大的行业制订水足迹基准。我们需要推广现有可利用的最佳技术，使水资源的消耗和污染降到最低水平。农业和工业产生的水浪费是巨大的。有了产品水足迹基准，我们就可以衡量产品供应链的每一步及最终产品的总用水量是否合理。多项研究表明，只要用现有较好的做法取代过时的做法，就可以大量节约用水，大量减少水污染。用水户和消费者也由此可以了解并选择如何节水。现在我们很难买到用水友好型产品，仅仅是因为完全缺乏相关的信息。政府有必要敦促企业表明某些最低生产标准是否得到满足，以促进实现产品透明度。这不仅与供应链末端的消费者有关，也与希望实现可持续采购的企业有关。在向特定用户发放“水足迹许可证”时，水足迹基准也将对各国政府有用，因为“许可证”可以将一定类型的生产限制在必要的范围内。

最后，促进消费群体间用水分配更加公平。在美国和南欧，消费者的水足迹几乎是全球平均水平的两倍。由于全世界每个公民的可用水量是有限的，我们需要分享，并就人均合理的直接和间接用水水平达成协议。这将需要最高级别的政策干预，并无疑将导致出现广泛的分歧。我们可以像解决气候变化问题一样，进行相关的讨论和谈判。考虑到未来人口增长，如果我们想稳定总水足迹，防止其进一步增长，那么到 2100 年，人均年消费水足迹必须从 2000 年的 1385m^3降低到 760m^3。虽然我们能依靠这些水生存，但许多人将不得不调整消费模式，以减少直接和间接用水。

我们假设世界上所有公民有相同的水足迹配额，以 2000 年为基准，中国和印度在未来一个世纪需要将其人均水足迹减少 30% 左右。这是一个相当大的挑战，因为目前这些国家用水量正在不断增加。对美国来说，这将是一个更加艰巨的挑战，因为美国公民将需要减少高达 73% 的用水量。然而，仅仅采用更好的技术是远远不够的，人们还不得不改变他们的消费模式。例如，淋浴由 10 分钟减少到 5 分钟，可以帮助降低水足迹，但是还不够，因为对于大多数人来说，家庭用水只占他们总消费水足迹的 1% ~4%，其余部分均来自消费品，尤其是食物。在许多国家，30% ~45% 的间接用水来自肉类和奶制品消费。因此，最大限度的少吃肉或转向素食或纯素饮食将是更有效的节水措施。

与第一版相比，本书增加了三个新的章节，并根据最新研究进展更新了已有内容。第一章考虑人类整体环境足迹，将水足迹置于更加广阔的视角中分析。水足迹只是当今紧迫的环境问题之一，我们还面临着许多其他问题，如气候变化、森林砍伐、生物栖息地破坏、生物多样性缺失，以及建筑材料、塑料、重金属、化肥、农药、药品等产生的废弃物，仍然是被直接丢弃到环境中，而未能进行回收利用等问题。尽管公众进行了大量的论证，政府、企业和个人的关注也越来越多，国际也举行了大量的会议和谈判，但我们仍然没有降低碳足迹。此外，我们的经济仍然是一个线性的吞吐经济，具有连续的日益增长的物质足迹，即由于采矿而破坏了景观，同时大量的废弃物被直接倾倒于环境中。要实现循环经济，我们还有很长的路要走。在循环经济中，物品重复使用和材料回收是常态。第二章概述了水足迹简史，随着时间的推移和持续推进的研究，水足迹思想已有充分地发展。本书将第一版的第十一章扩展为两个独立的章节（第十三和十四章），其他章节都根据最新研究进展进行了更新。本书并没有改变上一版主要论点，而是增加了论据。

希望这本书继续在提高人类节水意识方面发挥作用，并推动进一步的研究发展。最重要的是，我希望激励人们采取行动，降低水足迹到可持续水平，从而大幅提高用水效率，使我们有限的淡水资源得到更公平的分配。

致　谢

在写这本书时，我参考和使用了大量的学术成果，其中许多是与我的同事合作完成的。感谢我的研究团队成员为这本书的完成做出许多间接贡献。我特别要感谢 Mesfin Mekonnen、Ertug Ercin、Maite Aldaya、Winnie Gerbens-Leenes、Pieter van Oel、Joep Schyns 与 Rick Hogeboom。请允许我说明，本书各章节主要来源于我个人及合作发表的学术成果。在第二版前言中，我参考了发表在 *UN Chronide* 上的一篇文章（Hoekstra，2018c）。第一章将水足迹置于其他环境足迹的视角下，是基于我和悉尼新南威尔士大学的 Tommy Wiedmann 合著的一篇发表在 *Science* 上的文章（Hoekstra and Wiedmann，2014）。第二章简要回顾了水足迹简史，是基于发表在 *Water Resources Management*（Hoekstra，2017a）上的一篇关于水足迹评估的综述论文。第三章论述了我们为什么会过度开发有限的淡水资源，大部分内容是原创的，仅参考了一篇较早文章的一部分（Hoekstra，2011b）。第四章关于饮料的水足迹，大部分基于发表在 *Water Resources Management* 杂志的一篇文章（Ercin *et al.*，2011）。第五章关于面包与意大利面的水足迹，我引用了发表在 *Hydrology and Earth System Sciences* 的关于小麦水足迹的论文（Mekonnen and Hoekstra，2010）和另一篇发表在 *Agricultural Systems* 的论文（Aldaya and Hoekstra，2010）。第六章关于肉类和奶制产品的水足迹，是基于我在由 Earthscan 出版的《肉类危机》（Hoekstra，2010a，2017b）一书中所著的一个章节及一篇发表在 *Aminal Frontiers*（Hoekstra，2012a）的论文，并参考了一篇发表在 *Ecosystems* 的文章（Mekonnen and Hoekstra，2012a）中的数据。第七章讲述棉花的水足迹，我引用了发表在 *Hydrology and Earth System Sciences* 上的文章（Mekonnen and Hoekstra，2011a）及由联合国教科文组织国际水利与环境工程学院（UNESCO-IHE Institute for Water Education）出版的一份报告（Aldaya *et al.*，2010b）。第八章关于能源水足迹，参考了一系列文章：几篇关于第一代生物燃料（Gerbens-Leenes *et al.*，2009a，2009b）和下一代生物燃料（Gerbens-Leenes and Hoekstra，2011）水需求的文章，一篇关于木材耗水的文章（Schyns *et al.*，2017），两篇关于水力发电过程水消耗的文章（Mekonnen and Hoekstra，2012b；Hogeboom *et al.*，2018b）及两篇关于电力混合能源水足迹的论文（Mekonnen *et al.*，2015a，2016）。第九章关于花卉的水足迹，是源于 *Water Resource Management* 上发表的关于肯尼亚花卉行业水足迹的文章（Mekonnen *et al.*，2012）。第十章关于纸张的水足迹，部分引用发表在 *Water Resources Management* 上的另一篇文章（Van Oel and Hoekstra，2012），其中最后一节引用发表在 *Advances in Water Resources* 上的一篇文章（Schyns *et al.*，2017）。第十一章，关于设置“流域水足迹上限”以确保可持续用水的想法主要采用一些新研究，包括两篇全球蓝水资源短缺的论文（Hoekstra *et al.*，2012；Mekonnen and Hoekstra，2016），一篇关于绿水短缺的文章（Schyns *et al.*，2019）和三篇与氮磷有关的全球水污染的论文（Liu *et al.*，2012；Mekonnen and Hoekstra，2015，2018）。第十二章阐述了用水效率和为每种产品制定水足迹基准的基本思路。第十三章关于公平的水资源配置、公平的水足迹份额和改变我们消费模式的必要性，主要介绍了最新相关研究成果。第十四章也是如此，讨论了如何合理分配有限的淡水资源，这一章的最后一节，关于联合国的可持续发展目标是基于 Hoekstra 等（2017）的文章。第十五章讨论贸易与水的关系，是基于 Edward Elgar 所编著《贸易与环境手册》的一个章节（Hoekstra，2008）、世界贸易组织（World Trade Organization，WTO）的一份工作报告（Hoekstra，2010b），以及一篇刊登在 2010 年 11 月在阿姆斯特丹举办的关于如何计算由国际贸易引起的水危机与水污染的专家研讨会会刊的文章（Hoekstra，2011b）。第十六章探讨产品透明度与最后的第十七章关于阐述由谁来为这些改变负责的问题，都是目前最前沿的内容。

感谢我在特文特大学（University of Twente）课题组的每一位成员，他们为我提供了一个积极的工作环境，感谢特文特大学工程技术学院和创新与政策研究所资助我聘请员工，以及其他支持。特文特大学对建立水足迹网络（Water Footprint Network，WFN）发挥了关键作用，并在其初创阶段提供了强大的资金支持。感谢 WFN 的其他资助成员组织：世界自然基金会（World Wildlife Fund，WWF）、联合国教科文组织国际水利与环境工程学院（UNESCO-IHE Institute for Water Education）、世界可持续发展商业委员会（World Business Council for Sustainable Development）、国际金融公司（International Finance Corporation，IFC）、荷兰水合作协会（Netherlands Water Partnership）与水中立基金会（Water Neutral Foundation）。水足迹网络（WFN）自建立以来已经促进和加强全球对水足迹评价的关注和重视，并在促进水足迹发展为淡水保护的一个重要工具中起到了很大的积极作用。感谢 WFN 的所有成员在过去十多年促使水足迹成为前沿概念所做出的努力。感谢已把这个网络发展成为一个具有活力和高效的国际学习社团的 WFN 的每一位员工与合作者。此外，我还要感谢来自 Taylor & Francis 集团 Earthscan 出版社的 Tim Hardwick，感谢您在我准备第二版的过程中所给予的支持和鼓励。

感谢我已故父母 Jaap 与 Wik，感谢他们的爱和支持，感谢他们激励我独立思考和批判性思考。请允许我表达对妻子 Daniëlle 的感激与爱，感谢她一如既往的爱、耐心与支持，以及为我们的家庭做出的贡献。最后，感谢我的孩子们：Joppe、Lieke 和 Mette，谢谢你们带给我们的欢乐。

Arjen Y. Hoekstra

于荷兰恩斯赫德

目　录

译者前言

第二版前言

致谢

第一章　人类环境足迹 …… 1

1. 足迹家族 …… 1
2. 人类发展标准 …… 4
3. 环境可持续 …… 5
4. 生态效率 …… 7
5. 社会公平 …… 8
6. 资源安全 …… 9
7. 结论 …… 10

第二章　水足迹思想简史 …… 11

1. 四个基本想法 …… 12
2. 绿水、蓝水、灰水的历史 …… 12
3. 衡量耗水量而非取水量 …… 13
4. 从概念到分析 …… 13
5. 与其他研究领域的关系 …… 14
6. 不同地理范围水足迹研究的兴起 …… 15
7. 产品、部门和企业水足迹研究的兴起 …… 15
8. 饮食选择的水足迹：水–食物纽带关系 …… 16
9. 能源组合的水足迹：水–能源纽带关系 …… 16
10. 水足迹与虚拟水贸易 …… 17
11. 技术进展 …… 19
12. 标准和指南 …… 19
13. 结论 …… 20

第三章　为什么有限的水资源容易被“过度开采”？ …… 21

1. 淡水是一种可再生但有限的资源 …… 23
2. 水资源使用的开放性、竞争性和外部性 …… 24
3. 淡水供需显著的时空差异 …… 24
4. 淡水资源很有价值，但是水价往往远远低于它的价值 …… 25
5. 为何淡水很容易被“过度开采” …… 26

6. 淡水既是当地资源也是全球资源 …… 27
7. 水资源问题如何与我们的消费相关：水足迹概念 …… 28
第四章　一天“喝掉”十浴缸的水 …… 29
1. 可乐案例 …… 30
2. 瓶装可乐的工厂生产水足迹 …… 30
3. 供应链 …… 31
4. 0. 5L PET 瓶装可乐的水足迹 …… 32
5. 甜菜、甘蔗或玉米？ …… 34
6. 当地影响 …… 34
7. 可乐的案例给我们什么启示 …… 37
8. 日常饮料的水足迹 …… 37
第五章　面包和面食生产用水 …… 39
1. 小麦生产水足迹 …… 39
2. 雨养农业与灌溉农业 …… 42
3. 北美大平原 …… 43
4. 恒河和印度河流域 …… 44
5. 与小麦产品贸易有关的国际虚拟水流动 …… 45
6. 粮食可以被看作虚拟水库 …… 47
7. 从消费角度看小麦水足迹 …… 47
8. 意大利小麦消费水足迹 …… 49
9. 意大利面食水足迹 …… 49
10. 面包小麦和硬质小麦 …… 50
11. 对意大利小麦生产用水量的担忧 …… 51
12. 缺乏合理的用水政策 …… 52
13. 设置小麦水足迹的基准值 …… 52
第六章　肉类和奶制品——大量耗水者 …… 54
1. 供应链 …… 54
2. 与饲料的相关性 …… 55
3. 牧民制度 …… 56
4. 畜产品水足迹与作物产品水足迹 …… 56
5. 鱼类和甲壳类动物的水足迹 …… 57
6. 肉食者与素食者的水足迹 …… 58
7. 肉类、乳制品与水的国际特征 …… 59
8. 肉类和奶制品：水管理部门的盲点 …… 60
第七章　棉质衣物与咸海的消失 …… 61

1. 咸海的消失 …… 62
2. 中亚地区的农业水足迹 …… 63
3. 棉花的重要性 …… 64
4. 棉花水足迹 …… 64
5. 籽棉水足迹基准值的确定 …… 65
6. 咸海流域蓝水足迹上限的制订 …… 66
7. 选择除棉花以外的其他纤维? …… 66
第八章　能源转换：怎样同时减少碳足迹和水足迹? …… 68
1. 生物能源 …… 68
2. 第一代生物燃料的水足迹 …… 69
3. 下一代生物燃料的水足迹 …… 72
4. 以藻类为原料的生物燃料水足迹 …… 72
5. “与食无争”之神话 …… 73
6. 由麻风树提炼的生物柴油 …… 73
7. 基于生物燃料的运输业水足迹 …… 74
8. 薪柴水足迹 …… 76
9. 水电能源水足迹 …… 77
10. 化石燃料的水足迹 …… 78
11. 核电 …… 79
12. 太阳能、风能和地热能 …… 79
13. 电力水足迹 …… 79
14. 电气化 …… 80
15. 更小尺度上的能源自给自足 …… 81
16. 明智的水-能源政策 …… 81
第九章　花卉的海外水足迹 …… 82
1. 奈瓦沙湖流域灌溉及化肥使用 …… 82
2. 奈瓦沙湖流域的内部水足迹 …… 83
3. 出口花卉的水足迹 …… 85
4. 奈瓦沙湖流域水资源利用可持续性 …… 86
5. 设定流域内蓝水和灰水足迹上限 …… 88
6. 奈瓦沙湖流域当前的水资源管理 …… 88
7. 花卉供应链中主要代理商之间的可持续性贸易协定 …… 89
8. 兼顾经济发展与可持续性 …… 91
第十章　纸张供应链的水足迹 …… 92
1. 纸张产品水足迹估算 …… 93

2. 芬欧汇川公司（UPM）案例 …… 94
3. 木材生产水足迹 …… 94
4. 森林的蒸散量 …… 96
5. 木材产量 …… 97
6. 印刷和手写用纸的水足迹 …… 99
7. 荷兰纸张消费水足迹 …… 101
8. 一张纸的水足迹（2～20L） …… 102
9. 其他木制产品水足迹 …… 102
第十一章　可持续性：流域水足迹上限 …… 104
1. 最大可持续蓝水和绿水足迹 …… 104
2. 自然系统的蓝水需求 …… 105
3. 自然系统的绿水需求 …… 106
4. 最大可持续灰水足迹 …… 107
5. 时空维度的重要性 …… 107
6. 我们的蓝水足迹是否可持续？ …… 107
7. 蓝水足迹上限 …… 110
8. 我们的绿水足迹是否可持续？ …… 111
9. 绿水足迹上限 …… 112
10. 我们的灰水足迹是否可持续？ …… 112
11. 灰水足迹上限 …… 113
12. 降尺度到各用水户水足迹上限 …… 113
13. 从地理到生产或消费角度 …… 114
14. 什么是可持续生产 …… 114
15. 什么是可持续消费 …… 116
第十二章　资源利用高效性：产品水足迹基准 …… 117
1. 生产角度的水资源利用效率 …… 117
2. 零水足迹工业 …… 118
3. 提高农业水分生产力 …… 118
4. 作物生长过程中的土地生产力与水分生产力 …… 119
5. 灌溉效率与水资源利用效率 …… 120
6. 水足迹基准 …… 121
7. 水足迹减少的边际成本曲线 …… 122
8. 水资源利用效率的广义框架 …… 122
9. 地理角度的水资源利用效率 …… 123
10. 消费角度的水资源利用效率 …… 124

11. 提高水资源利用效率的局限性 …… 125
12. 反弹效应 …… 126
第十三章　水足迹社会公平性 …… 127
1. 社区间的水足迹差异 …… 127
2. 缩减水足迹的需要 …… 128
3. 实现更公平的水资源分配的三个途径 …… 129
4. "节水"消费模式转变 …… 130
5. 公平水足迹份额的理念 …… 132
6. 用水权 …… 132
7. 关于国家水足迹缩减目标的国际协定 …… 133
8. 向京都和巴黎学习？ …… 133
9. 何为公平？ …… 135
10. 继续推动 …… 137
第十四章　世界有限淡水资源的分配 …… 138
1. 水资源分配：生产者、贸易和消费者视角 …… 138
2. 指导水资源合理分配的四个发展原则 …… 139
3. 合理分配水资源的政策工具 …… 140
4. 发展原则之间的协同和权衡 …… 141
5. 将水意识纳入其他政策领域 …… 143
6. 联合国可持续发展目标 …… 144
第十五章　贸易合理化 …… 146
1. 国际贸易对本国水资源的影响 …… 147
2. 水资源可利用量对国际贸易的影响 …… 149
3. 水资源稀缺–出口悖论 …… 151
4. 水价 …… 152
5. 产品透明度和非歧视贸易 …… 152
6. 国际可持续水资源利用协议的缺失 …… 154
7. 为水密集型产品建立国际水标签 …… 155
8. 自由贸易的未来 …… 156
9. 水密集型产品贸易强化：风险和机遇 …… 156
第十六章　产品透明度 …… 158
1. 为什么需要产品透明度？ …… 159
2. 关于透明度 …… 159
3. 消费者的角度 …… 160
4. 企业的角度 …… 161

5. 投资者的角度…………………………………………………………………… 162
6. 政府的职责……………………………………………………………………… 163
7. 应该给产品贴上水足迹标签吗？……………………………………………… 164
8. 良好的水资源管理……………………………………………………………… 165
9. 全球水足迹标准………………………………………………………………… 166
第十七章　谁将成为改变未来的英雄？…………………………………………… 167
1. 消费者：创造影响力…………………………………………………………… 168
2. 企业：面向供应链的责任……………………………………………………… 169
3. 长远投资………………………………………………………………………… 170
4. 一致的政府政策………………………………………………………………… 171
5. 责任：我们可以把它化整为零吗？…………………………………………… 171
参考文献 ……………………………………………………………………………… 173

第一章　人类环境足迹

从 18 世纪后半叶开始，人类便不断地加速消耗、甚至浪费自然资源，以一种前所未有且不可持续的速度和规模从根本上改变着地球。量化人类对自然环境总压力的一种方法是计算人类的“环境足迹”。这个术语可以概括在过去 20 年中提出和发展的其他不同足迹概念。人类目前的环境足迹是不可持续的，因为地球的资源和自净能力都是有限的。我们使用了地球上太多的土地，留给大自然的就很少；在许多地方，我们用掉了太多的水，导致在河流中留下的水不足以维持生态系统的健康；我们从地球上索取了太多的元素，又将太多的废弃物排放到了环境之中。

通常，我们使用的自然资源越多，造成现有的技术条件下不必要的排放量也更多；人类个体之间也有差异，如有些人对全球资源使用总量的贡献要比其他人大得多。因此，我们不仅要了解资源利用的可持续性，还要了解效率及公平性。对土地、水、能源、物质和其他足迹的研究可以帮助解决这一问题。在这一章中，将回顾不同的足迹，并将它们与最大可持续性联系起来。总之，全球经济的重大变革需要将人类的环境足迹降低到可持续水平。企业可以通过提高资源效率来发挥作用。消费者可以通过重新考虑消费模式来贡献自己的一份力量。政府在更好的监管自然资源、在正确的方向上提供激励政策，以促进各行业间更公平利用自然资源。

所有的环境足迹都有一个共同点，它们将人类对自然资源的占用量转化为一个源或汇（Hoekstra，2009；Galli *et al.*，2011；Giljum *et al.*，2011；Fang *et al.*，2014）。每个具体的足迹指标侧重于一个具体的环境问题。例如，有限的土地资源，有限的淡水资源，或地球有限的自净稀释某些污染物的能力。一个特定的足迹指标衡量着资源的占用或废弃物的产生，或两者兼而有之（图 1.1）。足迹是表征人类对环境压力的定量指标，是理解这种压力（如土地利用变化、土地退化、河流径流量减少、水污染、气候变化）和由此产生的影响（如生物多样性丧失或对人类健康、经济的影响）所导致的环境变化的基础。

1. 足迹家族

让我来介绍一下文献中经常可以看到的“足迹家族”的成员。Wackernagel 和 Rees（1996）提出的“生态足迹”是第一个足迹指标，它衡量的是土地作为资源的占用量加上吸收废弃物所需的土地面积。第一部分衡量的是农田、牧场、渔场、建筑用地和林业用地；第二部分即吸收废弃物所需的土地，一般集中于衡量用于隔离通过燃烧化石燃料排放的二氧化碳所需要的林地面积。生态足迹是用公顷（hm^2）来衡量的，因此实际公顷数是根据它们与全球平均每公顷生物生产力来加权的。由于生态足迹是指以公顷为单位的生物生产空间的利用情况，因此有时也被称为土地足迹。自其他足迹指标出现以来，“土地足迹”这个术语则变得更有吸引力。

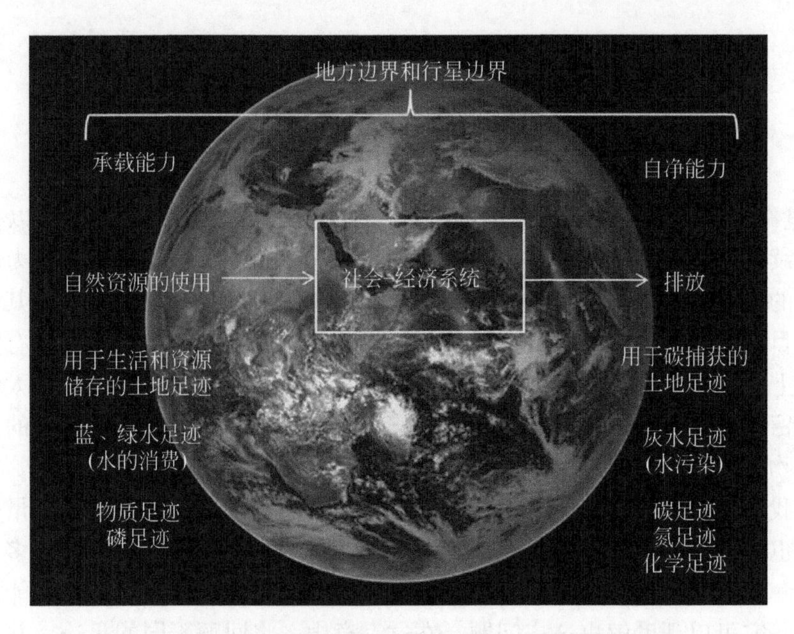

图 1.1　人类环境足迹衡量的是自然资源的使用和排放

自然资源的利用与地球的承载能力相对应；排放与地球的自净能力相对应

第二个足迹指标——水足迹由我在 2002 年提出，它衡量淡水作为一种资源的消耗及利用淡水吸收废弃物的情况（Hoekstra，2003；Hoekstra *et al.*，2011）。水足迹可分为三个部分：绿水足迹、蓝水足迹和灰水足迹。“绿”水足迹是指绿水资源（雨水）的消耗量，“蓝”水足迹是指蓝水资源（地下水和地表水）的消耗量。“消耗”一词是指流域内可利用的地表水体和地下水的损失；当可利用的地下水和地表水汇入流域内、汇入大海中或者纳入产品中时，便会产生水的损失。“灰”水足迹是指自净吸收人类活动产生的污染物所需的淡水量。

碳足迹，有时也被称为“气候足迹”，可以追溯到 2005 年，衡量大气中温室气体的排放量（Wiedmann and Minx，2008）。碳足迹以二氧化碳当量表示；对于除二氧化碳以外的温室气体，如甲烷和一氧化二氮，根据其“全球变暖潜力”将排放量转化为二氧化碳当量。

最近出现的物质足迹，重点衡量矿物质资源开采和占用情况（Lettenmeiner *et al.*，2009）。另外两个最近也被认可的是磷足迹和氮足迹。尽管它们听起来像兄弟姐妹，但实际却截然不同，一个用于衡量资源利用情况，另一个则用于衡量排放情况。磷足迹是指磷这一稀缺资源的开采（Wang *et al.*，2011）。氮足迹被定义为活性氮在环境中的排放，它是导致河流、湖泊和海洋富营养化的重要污染物，通常会伴随着巨大的生态破坏（Leach *et al.*，2012）。另一个被提出的足迹是化学足迹，它衡量不同化学品在环境、空气、水和土壤中的排放情况（Sala and Goralczyk，2013；Zijp *et al.*，2014；Bjorn *et al.*，2014）。不同的化学物质根据其潜在的危害进行加权，类似于进入水体的不同化学物质负荷在灰水足迹中的加权方式。

在我们考虑足迹清单时，显然没有原则限制，也就是说我们可以定义与任何特定环境问题相关的环境足迹。尽管如此，如上文所述，这些足迹还是有一些共同点。它们都衡量供应链上的资源使用和（或）排放量。据此，与某些商品生产链中特定步骤相关的资源使用和排放量可归于最终产品和消费者。消费产品生产链中的自然资源利用和排放甚至可以转化为一定的（潜在的）环境影响。因此，除了“压力导向”的足迹外，还可以区分“影响导向”的足迹。以压力为导向的足迹衡量的是自然资源的使用，是对环境的人为排放；而以影响为导向的足迹指的是资源的使用和排放所带来的后续生态影响（Fang and Heijungs，2015）。

足迹核算的基本组成部分是单个生产过程或人类活动的足迹，一旦我们清楚所有单个活动的足迹。我们就可以估计任何产品、消费者或生产者的足迹，或某一地理区域内的足迹，如图 1.2 所示，产品的足迹是生产链中所有单个步骤的足迹之和。消费者的足迹取决于所消费的所有商品和服务的足迹。同样，一个消费者群体的足迹，如一个国家的足迹，等于该群体成员的足迹之和。全球消费的足迹等于全球生产的足迹，两者都等于全球所有人类活动足迹的总和。

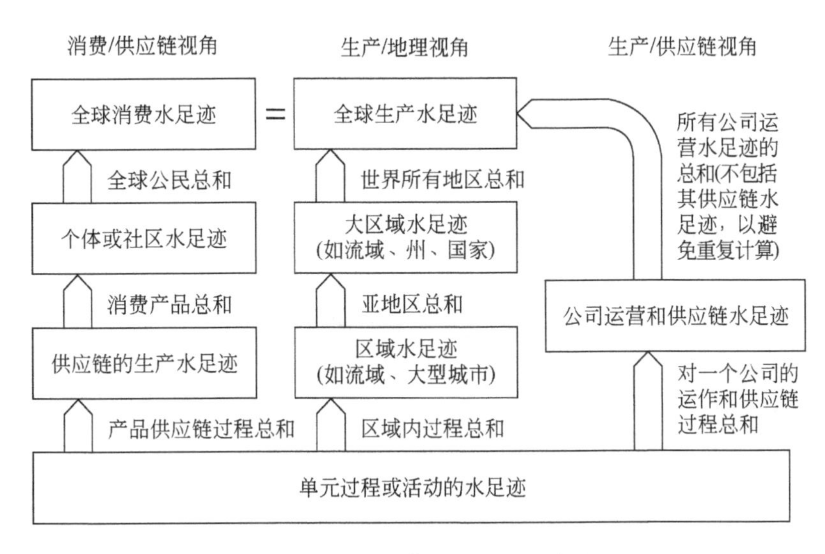

图 1.2 不同实体足迹之间的关系

资料来源：Hoekstra，2017a

图 1.3 展示了如何在供应链上进行足迹核算。如前所述，最终产品的足迹与供应链过程的足迹相一致。这些过程可能发生在不同的地理区域。企业的足迹由直接（运营）和间接（供应链）足迹组成。一个企业的运营足迹是其自身运营环节足迹的总和。实际上，经济并不包括如图 1.3 所示的线性和收敛的供应链；这里这样做是为了简单。不同产品的供应链往往是相互交织、部分循环的。如果一个生产过程中有两个或多个产品，则需要使用足迹分配过程来避免重复计算。

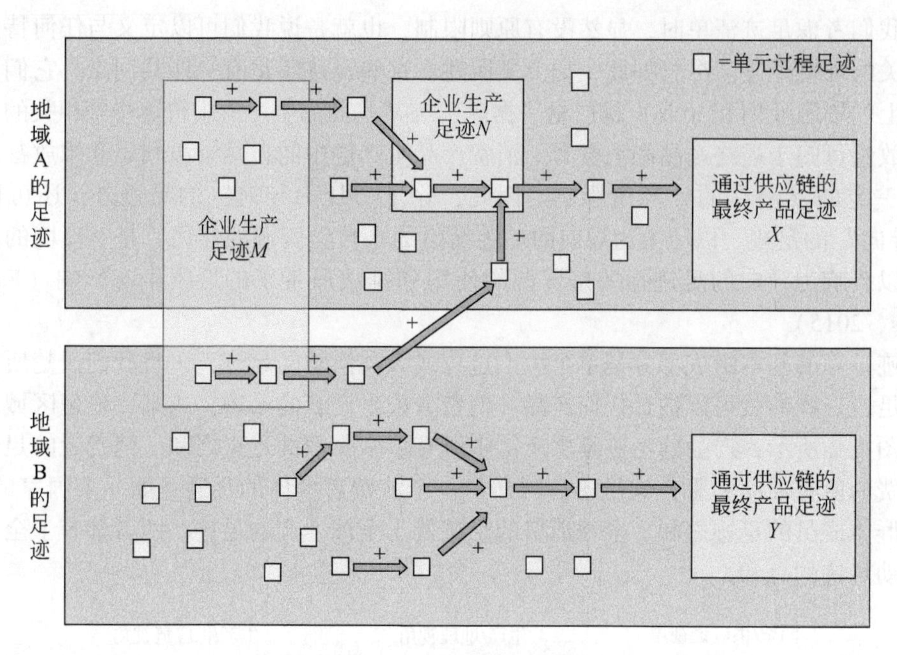

图 1.3　全产业链足迹核算

资料来源：Hoekstra and Wiedmann，2014

2. 人类发展标准

我们的环境足迹不可能无限增长。我们生活的环境被限定了物理边界，我们还需要为其他物种维持一个良好的生活环境。“增长极限”的概念至少可以追溯到 18 世纪末，当时 Thomas Robert Malthus（1798）发表了著名的关于人口原则的文章。最近的一份里程碑式的增长极限报告是 Meadows 等（1972）为罗马俱乐部编写的。随着 Rockström 等（2009a，2009b）的两篇关于行星边界和人类在这些边界内的安全活动范围的论文的发表，极限的整个概念体系得到了扩展。在安全空间内，我们需要公平地分享资源和分配污染（Häyhä *et al.*，2016）。我们应该能够计量每一个活动是怎样接近或突破不同的行星边界（Meyer and Newman，2018）。因为所有人都有基本的需求，因此会有最低的资源要求。Raworth（2017）谈到了“人类的安全和公正空间”。我们的活动范围不仅在上层受到行星边界的限制，而且在下层也受到人类基本需求的限制（O'Neill *et al.*，2018）。

有效地利用有限的资源将使我们能够分享更大的“蛋糕”。在这方面使用的流行术语是“资源效率”和“生态效率”，这些术语通常可以互换使用，但生态效率的含义要更为宽泛，因为它可以指单位产品的低资源利用率（资源效率）及单位产品的低污染。我们经常看到，片面地注重生态效益而忽视了整体可持续性问题，这不仅取决于高效生产，而且取决于生产规模。片面注重效率也忽视了公平分享的重要问题。的确，有效的生产意味着将有更多的东西可供分享，但有效的生产本身并不意味着实际的公平分享。我们通常看到相反的情况；如果不进行再分配，效率的提高将会伴随着不平等的加剧。

环境的可持续性、高效性和公平性是人类发展的三个基本的且相辅相成的标准。下面，我将从环境可持续能力、生态效率和社会公平的角度来讨论环境足迹。此外，我将从资源安全的角度考虑，因为这也是一个重要的发展标准。

3. 环境可持续

每一类型的环境足迹都有一个最大的可持续水平。在全球范围和较小的地理区域范围内，足迹应保持在其最大可持续水平之下。可持续性取决于人类足迹相对于地球承载力的大小和时空特征。我们可以区分地方阈值和行星边界。地方阈值是指不应跨越的边界，以防止局部环境系统发生不必要的，甚至不可逆转的破坏。例如，在湖泊和河流中，我们应该限制由于我们的活动而进入水体中化学物质的数量，以防止自然生态系统向崩溃状态退化。另一个例子是，在每一个生物群落，我们至少需要保护一部分特定类型栖息地的独特生物群落，以防止这类生物群落消失。这意味着该生物群落可供人类使用的土地面积是有限制的。行星边界是全球总体水平上的阈值：越过它们可能会对行星自然环境的生物物理过程产生不可接受的变化（Rockström *et al.*, 2009a，2009b）。行星边界通常可以看作是一种聚集极限，与许多局部阈值有关。我特意说“某种聚集”，因为全局系统是一个具有许多非线性的复杂系统，因此，我们不能简单地将多个地方阈值累加为一个全球阈值。此外，一些现象在本质上是全球性的，特别是气候变化，因此我们不能把行星边界与区域阈值完全联系起来考虑。

由于地方和区域环境系统，以及整个地球系统的行为存在很大的不确定性，因此不可能精确地制定区域或全球的阈值，但可以进行粗略估计。在某些情况下，我们也可以在一定程度上量化不确定性。一旦我们大致确定了区域和全球的阈值，就能知道我们人类可以占据的空间，而不会对我们的生存环境造成太大的干扰。环境足迹的有用之处在于，它们衡量了地方边界或行星边界内的已经消耗的可用容量。在很多情况下，正如我将在下面总结的，在很多地方我们的足迹已经超过了可持续水平。

根据2018年全球足迹网络（Global Footprint Network，GFN）的记录，2014年人类的生态足迹总计达206亿 hm^2，是全球最大可持续生态足迹120亿 hm^2的1.7倍（Lin *et al.*, 2018）。因此，得出“人类正在使用不止一个星球的资源”的结论。这也正是生态足迹概念之所以已经成为一种被使用最广并且可以有效地传达不可持续性的工具的原因之一。然而，这一说法受到了批判。有人认为，很大一部分的生态足迹（2014年占60%）是由估计需要多少森林土地来隔离人类排放的二氧化碳组成。如果我们排除这一点，我们将只使用地球的三分之二。然而，考虑到地球上还有人类以外的物种，这一比例仍然很大。根据联合国所有成员国（美国除外）签署的国际条约《生物多样性公约》，地球上至少17%的土地将留给自然（CBD，2010）。据专家称，这是对实际需求的保守估计。Svancara 等（2005）从专家研究和政策文件中审查了200多份关于预留用于保护生物多样性的土地比例的估计，发现基于实例的估计平均比政策驱动的目标值高出近三倍。据 Noss 和 Cooperrider（1994）估算，通常需要保留25%至75%的休耕土地以保护生物多样性。根据著名生物学家 Edward Wilson 的说法，我们需要为自然生态系统留出半个地球，以保护地球生物多样性（Wilson，2016）。因此，可以肯定的是，如果我们的生态足迹没有严重超过可持续的限度，我们一定已经达到了最大限度。

对于水足迹而言，很难区分行星边界。过度开采和水污染主要发生在局部地区，并集聚到流域水平。此外，时间在这里起着作用，因为过度开发和污染在一年中的干旱期和相对干旱的年份会更容易发生并变得更严重。我们计算了人类的蓝水足迹（即指地下水和地表水资源的消耗），结果表明全球405个最大的流域中有一半的流域每年承受至少一个月的严重缺水（Hoekstra *et al.*，2012）。在最近一项高空间分辨率的研究中，我们得到在2000年水平，全球三分之二的人口（40亿人）在一年中面临至少一个月严重缺水，每年至少4～6个月面临严重缺水的人口数为18亿～29亿，5亿人全年都面临严重缺水（Mekonnen and Hoekstra，2016）。此后，这些数字只增不减。"严重缺水"意味着人类消耗了当地天然径流总量的40%左右，而20%水平则大致是维持生态系统原始形态的最大值（Richter *et al.*，2012）。流量减少超过20%可能导致自然结构和生态系统功能发生中度至重大变化。在"严重缺水"的情况下，蓝水足迹超过40%的自然径流，生态系统被严重改造。当我们将严重的水资源短缺视为已经超过了最大可持续蓝水足迹，我们发现有40亿人每年至少有一个月生活在蓝水足迹超过最大可持续水平的地方（Mekonnen and Hoekstra，2016）。

对于绿水足迹（即雨水的消耗），Schyns等（2019）发现人类18%的绿水足迹超过了最大可持续水平，因为它们位于需要保护的地区，以实现联合国《生物多样性公约》设定的目标。如果我们假设一个更宏伟的保护目标，基于生态专业知识而不是政治共识，如上所述，可供人类使用的土地和相关的绿水资源将更少，在这种情况下，超额将大于18%。

对于灰水足迹，即人类对水环境的污染，目前为止全球范围内的研究只对氮和磷造成的灰水足迹进行了研究。通过对氮、磷排放的分析，我们发现世界上大约三分之二的流域的灰水足迹超过了最大可持续水平（自净能力）（Liu *et al.*，2012）。在随后的一项研究中，我们测算出与氮有关的灰水足迹超过其自净能力的流域覆盖了全球陆地面积约17%，约占全球河流径流量的9%，且为全球48%的人口提供住所（Mekonnen and Hoekstra，2015）。此外，我们发现，与磷有关的灰水足迹超过流域自净能力的所有河流流域总共约覆盖了全球陆地面积的38%，占全球河流径流量的37%，为全球约90%的人口提供了住所（Mekonnen and Hoekstra，2018）。

显然，很难简单地说人类的水足迹已经达到或超过了全球最大可持续水平的一定比例。我们应该声明"人类的水足迹在很大程度上超过了可持续水平"，同时为一年中的每个时间点添加数据。然而，一些学者提出了蓝水消耗的行星边界。Rockström等（2009a）提出了40000亿m^3/a的行星边界，而Gerten等（2013）提出的较低为28000亿m^3/a，不确定性范围为11000亿m^3/a至45000亿m^3/a。全球蓝水足迹的估算值仍存在很大差异，在10000亿～17000亿m^3/a的范围内（Hoekstra and Mekonnen，2012a；Hanasaki *et al.*，2010）。这取决于我们将依赖范围内的哪个值，也取决于我们假设的行星边界，从而得出这样的结论：要么我们仍然远远低于行星阈值，要么我们已经超出了1.5倍（在最严苛的假设下）。但无论采取什么措施，全球范围内的蓝水足迹与行星边界的对比，都无法说明一年中特定地区实际存在的不可持续状况。这个问题的规模在空间和时间上有很大的不同。然而，设法将全球各地的数据归纳成一幅全球图景仍然是有必要的，因为水问题的规模和范围使缺水成为全球关注的问题。

就碳足迹而言，从全球的角度考虑这一点更合乎逻辑，甚至是不可避免的。46～55Gt CO_2-eq./a（CO_2-eq. 为二氧化碳当量；2010 年）的碳足迹是估计的最大可持续碳足迹 18～25Gt CO_2-eq./a 的两倍多。2010 年至 2050 年，全球碳足迹应该减少 60%（50～21Gt CO_2-eq./a），以实现比前工业化水平全球变暖最高 2℃的气候目标（UNEP，2012）。在 2015 年的《巴黎协议》中 2℃的阈值被国际社会正式采用，同时也认识到最好继续努力把温度增加限制在 1.5℃以内，这将显著降低风险和减少气候变化的影响（UN，2015b）。关于全球变暖最大可接受程度的争论，无论是在学术领域还是在政治领域，都表明在设定最大可持续水平方面存在一定程度的主观性。最大的可持续水平被不确定性所包围，因此在这方面采取什么假设及如何预防很重要。此外，考虑到全球气候系统的所有不确定性，将全球变暖 2℃的阈值转化为碳足迹的阈值很困难（Meinshausen *et al.*，2009）。一个具体的问题是最大可持续碳足迹的定义；它通常表示为 Gt CO_2-eq./a 的最大值，但随着时间的推移，累积排放量可能成为最终导致全球变暖的一个更好的指标（Allen *et al.*，2009）。无论如何，我们需要在不超过全球变暖 2℃的前提下，将“剩余”的碳预算转化为减少年排放量的途径。

物质足迹之前被估计到 70Gt/a（2008 年该值为 10.5t/人；Wiedmann *et al.*，2015），并且 8t/人被建议当作阈值水平（Dittrich *et al.*，2012；Bringezu，2015）。然而，这一水平的科学基础仍然薄弱；另外，根据地球所能承受的总量来确定绝对的物质足迹阈值比根据人均来确定阈值更有意义，尽管后者更容易获得，可以从人均基础上得到可靠且可用的数据。以人均为基础制定的阈值指的是资源效率目标，而不是行星边界。但是，即使很难精确估计行星边界，我们的物质足迹也非常高，很可能已经过高，而且还在继续增加。因此，我们有足够的理由去关注它，并努力减少它，无论超出的水平具体是多少。

在全球尺度上，由于人口不断增长、富裕程度不断提高、消费模式不断变化（如饮食中有更多的肉）和流动性不断增加，人类的环境足迹在过去一个世纪中不间断的增长。1961～2014 年期间，人均生态足迹几乎增加了约 2 倍，从 7.0hm^2增加到 20.6hm^2（Lin *et al.*，2018）；1900～2000 年期间，蓝水足迹增长了 5.6 倍（Shiklomanov and Rodda，2004）；20 世纪期间，人类活动产生的活性氮总量（氮足迹）增长了 9 倍（Čuček *et al.*，2011）；全球化石燃料的二氧化碳排放量（人类碳足迹的一部分）增加得更多，从 1900 年到 2008 年增加了 16 倍以上（Boden *et al.*，2010）。目前，发展中国家土地碳排放与总的碳排放量均已超过发达国家（Peters *et al.*，2012）。如果一切同过去一样，所有足迹预计将在未来几十年内进一步增加，而不是减少到可持续水平（UNEP，2012；Moore *et al.*，2012；Ercin and Hoekstra，2014）。

4. 生态效率

生产者为了自然资源及他们在有限的地球自净能力中的份额而竞争。例如，企业在土地使用权、碳排放配额和废水排放许可证方面展开竞争。要使单位自然资源消耗和单位污染效益最高，需要尽量减少活动和产品的足迹。提高生态效率的目的是减小单位产品的足迹。因此，环境足迹已成为环境管理中的一个关键绩效指标，并成为企业履行社会责任的一种方式（Herva *et al.*，2011；Čuček *et al.*，2012）。

在实践中，企业倾向于制定与其直接足迹相关的减排目标，从而忽略了其间接足迹，然而通常间接足迹要比直接足迹大得多（Matthews *et al.*，2008）。例如，饮料公司的间接水足迹可以占其总水足迹的99%（Ercin *et al.*，2011）。这一问题正在足迹标准中得到承认和解决。例如，《温室气体核算体系》的企业价值链标准（WRI and WBCSD，2011）为企业和其他组织报告与业务相关的所有供应链、操作和处置活动（价值链）的温室气体排放提供了指导。水足迹网络的《全球水足迹评价标准》也提供了这样的指导（Hoekstra *et al.*，2011）。然而，对大多数企业来说，为其供应链的足迹设定削减目标仍然是一个重大挑战。目前的研究都集中在数据编辑和报告的实用性、供应链覆盖的完整性和结果的准确性与透明度上（Herva *et al.*，2011；Huang *et al.*，2009）。需要解决这些问题，以便在企业之间进行有意义的比较，并根据现有的最佳技术和实践确定基准（Wiedmann *et al.*，2009）。另一个挑战是将产品价格中与环境足迹相关的成本内部化。例如，通过征收供应链上的碳税和水税，或对最终产品征收一般环境税（如对肉类产品征税）。然而，如何更好地理解不同足迹之间的权衡也是一项挑战。例如，通过转向使用生物能源来减少碳足迹，将不可避免地增加土地和水的足迹（Ggerbens-Leenes *et al.*，2009b）。通过跨流域调水、净化海水供应淡水或通过增加粮食进口减少过度开发的流域的水足迹，也将会可预见地增加能源的使用和碳足迹（至少只要我们的大部分能源来自化石燃料）。

5. 社会公平

个人或群体的消费行为都会转化为环境足迹。鉴于消费模式和相关环境负担的巨大变化，以及世界上有限的自然资源和自净能力，一个日益紧迫的问题是：谁占了最大的份额，而什么才是公平的份额呢？社会公平意味着各国之间和各国人民之间公平分享有限的自然资源。

2014 年，全球公民的平均生态足迹为 $2.8hm^2$，而美国公民的平均生态足迹为 $8.4hm^2$（GFN，2018）。如果世界所有公民的生态足迹都等于后者，全球生态足迹将超过地球的生物容量不是 1.7 倍，而是 5 倍。目前，美国普通消费者的水足迹是全球平均水平的 2 倍（Hoekstra and Mekonnen，2012）。这意味着，如果我们都采用美国式的生活方式，全球用水将翻一倍。据估计，美国平均消费者的碳足迹是全球平均水平的 5.8 倍（Hertwich and Peters，2009）。信息很明确：如果我们想走可持续路线，我们就不能走美国的道路。人均足迹不仅在各国之间，而且在各国内部都存在巨大差异（Minx *et al.*，2013）。有限的世界的公平消费需要"收缩和收敛"；人类的环境足迹必须减少到可持续的水平，人均足迹必须收敛到类似的、更公平的份额（Jackson，2009）。

人均足迹由两个因素决定：消费模式和自然资源利用强度或单位产品的消费所产生的废弃物。消费者可以通过购买具有高生态效率的产品（单位产品的足迹很小）来影响后者，但这往往会受到缺乏产品信息的阻碍。通常，唯一相关的信息类型是能源效率（电器），有时是指产品的水效率（洗衣机、洗碗机、抽水马桶、淋浴喷头）。这种情况下所列的能源或水的使用是指在使用过程中所使用的能源或水，而不是指生产过程中所消耗的能源或水。除了选择环保高效的产品，消费者还可以通过改变他们的消费行为来减少他们的足迹。至少在工业化国家，有可能对减少环境足迹做出最大贡献的措施包括用作物产品取代动物产品（Springmann *et al.*，2018）、减少食物和其他浪费（Foley *et al.*，2011）、在家庭和交通运输中节约能源（Jones and Kammen，2011），以及购买二手的、可回收的产品和低碳足迹的、非物质化的服务，而不是购买以初级材料为基础的商品（Jackson，2009）。由于社会的约束和禁锢，实现所需的行为改变并非易事（Jackson and Papathanasopoulou，2008）。另一个问题是，资源效率的提高往往不会带来预期的节约，因为它们允许总体消费水平增加，即所谓的反弹效应（Chakravarty *et al.*，2013）。真正可持续的过渡所需的深刻、有效、为社会所接受的和持久的变化尚未发生。

6. 资源安全

对政府来说，资源安全意味着限制国家对难以控制或影响的足迹的依赖。对企业而言，这意味着要限制企业对供应链中风险增加的足迹的依赖。在这种情况下，国际贸易发挥着重要作用，因为它将环境负担从一个国家的消费地转移到世界其他地方的生产地。对国家足迹的研究充分证明了这种国际外部化的影响。例如，英国国民消费中约40%的碳足迹分布在国外（Hertwich and Peters，2009），75%的水足迹分布在国外（Hoekstra and Mekonnen，2012a）。全球范围内，24%的土地足迹（Weinzettel *et al.*，2013）、22%的水足迹（Hoekstra and Mekonnen，2012a）、26%的碳足迹（Peters *et al.*，2011）和42%的物质足迹（Wiedmann *et al.*，2015）是嵌入在国际贸易中的。因此，旨在提高消费可持续性的政策需要考虑到并针对国外的生产技术。要求一个国家完全自给自足通常是不可能的。因此，在世界范围内减少生产足迹的国际合作是解决国家一级自然资源储存和流动不可持续性的唯一途径。

自然资源的储存和流动发生在当地，但从经济角度看，它们已成为全球大宗商品。将国家消费的环境足迹与国家的自然禀赋基础进行比较可以识别固有的和关键的资源依赖（Wiedmann *et al.*，2015；Niccolucci *et al.*，2012）。令人惊讶的是，在印度等国家，其生态足迹和水足迹超过了其可持续利用的土地和水资源，但它们仍然是虚拟土地和水的净出口国（Weinzettel *et al.*，2013；Hoekstra and Mekonnen，2012a）。在这里，可持续生产与出口收益的利益是不一致的。

尽管人类的环境足迹最终是由消费驱动的，但政府总是关注提高“生态效率”（减小单位产品的足迹），忽略消费量和模式的影响。《京都议定书》为工业化国家制定了关于每个国家产生的温室气体排放量的减排目标。这导致随着时间的推移，生产从发达国家转移到发展中国家，即所谓的“碳泄漏”，即将排放转移到协议控制范围之外的国家。我们还看到一些国家如何将其土地和水足迹外部化。越来越多的国家试图通过在非洲等其他地方攫取土地和水源来确保粮食供应（Rulli *et al.*，2013）。同样，一些国家只能通过增加进口来实现其生物燃料目标（Lamers *et al.*，2011），并在其他地方留下相关的土地和水足迹

（Harvey and Pilgrim，2011；Gerbens-Leenes *et al.*，2012）。与供应的长期可持续性相比，大多数政府和企业对短期资源安全仍然更感兴趣。这可以用经济回报和政治周期的时间框架来解释，长期的资源安全要求进口和供应链是真正可持续的。然而，可持续的消费和资源仍然是决策制定中的盲点。环境足迹核算有助于填补这方面的知识空白，并为更明智的政策制定奠定基础。

7. 结论

为了把人类的环境足迹降低到一个可持续的水平，有必要从全球到国家或流域尺度，就不同规模的足迹上限达成共识。足迹的限制对生产和消费都有影响（Peters and Hertwich，2008）。人类环境足迹的各个组成部分都需要减少，以保持在行星边界内。仅靠技术改进（生态效率）不足以实现这一目标，消费模式也亟须改变（Jackson，2009）。这将多大程度改变全球经济文化仍是一个悬而未决的问题。显然，这种变化将深刻影响所有的经济部门。总是有几个实体在制造碳足迹方面发挥作用，如投资者、供应商、接受者和监管者。因此，迈向可持续足迹的责任是由他们共同承担的（Lenzen *et al.*，2007）。社会和经济将责任制度化的方式显然不足以保证环境可持续性、生态效率、公平分享和长期资源安全。探索如何更好地制度化全供应链责任是人类实现未来可持续的主要科学挑战之一。

第二章　水足迹思想简史

水足迹研究已经有了很大的发展。2002 年年初，我提出了“水足迹”这一名词及其概念。在 2002 年年底，我向大家介绍了这一概念，并首次对各国的水足迹进行了定量评估（Hoekstra，2003）。我将水足迹作为一个人或一个国家的个人消费的所有商品和服务背后的用水指标，并呼吁“一个国家的总水足迹有望成为一个国家对全球水资源需求的有用指标”；对于消费者，将人们的个人足迹作为饮食和消费模式的函数来表示是有意义的（Hoekstra，2003）。很快，就有研究人员表示怀疑，他们认为分析人们的间接用水没有意义，因为水资源管理是分配给实际用水者，而不是间接用水者。此外，将间接用水“归咎于”消费者或让他们对其间接国外用水的负面影响“负责”是不正确的。不过，这一概念似乎具有开创性，Allan（2001）提出了虚拟水贸易的概念，他认为通过进口食物而进口虚拟水是一种有助于解决中东缺水问题的机制。

2002 年，我们初步量化了与国际作物贸易有关的全球虚拟水流动（Hoekstra and Hung，2002）。通过将一个国家的净虚拟水进口量加入到国内用水中，如传统的国家用水统计数据所示，我们能够揭示一个国家人民的真实用水情况。虽然 Allan 从进口国的角度看待虚拟水贸易，但我建议从出口国的角度考虑虚拟水贸易，因为食物进口国可能会在国内“节约”水，但出口地区的水足迹比生产自己的食物所需的水足迹大，这可能关乎出口国水资源配置的可持续性和公平性。

国际政治、市场及法规间接地影响着不同地区水资源的配置和利用方式，以及最终的受益者。鉴于水资源供需在世界各地分布不均，以及水作为一种非常重要的资源，分析水资源配置的国际和地缘政治层面是有益的。早期对水足迹和虚拟水贸易概念的一些批评仍然不时出现，但与此同时，水足迹和虚拟水贸易评估领域已经成熟，并产生了较深入的研究和应用于实际的案例。

水足迹始于一个简单的概念，但它衍生出水足迹评价（water footprint assessment，WFA）领域，它解决了水的使用、稀缺性和污染与人类消费、生产和贸易之间存在的各种问题（Hoekstra *et al.*，2011）。研究进展包括：高时空分辨率下的水足迹量化（Hoekstra and Mekonnen，2012a）、水足迹及虚拟水贸易年际变化和趋势研究（Zhuo *et al.*，2016a，2016d）、作物水足迹基准的制定（Mekonnen and Hoekstra，2014a；Zhuo *et al.*，2016c）、基于蓝水足迹分布与水资源可利用性分布评估高空间分辨率下月际蓝水稀缺情况（Mekonnen and Hoekstra，2016）、基于灰水足迹与自净能力的流域水污染等级计算（Liu *et al.*，2012）、水足迹评价中的遥感应用探索（Romaguera *et al.*，2010）及未来水足迹和虚拟水贸易情景的构建（Ercin and Hoekstra，2014；Zhuo *et al.*，2016b）。水足迹评价的应用范围广泛，从产品评估、部门研究、饮食评估，到流域、市政和国家研究，再到全球评估。

1. 四个基本想法

水足迹评价（WFA）的领域植根于四个基本想法。一是认为淡水是全球资源（Hoekstra and Chapagain，2008），因为一个地方的人们可以而且确实通过虚拟水贸易间接利用其他地方的淡水资源，并且地方的水分配和不可持续的水消费模式越来越受到全球经济的驱动。由于缺乏可持续用水的鼓励措施，各国可以将其消费的水足迹“外部化”到世界其他地区，而无须支付相关费用。二是淡水更新率是有限的，因此我们必须研究与这些限制相关的消费、生产和贸易模式的发展。三是为了理解自然资源的使用和消费的影响，我们必须从供应链和产品生命周期的角度来思考。伴随着水足迹的提出，供应链思想被引入水资源管理领域是前所未有的。从企业和最终消费者的角度来看，供应链思想有助于解决可持续用水问题。四是在全面解决淡水使用和短缺问题时，我们必须同时考虑绿水、蓝水及水污染。传统的水管理领域侧重于蓝水供应，忽视了绿水的重要性，没有将水资源短缺和水污染问题结合起来，对地下水和地表水（蓝水）开采的关注似乎还不够。雨水（绿水）在农业生产中起着重要作用：只有同时考虑绿水和蓝水的消耗，才能很好地了解农业用水情况。此外，水的消耗并不是唯一的占用淡水资源的方式，水的污染也是一种占用水资源的方式。

因此，水足迹评价（WFA）的领域基本上是跨学科和综合性的，学术论文发表在“环境科学”和“水资源”这类学术期刊上。广义地说，水足迹评价通过将环境思维（足迹和供应链思维）引入水资源领域，并将水资源思维（水分配、水生产力、水资源短缺）引入环境科学领域，将两个学科联系起来。

2. 绿水、蓝水、灰水的历史

水足迹是衡量消耗型和稀释型淡水利用的一个指标。消耗型水足迹包括绿水部分（指雨水的消耗）和蓝水部分（指地表水或地下水的消耗）。稀释型水足迹，即所谓的灰水足迹，衡量了稀释进入淡水体的污染物所需的水量（Hoekstra *et al.*，2011）。在早期的水足迹研究中，重点只是消耗型用水。据了解，从一开始，水的消耗量包括绿水和蓝水的消耗量，但它们是作为一个整体呈现的，因为所采用的模型不允许对这两个组成部分（Hoekstra and Hung，2002）进行明确区分。将绿水纳入水足迹计量是一项重要而深思熟虑的决定，其灵感来自于 Falkenmark（2000）的工作，Falkenmark（2000）引入了蓝-绿水的术语，以便将水管理的视角从历史上对蓝水的关注扩展到其他方面。第一篇分别评估作物的绿水足迹和蓝水足迹的论文是由 Chapagain 等（2006b）撰写的。这篇论文还介绍了灰水足迹，虽然还没有以这个名字命名，但它是一个吸收污染物负荷所必需的“稀释水量”。我在 Postel 等（1996）的一篇文章中得到了用稀释要求来表达水污染的启发。“稀释水”这个词似乎不恰当，因为一旦我们的工作得到更广泛的讨论，一些人就把它作为一个规范性的概念来看待，好像它是通过稀释来解决污染的。这当然不是我的本意：我们的想法是用稀缺淡水资源的所有权来表达水污染，而用稀释这些资源所需要的水量来表达污染。从这个意义上说，水污染与水消耗是相竞争的。Hoekstra 和 Chapagain（2008）在一个连贯的框架中首次提出了绿水足迹、蓝水足迹和灰水足迹。Hoekstra 等（2011）通过计算水体中物质的自然本底浓度，对灰水足迹的定义略有改进，因此，考虑到最大允许浓度，减少了从人为来源承担额外负荷的能力，而第一次灰水足迹研究仅限于通过氮造成的污染。如今，对各种水质参数进行了灰水足迹研究，包括营养盐、溶解性固体、金属、农药和药品。尽管一些研究已经根据水源（地表水、可再生地下水、原生水或毛细上升水）区分了不同类型的蓝水足迹，但可以预期，在数据允许的情况下，越来越多的人可能会这样做，因为这些不同类型的蓝水足迹可能有不同的应用价值。

3. 衡量耗水量而非取水量

传统上，用水统计数据显示的是总的蓝水取水量，指从地下水和地表水资源中提取的生活、工业和农业用水的水量。然而，总提取与净提取不同。人们可能会想，如果水是从某一来源抽取出来的，使用后再经过净化，然后又回到原来的来源，那么水的使用会有什么问题呢？这种用水方式对环境没有危害，而且可以不断重复。因此，在 20 世纪 90 年代末，净蓝水提取被越来越多的关注，通常称为“消耗型用水”或“水消耗”，当我提出了水足迹用来衡量水的使用，我选择蓝水足迹定义为蓝水资源的净取水量，而不是总取水量。对于流域的缺水来说，净取水量才是最重要的，因为返回的取水量并不会加剧缺水。因此，从流域的角度衡量蓝水消耗，即蓝水净（有效）取用量更有意义。

4. 从概念到分析

发展的最初阶段集中在量化作物的水足迹、与作物贸易有关的虚拟水贸易和国民消费的水足迹（Hoekstra and Hung，2002）。图 2.1 的核算方案是国家水足迹估算的基础。Hoekstra 和 Chapagain（2007，2008）通过考虑所有形式的消费和贸易，改善了国家水足迹的计算，包括动物、工业产品及城市用水。直到 2008 年，重点仍然是与消费有关的和记账式的国家水足迹。后来范围扩大之后，生产视角也受到越来越多的关注，这是由于 2007 年开始发现企业对使用水足迹的概念越来越感兴趣。另一个驱动因素是对分析特定地理区域内生产的总水足迹的兴趣，以便将它们置于每个区域有限的可用水的背景下。这些进展推动了一个更大的概念框架的发展，如前一章所示（图 1.2），使以单个过程或活动为基础水足迹的量化成为可能。例如，产品的水足迹、以个人或群体为一级的消费水足迹、特定区域生产的水足迹，以及企业的运营、供应链的水足迹。随着范围的扩大，有关单位产品耗水量的术语从“特定需水量”（Hoekstra and Hung，2002）或“虚拟含水量”（Hoekstra，2003）变为“产品的水足迹”，以便在将产品的水足迹归于篮子商品的水足迹时或归于消费模式的水足迹时具有一致性（Hoekstra *et al.*，2011）。

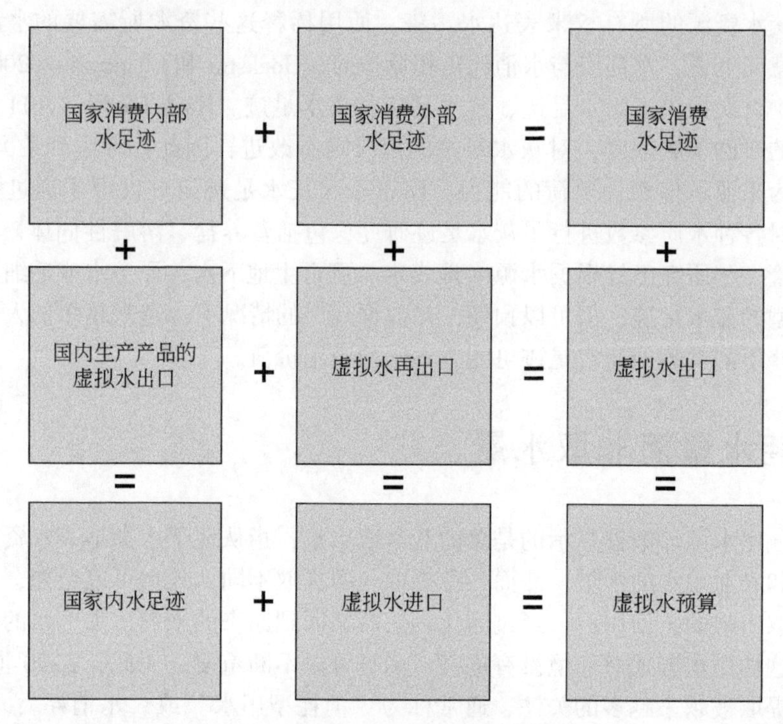

图 2.1　空间单元的水足迹核算方案

图中展示了生产和消费水足迹与虚拟水贸易的关系，可以应用于市、省、州、国家或流域。

资料来源：Hoekstra *et al.*，2011

大约在 2008 年，因为认识到对水足迹进行量化只会产生有趣的数字，而不能解决“怎么办”的问题和政策影响，人们普遍认为，有必要突破一个概念用来研究一种更为详尽的评估方法。完整的水足迹评价方法是在 2008 ~ 2011 年与来自私营和公共部门的利益相关者协商后制订的，参见水足迹网络发布的《水足迹评价手册》(Hoekstra *et al.*, 2011)。该方法包括四个步骤：确定分析范围、核算、可持续性评估和响应制定。可持续性评估步骤通过将水足迹置于可持续发展、效率和公平的背景下解决“怎么办”的问题，认识到水足迹数字本身如果不与参考水平相比较，就没有什么意义。在这个阶段，我提出了一些新的概念，如“最大可持续水足迹”的概念，将其转化为每个水体的水足迹上限；工艺和产品的“水足迹基准”的概念，作为使用某些良好或最佳技术或实践可达到的水足迹水平的参考；“蓝水和灰水足迹许可”的概念，而不是水的提取和废水排放许可证；公平水足迹共享作为讨论社区水足迹工具的想法；公司的“供应链水风险”和国家的“进口水风险”的概念。

5. 与其他研究领域的关系

随着水足迹研究领域的不断成熟，与其他研究领域的交叉日益频繁。虽然最初的水足迹评价（WFA）研究很少纳入更广泛的水资源综合管理（integrated water resource management，IWRM）领域，但我们看到，在常规的水管理研究中，水足迹和虚拟水贸易概念的耦合日益增强。此外，我们还看到，水足迹评价已被整合到更广泛的环境和经济研究中。首先，致力于“环境扩展的投入产出模型”研究团队开始将水足迹纳入在他们的工具中（Ewing *et al.*，2012），允许对跨经济部门和区域的虚拟水流量进行全面跟踪，生命周期评估（life cycle assessment，LCA）团队已开始将水足迹纳入 LCA（Boulay *et al.*，2013），研究企业部门的环境指标、社会责任和水管理的学者们也开始将水足迹纳入其框架（Herva *et al.*，2011；Sarni，2011）。此外，越来越多的学者正致力于将不同的足迹整合到更全面的环境足迹研究中（Hoekstra，2009；Galli *et al.*，2011），并将足迹研究与行星边界的概念联系起来（Hoekstra and Wiedmann，2014；Fang *et al.*，2015）。随着化石经济向生物经济的转变，碳足迹研究将逐渐成为土地和水足迹研究的重要内容，因为生物足迹的研究本质上是以稀缺的土地和水资源为基础的。最后，将零水足迹作为工业过程的最终目标，符合循环经济的研究。

6. 不同地理范围水足迹研究的兴起

多年来，我们开展了一系列的全球水足迹评估。第一项水足迹研究估计了世界大多数国家国民消费的水足迹（Hoekstra and Hung，2002）。在第二次全球评估中，在产品范畴方面进行了改进（Hoekstra and Chapagain，2007，2008）。虽然这两项评估都是在国家尺度进行的，但第三项全球评估是基于高空间分辨率的（Hoekstra and Mekonnen，2012a）。与此同时，Fader 等（2011）开展了另一项全球水足迹评价。Chen 和 Chen（2013）是第一个使用多区域投入产出模型而非静态贸易数据库来估算国际虚拟水贸易和全球水足迹的，Ercin 和 Hoekstra（2014）开发了第一个未来全球水足迹和虚拟水贸易情景模式。

2006 年开始出现了针对具体国家的研究（Ma *et al.*，2006），2008 年开始了针对流域的研究（Aldaya and Llamas，2008），2009 年开始了针对城市的研究，2010 年前后有了针对特定地点的研究（针对特定农田和工厂）。国家和城市研究通常主要考虑的是公民消费的内部和外部水足迹，而流域研究往往侧重于流域内生产的水足迹。大多数特定站点的研究也是从本地生产的角度关注水足迹，而不考虑供应链。更多的地方研究是由全球研究的结果提供的，这是由于地方研究可以在所研究区域内的空间细节方面更加具体，但至于进口产品的水足迹数据和其他地方水足迹的可持续性，则必须依赖其他研究。

7. 产品、部门和企业水足迹研究的兴起

在我们的第一项研究中，我们量化了每个国家 38 种作物的水足迹（Hoekstra and Hung，2012）。后来，我们再次按国家估算了所有初级作物（和各种衍生作物产品）的水足迹，八种动物和肉类、牛奶、黄油、奶酪、皮革和等动物产品水足迹及工业、市政部门的水足迹（Hoekstra and Chapagain，2007，2008）。随后，我们进行了一系列技术改进，并应用于高空间分辨率，从而考虑了气候、土壤和其他生产条件的空间变异性（Mekonnen and Hoekstra，2011a，2012）。更具体的产品研究始于2006年的一项棉花水足迹研究（Chapagain *et al.*，2006b）。已经发表的关于水足迹研究的论文涉及很多种产品，包括食物产品（Ercin *et al.*，2011，2012）、纤维产品（如纺织品）（Chico *et al.*，2013）、纸张（Van Oel and Hoekstra，2012）、鲜花（Mekonnen *et al.*，2012）、包装、矿物、建筑材料（如钢铁）、水泥、玻璃、汽车及电脑等制成品。已发表的企业部门的研究也有很多，如饮料（Ercin *et al.*，2011）、建筑材料（Gerbens-Leenes *et al.*，2018）、电力（Mekonnen *et al.*，2015）、交通（Gerbens-Leenes and Hoekstra，2011）、旅游（Cazcarro *et al.*，2014）和粮食援助（Jackson *et al.*，2015）。南非米勒啤酒公司和世界自然基金会（WWF）在2009年进行了第一项合作研究后，特定企业部门的水足迹研究开始出现。这些应用中的一个大问题是跟踪供应链并获取特定数据，而不是粗略的全球估计，对于动物和制成品等供应链长且复杂的产品尤其如此。例如，对于动物产品，动物的饮食和饲料来源是至关重要的，但在许多情况下，很难追踪饲料浓缩物的精确成分和来源。

8. 饮食选择的水足迹：水–食物纽带关系

自2010年以来，人们一直在研究饮食对消费水足迹的影响。我的第一个估计是，如果人类用营养相当的作物产品替代肉类，对于工业化国家和发展中国家，就会分别实现36%和15%的水足迹减少潜能（Hoekstra，2010a）。我们发现，对于任何动物产品，都能找到一种与其营养价值相同但水足迹要小得多的农作物产品（Mekonnen and Hoekstra，2012a）。对于牛肉来讲，每卡路里（卡，1cal=4.1868J）能量的平均水足迹是谷物和薯类作物的20倍；每克蛋白质的水足迹是豆类的6倍。对于牛奶、鸡蛋和鸡肉来讲，每克蛋白质的水足迹估计是豆类的1.5倍。在一项研究中，我们发现1L牛奶的水足迹是1L豆奶的3倍，而牛肉汉堡的水足迹是豆制品汉堡的15倍（Ercin *et al.*，2012）。针对欧洲地区，如果人们都转变为素食主义者，我们估计这将导致38%的水足迹减少（Vanham *et al.*，2013a）。Jalava等（2014）估计，如果全球人类从目前的膳食结构转变为《世界卫生组织膳食指南》推荐的膳食结构，并且用营养相当的当地作物食品替代动物食品，那么与食物相关的绿水足迹将减少23%，蓝水足迹减少16%。

这些关于水–食物纽带关系的研究的创新基于一个事实，在传统上通过需水管理来减轻缺水的努力一直集中在如何提高作物生产和牲畜饲养中的水分生产率问题上。但是还有一个更根本的问题没有得到解决：粮食生产系统作为一个整体，其用水效率如何？也就是，水足迹研究为研究全球农业部门的“营养水分生产力”开辟了可能性，即每滴水产生多少千卡或多少克蛋白质？另一个研究重点则是废弃食物的水足迹。据估计，每年因总的废弃食物产生的蓝水足迹约为2500亿m^3/a，是美国消费蓝水足迹的3.6倍（FAO，2013）。

9. 能源组合的水足迹：水–能源纽带关系

能源的水足迹研究始于生物能源研究（Gerbens-Leenes *et al.*，2009a，2009b；

Dominguez-Faus *et al.*, 2000)，其次是水电的水足迹研究（Mekonnen and Hoekstra, 2012b）。其实这很好理解，因为针对这两种能源，单位能源所消耗的水量都较多。目前，我们对所有不同形式能源的水足迹都有一定的了解，包括化石能源和可再生能源（Mekonnen *et al.*, 2015a）。比较单位能源耗水量，生物能源和水力发电的水足迹比化石燃料和核能大2～3个数量级。生物能源的差异很大，其具体形式极为重要（例如，是第一代还是第二代生物燃料，什么类型的生物燃料被用作原料，以及在什么生产环境下使用）。水力发电的差异也很大，这取决于水库的位置和特征。集中太阳能（concentrated solar power, CSP）产生的电能与化石燃料产生的水足迹相似，而地热能则可以比其小一个数量级，甚至更少。光伏（photovoltaic, PV）和风能的水足迹比化石燃料小1～2个数量级。

对水足迹的研究有助于显示从化石能源向可再生能源过渡对耗水的影响。现有能源方案中"最绿色"的方案（碳足迹减少最快、最大）将极大地扩大全球能源生产的水足迹，因为其中包含大量的生物能源和水电。减少能源生产的碳足迹和水足迹的唯一方法似乎是所有投资都瞄准风能、太阳能和地热能（Mekonnen *et al.*, 2016）。未来的研究无疑将集中于能源转型将如何改变区域间能源依赖关系，进而改变能源关系。因为未来的能源供应将取决于土地、风能、阳光和水资源的可利用性以生产可再生能源。如果在今天的全球运输部门中，只有10%的化石燃料被来自相对有效作物的生物乙醇所取代，全球用水量将增加7%（Gerbens-Leenes and Hoekstra, 2011）。未来的能源短缺主要是土地和水的短缺，因此土地资源和水足迹资源将成为未来能源研究的核心。

另外一个问题就是，可再生能源投资回报率（energy return on investment, EROI）远低于化石能源；随着对化石能源需求的继续增加，对土地和水的需求也继续增加（Mekonnen *et al.*, 2015a）。在当前能源密集型农业生产方式下，净能量产出远低于总能量产出，有时甚至接近零。

光伏板和CSP系统比光合作用更能有效地捕捉太阳辐射，从而单位面积产生更多的能量。生物能源将被限制在使用有机物质的剩余部分；因此，我们的经济将日益依赖风能和太阳能，这将推动交通部门的电气化。我们还需要将以化石能源为基础的供暖方式转变为使用地下、室外空气或太阳热量的电热泵。此外，我们需要找到储存能源的方法，并设计能够处理电力需求和供应的大变异性的电网。

10. 水足迹与虚拟水贸易

自2009年以来。越来越多的论文将生产和消费的水足迹和虚拟水贸易置于可持续、公平和有效的背景下。在荷兰的一个案例研究中，我们将荷兰消费者的外部水足迹置于生产区域的当地稀缺性的背景下，从而确定了关键的热点地区（Van Oel *et al.*, 2009b）。该方法随后在法国（Ercin *et al.*, 2013）和英国（Hoekstra and Mekonnen, 2016）的案例研究中得到改进。后一项研究还显示了英国所有外部水足迹地区的用水效率水平。Lenzen等（2013）的研究表明，世界范围内的国际虚拟水的产生在多大程度上源于水资源的匮乏。

根据高时空分辨率的水足迹估计和淡水资源更新率数据，可以比以往任何时候都更加详细地评估水资源短缺，准确地显示水足迹超过最大可持续水平的区域及哪种类型的水

（如哪种作物）是造成这种情况的原因。研究表明，在世界上400个大型流域中，有一半流域的蓝水足迹每年至少有一个月超过最大可持续水平两倍（Hoekstra *et al.*，2012），到2000年，全世界约有40亿人生活在每年至少一个月严重缺水的地区（Mekonnen and Hoekstra，2016）。水足迹和虚拟水贸易也可与特定含水层的过度开采联系起来，例如，Marston等（2015）对美国的研究。灰水足迹可以放在流域的自净能力中。在氮、磷污染方面，已有研究表明，在世界上许多流域，灰水足迹超过了最大可持续水平（Liu *et al.*，2012；Mekonnen and Hoekstra，2015，2018）。

通过比较不同社区消费水平和模式相关的水足迹（Hoekstra and Mekonnen，2012a），已经有可能去讨论用水的公平性，因为水足迹已经超过了世界上一半主要流域最大可持续水平。人们可以保守地假设人类作为一个整体的水足迹——目前平均每人每年1385m^3左右，在未来至少不会增加。未来的人口增长意味着人均最高可持续水平将下降。假设公平性被解释为每个世界公民的平等水资源份额，这就意味着，对于目前水资源足迹超过平均水平的国家来说，这将是一个巨大的减少水足迹的挑战，就像美国一样，未来的研究需要更好地理解这里所涉及的复杂性，问题包括：什么是确切的可持续性水平？什么是公平的给予水和食物的人权？通过提高用水效率可以实现哪些减排？以及需要在多大程度上调整消费模式？还有一个问题是：虚拟水贸易能给我们带来什么好处？Seekell等（2011）和Suweis等（2011）发现，目前的虚拟水贸易主要是由各国国内生产总值和社会发展状况推动的，而不是水资源短缺和水资源紧张人口聚集空间格局。研究表明，国际虚拟水贸易导致了适度的全球净节水（Chapagain *et al.*，2006a），虚拟水贸易导致水资源在全球的分布稍显平等（Seekell，2011）。但它也带来了不利的环境影响，以及缺水国家长期依赖水资源的风险。这就需要对被Suweis等（2013）称为“水控国富论”的研究进行进一步的探讨。

水足迹研究引发了从三个不同的角度对水利用效率的讨论：生产角度（当地用水效率）、地理角度（全球用水效率）和消费角度（消费者用水效率）。可以通过比较特定过程或产品的水足迹与该过程或产品的水足迹基准来评估当地的用水效率，该基准可以基于现有的最佳技术和实践。需要进一步研究制度或经济手段的有效性，以促使用水户将水足迹减少到基准水平；全球用水效率取决于水密集型商品是否在水资源相对丰富、水生产率高的地区生产，并被交易到相反的地方（Hoekstra and Hung，2005）。问题仍然是如何更好地将缺水纳入世界经济；从消费者的角度来看，水利用效率指的是消费者可以通过其他方式来满足特定的需求（例如，每天摄入一定量的热量和蛋白质），其中一些方式比其他方式的水足迹要小得多。如何激励消费者在购物时考虑对环境的间接影响，这是一个相当新的研究领域。

未来水足迹评价的研究可能会更多地集中在水足迹的可持续性、公平性和效率等问题上，而不是像过去那样狭隘地量化水足迹。此外，水足迹将越来越多地用于相关风险评价。通过分析企业或群体在供水过程中对不可持续用水的依赖程度，可以评估用水依赖性和安全性（Hoekstra and Mekonnen，2011），其中企业存在供应链用水风险（Sarni，2011），国家存在“进口水风险”（Hoekstra and Mekonnen，2016）。

11. 技术进展

首次对作物生产水足迹的研究是基于联合国粮农组织（Food and Agriculture Organization of the United Nations，FAO）的 CropWat 模型和国家作物生产统计数据（Hoekstra and Hung，2002）。CropWat 模拟作物生长期土壤水分平衡、干旱期土壤输水限制产生的作物水分胁迫及减产影响。该模型可以模拟在雨养和灌溉条件下的作物蒸腾和土壤蒸发。2011 年发布了第一个基于全球栅格的评估，分辨率为 5 弧分×5 弧分，然后利用作物水足迹模型估算作物生产中的水足迹（Mekonnen and Hoekstra，2011a）。近年来，FAO 提出的一种更先进的土壤水分平衡和作物生长模型 Aquacrop 已被应用于多项研究中，模型专门设有一个模块将作物蒸腾和土壤蒸发划分为绿水足迹和蓝水足迹（Chukalla *et al.*，2015；Zhuo *et al.*，2016a；Karandish and Hoekstra，2017；Nouri *et al.*，2019；Hoekstra，2019），此外，还有一些估算作物生产水足迹的模型，包括 EPIC 模型（Liu *et al.*，2007）和 LPJML 模型（Fader *et al.*，2011）。

一种替代作物生产中的水足迹建模的方法是使用遥感技术（Romaguera *et al.*，2010，2012，2014a，2014b），具有实时监测的长期潜力。结合国家统计、实地测量和遥感产品建立模型可能会提高评估的质量。该领域在根据实地数据校准、验证建模和遥感结果方面仍有提高。此外，我们需要更好地预测一些不确定性因素，并要像气候变化研究领域那样进行模型间比较工作。

在水足迹研究的第一个十年中，他们主要关注多年平均水足迹。然而，自 2010 年以来，越来越多的研究显示历史时间序列，数据逐年增加，使得可变性和趋势的分析成为可能（Dalin *et al.*，2012；Zhuo *et al.*，2016a）。预测研究也逐渐开始出现。已经发表了一些关于研究水足迹和虚拟水贸易情景的论文，这些研究考虑了人口和经济增长、饮食变化、技术进步、能源转型和气候变化的未来影响（Ercin and Hoekstra，2014，2016；Orlowsky *et al.*，2014），但这一分支研究尚处于起步阶段。

12. 标准和指南

第一个水足迹评价标准是由水足迹网络（WFN）在 2008～2011 年期间与广泛的利益相关者协商制订的，这一过程总结在了 2009 年的草案和 2011 年的最终出版的《水足迹评价手册》中（Hoekstra *et al.*，2011）。饮料业发布了与该标准基本一致的指南（BIER，2011）。2012～2013 年，水足迹网络组建了一个制订灰水足迹指南的国际专家小组，为评估各种化学品的灰水足迹提供了额外的实际帮助（Franke *et al.*，2013）。2014 年，国际标准化组织（International Organization for Standardization，ISO）发布了一个基于生命周期评估（LCA）的关于产品、过程和组织的水足迹的评估和报告标准（ISO，2014）。遗憾的是，该标准与水足迹网络的标准不一致；部分的区别在于方法，这是可以理解的，因为 ISO 关注产品 LCA 的环境可持续性，而 WFN 标准提供了一个更广泛的框架，水足迹的研究有不同的焦点（产品、生产者、消费者或地理区域）和不同的角度（环境的可持续性、社会公平、资源效率或水风险）。然而，ISO 标准分离了易于混淆的子概念和指标，要求用水量乘以一个“特征因子”，实际中有研究却用耗水量乘以当地的缺水程度（Ridout and Pfister，2010），这被质疑与其他环境足迹的定义方式不一致（Hoekstra，2016）。本书遵循《水足迹评价手册》。

13. 结论

水足迹评价这一新领域的创新在于为水管理增添了新的视角。第一，它增加了全球层面的努力，以了解水的使用、污染和稀缺的模式。通过揭示当地水资源问题的间接驱动因素，为分析除了当地之外还能做些什么来提高水资源使用的可持续性和公平性铺平了道路。以前，水问题一直被认为是当地的，只能在当地解决，或者至少在流域内解决。第二，水足迹评价开辟了分析水污染和缺水问题背后最根本的驱动力，即消费的途径。水管理一直关注于匹配当地的水需求和供应，考虑到供应管理和需求管理，但这种方法太狭隘。在用水需求管理方面，重点是减少每个用户的用水需求，而不是解决更基本的问题。因此，避免了一些批判性的讨论，如食物用水与饲料用水、食物用水与生物能源用水、食物用水与工业用水、生产家用产品用水与出口产品用水。第三，水足迹评价在水管理中引入了供应链思维，引入了新的相关参与者。传统上，水管理的中心问题是政府如何才能最好地管理流域内的公共水资源，因为用水户和流域内的利益是相互竞争的，而水足迹评价则展示了其他参与者（消费者、公司、投资者）的相关性，其中许多似乎与流域没有联系。水足迹评价对于商业来说是一个新概念，它将焦点从自己的运营转移到供应链上，从总取水量到净取水量，从保障“提取的权利”来评估实际的可持续性，从满足“排放许可”到评估公司对污染的实际贡献。

虽然水足迹评价植根于全球化、可持续性足迹和供应链的论述，但反过来，水足迹评价的发展也为这些其他相关领域拓展做出了贡献。鉴于水在我们的粮食和能源供应中的重要作用，水是未来发展的关键资源。水足迹评价的进一步发展将需要提高我们对不同参与者如何促进水治理形式的理解，这种治理形式综合了环境可持续性、社会公平、经济和供应等重要标准。

有时人们会问我一个有趣的问题：水足迹是否能解决世界的水问题？很显然，这是不可能的；这必须由人们自己来解决。不过，我希望水足迹的概念能激励读者深入挖掘这本书中提出的问题，并参与进来。

第三章　为什么有限的水资源容易被“过度开采”？

亚当·斯密（Adam Smith）的“看不见的手”（市场机制）无法有效配置世界上稀缺的淡水资源以实现社会利益最优。不管是在亚当·斯密时代还是我们现在这个时代，将淡水资源交由市场来配置都不是一个好主意。我并不想使经济学家们不安，但是我认为我们应当公平一些，有效利用自然资源并不是市场的专有领域。淡水对生命至关重要，水就是公共健康，水就是食物，水就是能量。淡水资源的分配就是主要的民生议题。消费或污染由他人付费的水资源的搭便车现象是社会学的研究领域。了解水资源利用和污染物将如何改变水体的流动和水质，是自然科学的研究课题。淡水资源的数量和质量与生态功能之间的关系属于生态学家的研究范围。水利基础设施的设计则属于工程学范畴。

我们没有人会否认各种不同学科在水资源管理中的相关性，但是为什么要让市场在我们的淡水资源管理中占据主要角色？众所周知，由于水资源是一种公用资源，所以我们认为政府会为它负责，但事实却并非如此。当我们意识到政府把配置日常用品，如食物、纺织纤维、能量、矿物质等供求的经济机制，作为配置淡水资源的主要机制时，我们就会明白为什么在这个世界上政府保护和合理分配水资源的行为是极难有效的。就市场角度而言，在秘鲁的沙漠种植芦笋具有经济吸引力，于是我们就在秘鲁沙漠地区种植了芦笋，从而造成当地地下水位的下降。水资源是免费的，所以无法从经济角度解释水资源的缺乏、生态系统的脆弱性与过度开采或污染之间的关系。除水资源之外，其他因素都可以对经济产生影响。经济发展具有一定的空间属性，因而它将决定使用哪里的水及哪里的水将会受到污染，而不考虑水资源的可持续性或对污染物的稀释能力。城市在发展时往往不考虑当地的水资源禀赋状况。很多地方都发展了农业和灌溉，即使我们已经很清楚这些地方并没有充足的水资源来维持长期的作物生产。

政府可能制订计划来应对污染和提高淡水资源的使用效率，但经济增长是建立在忽视淡水资源的基础之上的，它们对于水资源可持续利用来说，绝对弊大于利。美国可能具有比较完善的水资源法律，同时水环境质量标准也较高，但是为什么大平原下面的奥加拉拉（Qgallala）含水层也遭到了过度开采？为什么科罗拉多河即将干涸？为什么那么多地区水体的营养和农药含量超标？在进行经济决策时好像没有人关心是否把淡水缺乏和污染作为一个因素来考虑。而且，为农业、工业或城市发展设定边界条件并不属于水利部长所管辖的范围。因此，不管当地可用水资源的可持续边界条件如何，工农业和城市都会继续发展。

本书的中心论题是：在这个世界上，所有的淡水资源过度开采和污染问题都与我们的消费息息相关。这个论题与众不同，让我们先看一看这样的假设：制成牛仔裤的棉花是否来自于那些由于棉花灌溉而使得河流干涸的地方，我们吃的食物是否来自于那些地下水即将耗竭的地方，这与我们的研究相关，且非常重要。我们为什么需要从消费和供应链的角度关心水资源呢？传统观点认为，农民、工厂和市政当局对于水资源的过度开采和污染负有责任，因为是他们取用了过量的水资源，排放了过多的化学物质或工业废水，从而造成那些区域含水层枯竭、河流干涸或水体污染。显然，如果必须变革，除农民、工厂和市政当局外，还有谁应当承担责任？通常认为，州政府或国家政府扮演了关键角色。政府必须对所有这些行为进行有效管理——通过建立取水许可、废水排放标准和制订合理的水价，或者任何其他规定——这样用水者才能得到适当的激励，同时也会对水资源使用的边界条件有一个清晰的认识。

传统的观点是：政府必须制定规章制度进行水资源管理，用水者必须遵守这些规章制度。这种观点是不全面的，原因有两个：第一，所有的生产活动都是由消费驱动，或者至少是由于消费才成为可能。如果生产者和消费者是一个不可持续的系统的构成部分，需要被包含和评价的是作为一个整体的系统，消费者是与生产者同等重要的系统的一部分。第二，从理论上讲，如果政府管理得当而且生产者以可持续的方式生产，那消费者可以不纳入其中，但是这与实际不符。政府很大程度上并没有把水价调控到能够反映其实际价值的水平，只是（间接地）投资于水资源过度开采而不是投资于水资源保护和利用效率的提高，只是设定水质标准而不是确保它们能符合标准，等等。对于生产者也是一样，与可持续性有关的商业策略常常只停留在企业内部，而不可持续的水资源利用却通常发生在公司的供应链中。

如果世界上所有国家的政府都设定适当的当地标准，执行当地法规，并且确保强制执行，那么这个世界将不会存在水资源的过度开采或污染问题。如果生产过程始终保持在可持续范围之内，那么消费者就会相信，不管产品各种部件来自哪里，他们购买的所有商品都以可持续的方式生产。但现实表明，如果这些实现产品生产可持续性的所有责任都由政府和企业承担，那么一定是行不通的。因此，消费者别无选择，为了他们自己的利益，只能以消费者、选民、存款人及独立的变革代理人的身份参与其中。世界上真正的变革，如我们如何相互影响、如何做个好管家，只有在社会大众感兴趣和积极响应的时候才能实现。本书旨在激发人们对世界上淡水资源的管理方式及如何向着一个更具有可持续性、更合理、更有效地利用我们这个星球上有限淡水资源的方向努力的过程中，对各个不同的参与者应当起到什么样的作用进行批判性的思考。

在本章中，我将论证为什么淡水是一种特殊的资源。尽管淡水是一种可再生资源，但其总量有限。同时，淡水资源不是私有的，而是一种公共资源。水资源的使用者往往将水资源的使用成本外部化于他人，如他们直接所处的环境或流域的下游。不仅如此，淡水资源的可利用量在年内、年际间及不同地方都有很大区别。因此，其稀有性也随着时间和地点的不同而有所波动。最后，水资源的定价通常远远低于它的实际价值，这会对我们产生误导，不利于对水资源进行合理利用。这也正是为什么有众多的原因使得淡水资源会被如此频繁、轻易地过度开采，不仅会破坏生态系统，而且会以失去可持续性为代价。在本章的最后一部分，我将思考什么使淡水成为一种区域性和全球性资源，并将介绍水足迹的概念。

1. 淡水是一种可再生但有限的资源

与石油、煤炭或天然气不同，淡水是一种可再生资源，其他的典型可再生资源有生物能、太阳能和风能。可再生是指这种资源可以自然地重新增加或者说可以在一段时间内重新生成。同时，可再生资源不会被耗尽，也就是不会消失。淡水储存在陆地上，尽管它们会因蒸发而减少，同时会流入海洋，但总会通过降水而得到补充。尽管淡水是可以再生的，但它同时是一种有限的资源。有限的意思是说，淡水资源的可利用量是有限的。这看起来似乎与可再生相互冲突，既然水资源能够不断地自行补充，我们怎么能说它的可利用量是有限的呢？这是因为我们在衡量“淡水的可利用量”时，必须以单位时间内的水量来计算。在一个特定时段内，降水量总是有限的。地下水补给量或河流径流量也是同样道理。雨水可用于农业生产，河水和地下含水层里的水可以用于灌溉、工业或生活用水。但是，一个特定期内，人们消耗的水资源量就不能大于可利用的水资源量，人们从湖水和地下含水层中所取的水量就不能大于流入或补给的水量。长期而言，人们从河水和地下含水层中取水的水量，不能超过水资源补给的水量。深层含水层有时甚至都不能得到补给，故此这些水资源都不能被认为是可再生的；因而这些含水层中的水被称为化石地下水。

由于淡水的有限性和对其需求的多样性，常常会出现争水现象，这就使水资源成为一种稀有资源。水是不可能被“生产”的；人们只能调、蓄天然径流，以供其他区域或在其他时间使用。即便这样水资源也还是有限的，因为水的运输和储存受到很多限制。首先，由于体积较大，水的运输和储存价格较高，同时也需要有较大的储存设施。其次，将水从天然水体中取出、再到别的地方或别的时间使用，将会对依赖于天然水体的生态系统产生影响。天然水体的重大变化通常会给下游的生态系统和下游使用者带来非期望性的结果。

淡水资源不仅稀有，而且不可重复生产。这个问题我会稍后进行解释，首先我会说明为什么淡水是不能被“生产”的。有些人可能会问，对于从海洋或沿海地区取得的盐水和微盐水，我们可以通过脱盐作用来生产淡水，那么淡水为什么不是无限的资源呢？这是事实，但这忽略一个事实，那就是脱盐过程会消耗大量的能源，这些能源同时也是有限的，而且脱盐只适用于在沿海地区进行小规模、高价值的生产，不适用于农业这种用量较大的使用者。

水资源实质上是一种非可再生的商品，这一事实对我们水资源的供给管理能力有重要的启示。可重复生产与不可重复生产商品之间的区别可追溯到 Ricardo（1821）那个时代。可重复生产的商品可以被再次生产，它们的数量可以增加。所有制造出的产品都是可再次生产的。不可重复生产的商品不能被再次生产，所以它们的总供给量是固定的。大多数的经济学理论都是关于生产、可重复生产商品的需求和供给的。当我们谈到不可重复生产的产品时，我们应当讨论的是“保护”或“保持”，而不是“生产”。我们保护珍贵的不可重复生产商品时，我们能够创造出价值。但对于经济学家来说，这不能够创造出价值，因为保护不能算作是生产的一部分。在一个流域范围内，水资源量是由降水量的多少决定的，不管流域需要多少水，这个流域内所能获取的水资源数量都是一定的。在较小尺度范围内，人们可以通过建造水坝暂时储水，或用运河引水、水泵抽水的方式来控制水资源的供给。但是适时储水和适地引水的潜力有限，因此，在大范围内对一定量的供水进行控制的可能性是很小的。

当有限的水资源出现争水矛盾时，人们最应该做的是尽可能地保护资源，可以采取相关措施使已取用而未消耗掉的水资源在使用后全部返还，且不产生水体污染，这样才能使水资源被用于一种用途时不会影响其用于其他用途的可能。不幸的是，非可再生物品的保护仅是经济学讨论的边缘问题。

2. 水资源使用的开放性、竞争性和外部性

淡水是一种所谓的“公共资源”。公共资源作为一类特殊的物质，具有两个显著特点：一是可以“开放式获取”，也就是说它们不为某些人所私有。二是具有竞争性，也就是说一个人对它们的使用会减少另一个人使用它们的机会。人们可以拥有土地，但不能拥有土地所持有的、在其上流动的或埋藏在地下的淡水。淡水不能被私人占有，也不能进行贸易。当使用“水的私有化”这个术语时，一般是指供水的私有化，也就是水的收集、净化和输配，或者废水的收集和处理服务等，都可以被私人所有。这个术语并不是指水资源本身可以私有化。

公共资源极易出现搭便车现象，即使用公共资源的个人获得个人利益，但成本却由社会整体来承担。我们可以通过一个简单的例子来说明这一点。假设一个农民从地下含水层中每多抽取 $1m^3$ 水可以获得 1 美元的利益。进一步假设，由于多抽取了这些水，地下水位将会稍有下降，那么所有的农民从地下含水层里取水时就必须多消耗一些能量。假设整个社区多花费的抽水费用总计为 2 美元。从宏观上说，多抽取的那 $1m^3$ 水的利益（1 美元）与其代价（2 美元）相比，并不值得。但是从那个农民角度来讲，情况则有所不同。2 美元的代价是由使用同一含水层的所有农民共同承担。如果有 100 个农民，每个人就只承担 2 美分。这样，对于那个农民来说，多取 $1m^3$ 水就是有利可图的，因为他可以得到 1 美元的利益，而只需要付出 2 美分的代价，即利润为 98 美分。

通常情况比这更糟。在上述例子中，“搭便车”的人至少还承担了他应付出的那部分代价（2 美分）。还有一些情况则是用水者取得全部利润而并没有付出任何代价。这与水的流动特性有关，通常是上游的用水者得利，而下游的用水者承担代价。耗尽或污染一条河流所付出的代价，不是上游用水者而是下游用水者才能体会到。依据经济学观点，这种代价叫作上游用水者的外部成本或者外部性。对于世界淡水资源使用而言，用水者为他们的外部性“埋单”的现象并不常见，这也正是驱使上游用水者使用、污染水资源而不考虑下游代价的诱因。

3. 淡水供需显著的时空差异

随着区域的变化，淡水数量有很大差异。从这方面来说，淡水就像石油一样：一些国家特别多，而另外一些国家则没有那么多。由于水资源在很多生产工艺中起着至关重要的

作用，所以与石油类似，淡水也是一种地缘政治性资源（Hoekstra and Chapagain，2008）。一些国家拥有大量的石油或水资源，而其他国家缺乏，这就构成一种政治力量（Allan，2001）。但是由水资源所带来的政治力量并不仅仅局限于上游-下游的关系，北非和中东地区缺水国家依赖于从远离该地区的水资源丰富的国家进口食物。

令人困惑的是，全球许多地区正同时面临水资源匮乏和洪水威胁的局面。枯水期会出现水资源匮乏的现象，而丰水期则面临洪水的侵袭。地区用水竞争和水价也随着年内水资源的稀缺程度波动。这是淡水资源很特殊的一面，无法找到其他资源或商品替代。

不仅仅是水资源的可利用量，水的需求量也会随时间和空间发生变化。对于淡水资源而言，最戏剧性的是当供应量达到最低值时，需求量也往往会达到最高值。一年内的耗水量和可用水量随时间而变化，但是具有“反周期”的特征（Mekonnen and Hoekstra，2016）。在比较相对干湿年份时，我们发现同样的情况：当供水量最低时，干旱年份的需水量最大。这与其他经济商品显著不同——需求和供应不断互相影响以期找到最好的平衡点。我们很难说出“水资源匮乏”与房产市场的稀缺或电子硬件的短缺之间的相似性。水资源匮乏会严重影响农业收成和工业生产，而洪水则很容易让人忘记水资源压力。我们梦想着能通过在丰水期储存洪水而在枯水期使用这些水资源而解决所有的问题，但是如何找到合适的地方蓄水则面临诸多限制因素。我们经常发现修建一座新的大坝会迫使数以千计的人不得不背井离乡，离开他们即将被淹没的家园。除了空间限制，生态环境方面的考虑也限制了人们肆意的筑坝蓄水。关于大坝对大型河流系统影响的全球概览指出，超过一半的河流系统会受到大坝的影响，包括八个生物地理多样性程度最高的系统（Nisson *et al.*，2005）。尤其是河流大坝所导致的河道改道和河道分段会带来巨大的生态破坏（Poff and Zimmernan，2010）。

4. 淡水资源很有价值，但是水价往往远远低于它的价值

从自然角度而言，水资源是免费的——随雨水而来，随河流而动，同时由于水没有归属或贸易，因此没有市场机制为之定价。不仅是雨水，地下水和河水都是免费的，并且更具体形式的淡水供应也是定价非常低的甚至是免费的。许多政府通过大力投资基础建设，如大坝、运河、水净化及输配系统、海水淡化工厂和污水处理系统来增加淡水供应量。这些投资费用通常不会直接由用水者承担。假如用水者需要支付水资源供应的全部费用，那么他们所支付的也是水供应商的服务费或他们自己抽水、净化水的成本，而非水资源本身的费用。同时，也很难见到水资源的稀缺性是以稀缺性租金的形式在水价中反映出来。而且，用水者通常不会为他们对下游或生态系统所产生的负面影响买单。只有出现特殊情况时，政府才会要求用水者以水资源税或建立用水许可证市场的方式为水资源本身支付一定的费用。实际上，对于大多数用水者而言，水资源通常没有定价或定价很低。因此，没有足够的经济刺激因素促使用水者节约水资源。另外，即使是最耗水的产品，水资源的投入在产品整体定价中也没有占到多大份额。因此，商品的生产和贸易，即使各种各样商品需要使用大量稀缺的水资源，也无法或很难由水的稀缺性来支配。但是，生产的唯一限制性因素就是水资源的绝对匮乏：当河水干枯时，下游没有任何水资源可以使用。正如 Yang

等（2003）和 Chouchane 等（2018）所指出的，绝对水匮乏实际上妨碍了全球大部分缺水地区水密集型产品的生产，如谷物的生产，同时也导致这些区域必须进口水密集型产品。

当焦点聚集在不当的水定价问题上时，注意力可能会有些偏离问题的本质，也就是淡水的稀缺性应当在进行经济决策时给予正确估算。根据水的真实价值定价可以帮助我们对淡水进行合理的分配和使用，但是认为合理定价就能解决低效和不可持续用水则有些片面。水资源合理定价也许是解决方案的一部分，但并不是全部，采取其他的调控措施非常必要。一个更大的误区就是认为"水市场"是一个合乎逻辑的工具，借助"水市场"可以实现水资源的合理定价。一些国家（如智利、澳大利亚和美国）已经进行了水市场的实践，在"水市场"中水资源使用权（用水的权利）可以进行贸易（Bjornlund and Mckay, 2002），但并没有证据表明这些地区水资源比其他地方保护得更好（Bauer，1997；Dellapenna，2000）。为了能更好地反映水资源的真实价值，政府也许可以设立更好的收费标准而非建立水市场。通过水价反映水的真实价值，为用水者和水密集型产品消费者提供合理的价格信号是非常重要的。实际上，对政府而言，设定合理的价格看起来是比较困难的，原因有很多，例如，水计量设施的缺乏，来自农民及其他用水者的反对等。但是即便政府依靠公共职能制订了合理的水价，依然需要政府加强管理以优化用水者的水资源配置及保护水资源免受污染。合理的定价并不足以保证资源的可持续利用，原因在于经济分析是基于一定贴现率的，因此将一元钱花费在今天获得的收益要比花费在明天高，特别是在即期利益可以以一个相对低的成本获得的情况下，如水资源的使用，贴现率使得过度利用成为更优选择。

5. 为何淡水很容易被"过度开采"

通过以上分析，我们现在可以清楚地了解为何淡水如此容易被浪费。全球有不少地方水消耗或污染非常严重。我们可以看到河流正在干枯（如科罗拉多河），湖水位正在下降（如乍得湖），地下水位正在降低（如也门），同时由于水污染的影响，一些生物物种（如印度河豚）正濒临灭绝。造成这些现象的原因有很多，但所有原因都和以上讨论的水的特性相关。导致淡水系统脆弱性至少有如下原因，一是淡水资源是一种公共资源。正如几十年前 Hardin（1968）指出的那样，和放牧对公共草地的影响一样，公共资源很容易被过度使用。在许多用水者共同使用淡水湖或蓄水层的情况下，水消耗和污染是由用水者或污染者的直接利益导致的，而负面影响却由整个社区承担。过度开采的代价不是由用水者本身所承受，而是另有他人，有时甚至是下一代，正如消失的湖泊或污染沉淀物的例子。二是水是流动的，水消耗和污染的负面影响经常只有下游的人们才能感觉到。三是不同用水者对有限淡水供应的竞争，大自然的水资源是有限的。假如用水者能有效地将所有水从河流中抽取出来，那么依赖自然河道水流的河边和下游海岸生态系统将滴水不剩。水的"可用性"并不意味着可以完全地开采消耗而不计一切后果。四是水资源的定价过低，商品价格并没有考虑促进用户节约用水、防止水越来越稀缺等因素，由此，给了消费者一个错误的价格信号。最后，也许是最重要的原因，实际上水资源浪费与水的特性或水系统的脆弱性无关，但与社会无法制订出合理的规章制度对其做出足够的响应有关。公共资源的破坏并不是不可避免的，当地社会经常创造性地找到方法使公共资源得到可持续利用和公平配置（Ostrom，1990）。然而，大型团体对公共资源的保护好像更加困难（Ostrom *et al.*，1999）。在一个较小地域用一个可持续灌溉方案实现水资源的共享相对简单（Tang，1992），而在一个流域分享水资源则显得相当困难（Van Oel *et al.*，2009），在开放的全球经济系统中分享淡水资源则更具有挑战性。在这里我们恰好碰到一个解决本地水资源匮乏和污染问题的关键：合理的水资源管理需要全球维度。

6. 淡水既是当地资源也是全球资源

水是一种当地资源，因为它在流域中自然流动，而不会流出边界。从传统工程学角度来看，流域的水资源需求应小于或等于流域中可利用水资源量。水只有在蒸发或流入海洋的情况下才会离开河流，蒸发或流入海洋的水量通常被水资源工程师看成“损失”。水资源损失量无法从生态学角度计算，因为它们是自然水循环的一部分，对于地球上所有生命和生态系统的功能都是必要的。然而从用水者的观点来看，水可以看作一种“当地资源”，当地在这里解释为“只在流域内可用”。

由于体积过大，水几乎无法长距离运输或用于贸易。但是有三种情况例外：瓶装水和其他饮料的国际贸易、用集装箱船运及跨流域调水。对于瓶装水，我们提到的是相对小的容积。人们每天所喝不过是几升的液体，但是用于人均消耗的商品和服务的水资源总量——却至少能达到每天几千升水。从水文学角度出发，瓶装水的国际贸易对于全球水文循环影响不大。这并不是说没理由对日益增多的瓶装水贸易打上问号，因为当地的自来水通常比瓶装水更便宜也更环保（Gleick，2010）。然而，无论我们对瓶装水持什么态度，相对于其他形式的用水来说，我们提及的也只是少量的水，并且我们提到的集装箱运水相对来说也只是少量的水，但对于依赖进口水的地区来说却能极大地缓解其水资源压力。淡水调运的一个实例就是2008年春天西班牙的巴塞罗那不得不从法国调运淡水。许多岛屿，包括阿鲁巴岛、瑙鲁岛、汤加和加那利群岛有时会使用油轮从其他地方运输淡水（Gleick *et al.*，2002）。而我们提到的跨流域调水涉及的水量就比较大了。目前，全球共有155个跨流域调水方案，涉及26个国家，水资源调运总量达到了4900亿 m^3/a［ICID（国际排灌研究委员会），2006］。而另外60个规划中的方案调水总量达到了11500亿 m^3/a。然而跨流域调水的大型基础建设工程却因为会带来极大的社会和环境负面影响而受到越来越多的争议。

尽管现有的跨流域调水方案对当地有着巨大影响，但跨流域调水的总量在全球尺度上来说非常小，很可能以后也是如此。这印证了水资源实际上主要是一种当地资源的观点，即水资源需求主要由区域内部供应。但是，伴随着商品的长距离调运，大量的水资源以嵌入商品的方式随之进行跨区域流动。并非商品中所含的实际水量（物理形式存在的水量）很大，而是商品生产过程中嵌入商品的水资源总量巨大。当水资源在一个国家被用于生产出口到另一个国家的产品时，这部分水资源实际上是被调运到了进口国（Hoekstra and Chapagain，2008；Allan，2011）。在这个背景下，我们提出了“虚拟水贸易”的概念，尽管用“调运”比用“贸易”更为合适，因为进行贸易的是商品而非水资源。全球大约五分之一的淡水消耗都与出口商品的生产有关（Hoekstra and Mekonnen，2012a）。世界上大约五分之一的淡水抽取与用于出口的商品生产有关（Hoekstra and Mekonnen，2012a）。因此，认为水资源需求不过是各地区当地的问题，并且只需要满足当地的需求是一个错误的观点。全球大部分的水资源消耗都是用于生产在地区间或国际范围内进行贸易的农产品和工业产品。用于满足全球食物和其他商品的水需求并非是能具体到特定流域。水资源需求和供应需要在全球尺度达到平衡，这可以通过贸易机制实现。这就不难理解，水资源不再是一种当地资源，而是一种全球资源（Hoekstra，2011a；Vörösmarty，2015）。

直到今天，水资源依然经常被看作一种当地资源，人们更愿意在流域尺度对水资源进行管理。这样的想法掩盖了一个事实，即许多地区的水资源问题与其他地区的商品消耗有关。水资源问题是全球经济的固有组成，水资源的稀缺性并没有转化为生产者或消费者的支付成本；因此许多地区的水资源被耗尽或污染，而供应链上的生产者和消费者则以牺牲本地社区和其他地区生态系统为代价而得到利益。

7. 水资源问题如何与我们的消费相关：水足迹概念

我们可以用水足迹这一工具研究一个地方的商品消费和其他地方的淡水消耗及水污染之间的联系。揭示产品背后隐藏的用水情况，有助于了解淡水的全球特征，量化和绘制消费和贸易对水资源利用的影响。水足迹是一个多维指标，按水源指示水的消耗量，按污染类型指示水污染；总水足迹的所有组成部分都可以在空间和时间上加以限定，并考虑到当地的可持续性和用水效率。如第一章所述，所有足迹计算的基本构建模块是单个流程或活动的足迹。产品的水足迹是与产品生产相关的各个工艺步骤的水足迹的总和。在接下来的章节中，我们将详细介绍一系列日常消费品的水足迹，从饮料、面包、面食、肉类和乳制品到棉花、能源、切花和纸张。我们将看到这些水足迹对当地水资源的影响，以及我们作为消费者是如何与遥远地区的缺水和污染问题联系在一起的；同时也将看到，通过更有效地用水和调整我们的消费模式，我们还能获得多少收益。

第四章　一天“喝掉”十浴缸的水

消费者将饮料和水联系在一起，按此逻辑分析，如果有谁对水足迹感兴趣的话，那么就一定是生产和销售瓶装水、软饮料、果汁、啤酒、葡萄酒或其他饮料的公司。事实上，饮料公司确实对水足迹表现出很大的兴趣（BIER，2011）。第一家表现出对水足迹有兴趣的是可口可乐公司。我清楚地记得2007年入夏的一天，我第一次和可口可乐公司负责全球水资源管理的总经理Greg Koch在阿姆斯特丹一条运河边的咖啡馆中见面的情景。Greg向我表示公司几年前已经开始重视减少位于全球各地的装瓶厂的用水量，并且他们对供应链上的用水也很关注。可口可乐是全球最大的食糖买家之一，而Greg注意到生产食糖会消耗大量的水。他意识到水足迹概念的提出可能会让我们更好地了解一种饮料的水足迹，因为这个概念涉及整个供应链上对水资源的消耗和污染。与Greg的第一次会面也促使可口可乐公司开始不懈努力，以更好地了解他们公司的水足迹。首先，他们专注于他们最著名的产品——可口可乐，但是很快他们也开始注意到产品系列中的其他饮料（TCCC and TNC，2010）。

随后百事可乐和其他的一些公司也开始效仿可口可乐公司，对他们的某些产品的水足迹进行研究。联合利华关注他们的供应链可持续性已有一段时间了，但是他们都几乎没有注意到企业用水信息。2011年2月，正值《全球水足迹标准》发布之时，联合利华的可持续发展部经理Donna Jeffries表示联合利华争取“将产品整个生命周期中的环境足迹减半”。她强调“水是我们的关键指标之一，我们支持努力将方法规范化并且不断改进以期能得到科学健全的标准化数据”。联合利华第一步的努力就是开始探索茶叶的水足迹，作为全球最大的茶叶购买方，采购了大约全球12%的红茶，此举对联合利华来说很有意义。

对啤酒企业而言，南非米勒公司是第一家探索他们产品水足迹的公司。他们于2009年开始对比在南非和在捷克生产啤酒的水足迹差异（SABMiller and WWF，2009）。结果发现这两种啤酒水足迹的差异主要是由于两个国家生产啤酒的原料——大麦和啤酒花的生产用水量不同。一年后，南非米勒公司发布了第二个关于他们啤酒水足迹的报告，包括了来自坦桑尼亚、秘鲁、乌克兰和南非的案例研究（SABMiller *et al.*，2010）。随后其他的啤酒公司也开始进行水足迹案例研究，如喜力公司。在智利，几个葡萄酒公司也开始调查评估他们产品的水足迹。

对于这些最近开始研究他们饮料水足迹的公司来说，他们所学到的最重要的一课就是一种饮料水足迹的最大份额来自其生产配料而非装瓶过程。因此，假如这些饮料公司希望他们的产品更具有可持续性，他们就不得不主动考虑到他们的产品供应链。大部分的饮料公司了解他们在生产中需要用到多少升的水并且经常会及时设定目标以减少生产中的用水量。然而，装瓶厂水足迹的减少对饮料总体水足迹的影响甚微。至今为止没有任何公司建立减少供应链过程水足迹的目标，但是这是迟早会发生的事。消费者对于产品供应链的环境问题方面的意识越来越强；未来的消费者不可能接受只在装瓶阶段努力减少水足迹并标注有“可持续”标签的饮料。

1. 可乐案例

本章将告诉我们如何评估饮料的水足迹。我们以容量为 0. 5L、装于 PET（聚对苯二甲酸乙二醇酯）瓶中的可乐为例。假定可乐饮料的配料以可乐通常含有的材料为基础。显然，这里呈现的数字不能用于指代具体品牌的可乐饮料，因为每个品牌有它自己的（秘密）配方。除此之外，就算一个品牌使用全球一致的配方，配料也来源于不同的地区，因此来自一个品牌的可乐的水足迹也会在不同的装瓶厂出现差别。

我们假设饮料是在特定的工厂中生产，这个工厂的糖料来自不同国家生产的甜菜、甘蔗或玉米。我们可以从甜菜和甘蔗中得到蔗糖，但是玉米则通常只能得到高果糖玉米糖浆（high-fructose maize syrup，HFMS）形式的葡萄糖和果糖的混合物，高果糖玉米糖浆在美国的使用尤为广泛。假定我们的工厂位于荷兰，但是大多数的原料来自其他国家。饮料的成分和工厂的特点虽然是假定的但却具有现实意义，这里我们以生产 0. 5L PET 瓶可乐的装瓶厂为例。我们计算的产品水足迹包括工厂生产水足迹和供应链水足迹两部分。生产（或直接）水足迹是装瓶厂生产过程中消耗或污染的淡水总量。供应链（或间接）水足迹是整个生产投入所消耗或污染的淡水总量。在两个案例中，我们区分了绿水、蓝水和灰水足迹。

2. 瓶装可乐的工厂生产水足迹

可乐的工厂生产水足迹由三部分组成。首先，水作为一种原料嵌入产品之中。其次，我们必须考虑到装瓶工厂不同的生产过程中的耗水（例如，没有回到原取水系统的水）和废水排放过程中受到污染的水。最后，我们必须考虑到装瓶厂的“间接水足迹”。我们也必须考虑到装瓶厂员工的饮水、卫生间和厨房用水、清洗工作服用水、工厂的清洁工作或装瓶厂内的绿化而引起的耗水或污染水。

用作原料的水为每瓶 470mL，在这里我们近似为每瓶 0. 5L。我们的饮料生产包括以下步骤：制作空瓶（从 PET 树脂到 PET 瓶）、瓶清洁（通过空气）、糖浆准备、混合、装瓶、贴标签和包装。在这些过程都要用到水，但所有水将会回到原本的流域中。这样的话，除了用于装瓶的水之外，装瓶厂就没有消耗任何水。可乐生产过程所产生的少量废水通过城市污水处理厂进行处理，而污水处理厂排出的水中化学物浓度与流域水体自然浓度一致，并且在某些情况下，甚至低于排入水体中的自然本底浓度，因此灰水足迹为零。

然而，我们仍然需要考虑装瓶工厂的间接生产水足迹。我们假定员工饮水量可以忽略不计并且工厂没有绿化用水。并进一步假定在其他上述的具体活动中所有的用水回到公共排水系统并且在城市污水处理厂得到处理，那么从工厂流出的水不会带来灰水足迹。由此，装瓶厂的间接生产水足迹可估算为零。

那么每瓶可乐在工厂生产过程中的总水足迹仅仅就是用于配料的 0. 5L 水，即蓝水足迹为 0. 5L/瓶；绿水和灰水足迹都为零。可乐在工厂生产中的蓝水足迹比工厂使用的水量要少，因为所有从我们假设的工厂中排出的水都会回流到取水水体（除了用于饮料原料的水)，并且在排放之前进行了净化处理。而回归水可以重复使用，因此不会对可用水资源产生影响。

3. 供应链

除了水之外，可乐的三种主要配料为：糖、二氧化碳和用于调味的糖浆。我们所假定的可乐饮料中的糖浆包括磷酸、来自咖啡豆的咖啡因、食用香精、柠檬油和橙油。其他生产过程中的投入主要为PET——瓶、瓶盖、标签、封胶和包装材料。表4.1详细说明了规格为0.5L PET瓶可乐的原料投入总量，同时注明了投入原材料的来源国。关于可乐中的糖，本研究考虑了三种可相互替代的原料：甜菜、甘蔗和玉米（用于制作高果糖玉米糖浆）。表中的数据基于实际值，接近商业市场所公开的数据。在生产瓶子的过程中，25%的材料为可回收材料。计算中将这一比例考虑在内，即使用0.75的折算系数计算所使用的新材料总量。可乐包装托盘也按这种方法计算，托盘通常有很多年的使用期限（计算过程中用0.1乘以使用的总量)。

表4.1　用于0.5L PET瓶可乐的配料和其他投入

投入	数量/g	原材料	原材料产地
糖	50	甜菜	伊朗、俄罗斯、美国、意大利、西班牙、法国、荷兰
		甘蔗	古巴、巴基斯坦、巴西、印度、秘鲁、美国
		玉米	印度、美国、法国、中国
CO_2（二氧化碳）	4	氨水副产品	荷兰
咖啡因	0.05	咖啡豆	哥伦比亚
磷酸	0.2	磷酸盐	美国
食用香精	0.01	香草豆	马达加斯加
柠檬油	0.007	柠檬	全球市场
橙油	0.004	橙子	全球市场
瓶身-PET	19.5	石油	全球市场
封口-HDPE（高密度基乙烯）	3	石油	全球市场
标签-PP（聚丙烯）	0.3	石油	全球市场
标签封胶	0.18	封胶	全球市场
底部封胶	0.015	封胶	全球市场
底部卡通-纸板	2.8	木材	全球市场

资料来源：Ercin *et al.*, 2011。

除了和饮料生产有直接联系的原料投入之外，装瓶厂的其他投入可以视为间接费用。间接投入包括工厂使用的所有建筑材料、机械设备及员工使用的办公设备、清洁设备、厨房设备、工作服、交通运输工具、加热能源及电力。这个清单可进一步展开，但是我们必须将其限定于和水足迹最为密切的相关投入。本研究中，我们考虑以下间接投入：设立工厂所需要的混凝土、钢筋，工厂使用的机械设备、纸、气和电，以及用于运输的交通工具和燃料。这些投入不能仅归结于可乐饮料的生产，因为装瓶厂也生产其他饮料。装瓶厂的间接投入应分摊到工厂生产的各种各样的产品中，按照每件产品的相对价值计算。表4.2列出了装瓶厂间接投入的总量。工厂纸张、能源及运输燃料的年度总消耗量也在其中，而在总计中建筑材料和交通工具的总量则有一定使用期限的规定，使用期限可用于计算材料的年度使用量。如在交通工具方面，假设卡车的平均使用期限为10年，那么0.5L PET瓶可乐的水足迹年值应按照工厂中生产产品间接水足迹总量的10%计算，即工厂间接水足迹总量的10%将分配到我们的产品之中。工厂年产可乐3000万瓶，因此，每瓶可乐的间接水足迹应按照分配到产品中的比例，将可乐的总间接水足迹除以3000万计算。

表4.2　可乐供应链部分原料年度使用量

间接开销项目	使用量	单位	原材料	原材料总量	原材料单位	材料使用期限/a	全年总量
混凝土	30000	t	水泥	30000	t	40	750
钢筋	5000	t	钢	5000	t	20	250
纸	1	t/a	木材	1	t/a	—	1
天然气	65000	MJ/a	气体	65000	MJ/a	—	65000
电	85000	MJ/a	数个	85000	MJ/a	—	85000
交通工具	40	个	钢	11.6	t/交通工具	10	46.4
燃料	150000	L/a	柴油	150000	L/a	—	150000

资料来源：Ercin *et al.*，2011。

4. 0.5L PET瓶装可乐的水足迹

基于上述所有的数据，根据糖料的来源不同，我们计算得出可乐饮料的总体水足迹在168～309L。如果糖料来自荷兰的甜菜，那么可乐的水足迹是最小的（表4.3）。计算产品的总水足迹时，假定所有配料和其他投入为定值，只改变糖料的类型和来源，以表明糖料类型和产地对饮料总水足迹的影响。糖料的类型和来源对可乐水足迹的影响如图4.1所示。

表4.3　假设糖料来自荷兰的甜菜时，0.5L PET瓶可乐的总水足迹

成分		水足迹/L			
		绿水	蓝水	灰水	总量
生产过程中的水足迹	用于配料的水	0	0.5		0
	装瓶厂制造工艺过程中相关的水消耗或污染	0	0		0
间接的水足迹	装瓶厂间接活动相关的水消耗或污染（卫生间、厨房等）	0	0		0
	工厂加工过程水足迹	0	0.5		0
配料	糖料	13.6	7.0		13.6
	CO_2（二氧化碳）	0	0.3		0
	磷酸或柠檬酸（e338）	0	0		0
	咖啡因	52.8	0		52.8

续表

成分		水足迹/L			
		绿水	蓝水	灰水	总量
配料	食用糖精	79.8	0		79.8
	柠檬油	0.01	0		0.01
	橙油	0.9	0		0.9
其他投入	瓶-PET	0	0.2		0
	封口-HDPE	0	0.03		0
	标签-PP	0	0.003	0.068	0.07
	瓶底卡通-纸板	1	0	0.5	1.5
	瓶底收缩薄膜-PE	0	0.02	0.36	0.38
	瓶身拉紧包装-PE	0	0.003	0.054	0.057
	瓶身标签（2×）-涂层纸	0.001	0	0.0004	0.0014
	瓶身-绘图木料	0.033	0	0.007	0.04
间接成分	混凝土	0	0	0.005	0.005
	钢筋	0	0.004	0.05	0.054
	纸	0.0012	0	0.0004	0.0016
	天然气	0	0	0.024	0.024
	电	0	0	0.13	0.13
	交通工具	0	0.001	0.009	0.01
	燃料	0	0	0.5	0.5
供应链水足迹		148.1	7.6	12.2	167.9
总水足迹		148.1	8.1	12.2	168.4

资料来源：Ercin *et al.*，2011。

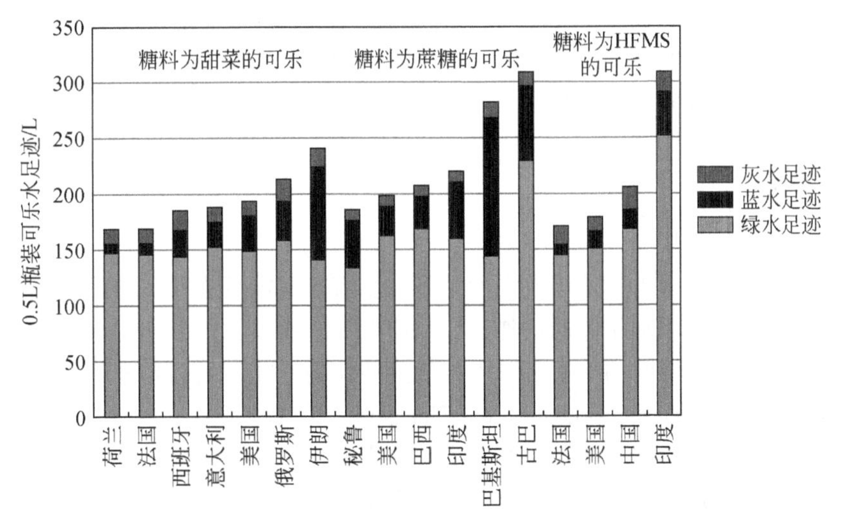

图4.1　不同糖料类型和来源的0.5L PET瓶可乐总水足迹

资料来源：Ercin *et al.*，2011；HFMS为高果糖玉米糖浆

如果糖料是来自古巴的甘蔗或印度的玉米，那么饮料的总体水足迹最大（309L）。当我们对比以甜菜糖为原料的可乐时发现，产品水足迹在168L（荷兰）到241L（伊朗）之间。而用甘蔗糖制作的可乐，产品水足迹在186L（秘鲁）和309L（古巴）之间。当我们使用HFMS为甜味剂时，最小水足迹为172L（法国），而最大水足迹为309L（印度）。产品总水足迹的构成因国家不同而相差甚远。在巴基斯坦蓝水足迹比例最大（44%），而在荷兰绿水足迹比例最大（88%）。

几乎整个产品的水足迹都源自供应链的水足迹（99.7%～99.8%）。这揭示了精确评估供应链的重要性。然而，在企业实践中，水资源核算往往专注于工厂生产中的水消耗。本研究结果表明和传统的用水指标（工厂生产用水量）相比，水足迹提供了更多的信息。

在我们假定的可乐饮料中，食用香精（0.01g）和来自咖啡豆的咖啡因总量（0.05g）占饮料总量的比例很小。但是即便它们在饮料中所占的物理比重很小，也无法忽略它们对产品总体水足迹的巨大影响。这说明，不同于以往关于不同投入相关性的认识，即使是很小的配料也会对产品的总水足迹产生很大的影响。因此，我们需要一个详细并全面的供应链分析用于计算产品的水足迹。

5. 甜菜、甘蔗或玉米？

糖料是饮料中重要的耗水配料之一。因此，使用的糖料类型和来源直接影响饮料的总水足迹。当我们选用甜菜作为糖的原始材料时，每瓶（0.5L规格可乐中）糖料的水足迹在26（甜菜）～99L/瓶（伊朗）。假如我们使用的原材料为甘蔗，那么糖料投入的水足迹在44（秘鲁）～167L/瓶（古巴）。假如我们使用HFMS为甜料，那么糖料投入的水足迹将在29（法国）～166L/瓶（印度）。同时，量化并分析产品水足迹的构成也是很重要的。每瓶可乐中所投入糖料的蓝水足迹最小为7L（糖料来源于荷兰的甜菜），最大值为124L（糖料来自巴基斯坦的甘蔗）。由巴西蔗糖所生产的可乐，灰水足迹最小（2.4L/瓶）。通过上述分析可以看出，糖料类型和产地会显著影响产品的总水足迹和绿、蓝、灰水的比例。因此对水足迹评估的空间维度也很重要。上述数据的实际差距可能更大，因为这些是全国平均值，忽略了国家内部差异。

6. 当地影响

在量化、定位和描述水足迹构成之后，下一步就是鉴定足迹所在地区的当地水系统的脆弱性、用水竞争及与用水相关的负外部性效应。了解甜菜、甘蔗和玉米的生产对水资源的影响特别重要，因为不同的国家都可以种植这些作物，并且人们越来越关注它们作为生物燃料原材料的潜力（Gerbens-Leenes and Hoekstra，2012）。

我们首先关注产自伊朗的甜菜生产对当地的影响，伊朗甜菜的水足迹相对较大且蓝水比例高。伊朗拥有超过6500万的人口，是全球最缺水的国家之一。据估计，伊朗人均可利用淡水资源量将从2005年的1750m^3/a下降到2020年的1300m^3/a。根据“Falkenmark

临界值”，当一个国家年均淡水可用量低于1700m^3/人时，这个国家将会面临周期性用水压力（Falkenmark and Rockström，2004）。伊朗每年超过94%的水资源消耗用于农业生产，因此农业用水是造成这个国家用水压力的主要原因。另外，水生产力（单位耗水量的作物产量）非常低（Falkenmark and Rockström，2004）。如果我们使用伊朗甜菜为原料所生产的可乐，每瓶会消耗99L的水，其中84%为蓝水资源。这导致甜菜种植地区严重的水问题，特别是产出高的地区。伊朗三分之一的制糖厂都位于三个省——拉扎维呼罗珊、北呼罗珊和南呼罗珊，这三个省都面临着严重的干旱和缺水问题（Larijani，2005）。

另一个甜菜水足迹相对较大的国家是俄罗斯。俄罗斯的可乐中和糖料相关的水足迹为63L/瓶。同时在俄罗斯，甜菜总水足迹中的蓝水足迹比例高达53%。在俄罗斯因种植甜菜而引起严重问题的地区出现在黑海的北部。流入黑海的第聂伯河和顿河的污染物严重破坏了黑海的生态系统。1922年，俄罗斯渔业联合委员会的报道中提到一些水体已经受到了严重的农业面源污染。除了肥料过度使用带来的污染外，灌溉也会造成一些地区严重的缺水问题（Gerbens-Leenes and Hoekstra，2012）。

西班牙安达卢西亚地区由于水资源缺乏的同时生产较多的甜菜而水足迹很大，成为关注的焦点。该地区的甜菜灌溉导致瓜达基维尔河水位下降和夏季重要湿地的干旱化（WWF，2004）。

由于肥料的过度使用，甜菜种植产生的普遍问题就是水体富营养化（WWF，2004）。肥料中的营养物质不能完全被农作物吸收，部分会通过淋溶作用进入地下水并汇集成流。排入湖泊和河流中的硝酸盐和磷酸盐水流造成水质富营养化的同时加剧了有毒微藻类的繁殖。在法国塞纳河-诺曼底水域，灌溉对于水资源数量上的影响甚微，但是对水资源的质量有间接的影响，因为该地区的集约化养殖技术和春季作物导致了全年很长时间内土壤裸露，淋溶和排水增加了河流中的化学物质（UNESCO，2003），这对环境和其他用水都有负面影响。由于硝酸盐、杀虫剂和重金属浓度一直在增加，农业和城区的非点源污染依然是一个重要的问题，改善水质仍然是流域治理的重中之重。

虽然通常情况下玉米种植对当地水资源的影响和甜菜相似——其中主要的区别取决于当地气候、可用水资源量和农业耕作习惯，但甘蔗对水资源的影响通常更严重。以产自古巴的甘蔗为例，数十年来甘蔗是岛上最重要的作物，也是最重要的出口创汇工具。过去的几十年，古巴一直面临着和甘蔗生产相关的环境问题。古巴拥有高质量岩溶水资源，但是大量的水很容易受到重度污染。喀斯特含水层变质恶化的重要原因之一就是来自甘蔗加工厂的污染（León and Parise，2008）。另外，从古巴制糖厂排出的未经处理的废水会导致河流的含氧量降低，水生植物大量生长。这种情况在某种程度上会影响运河的航运能力，给渔业和旅游业带来负面的影响（WWF，2004）。由于种植甘蔗，古巴的森林采伐也成为一个重要的环境问题（Monzote，2008）。对木材的需求使古巴的森林面积急剧减小，如仅仅是甘蔗产业一年就会消耗100万m^{3}的薪柴。

另一个甘蔗水足迹较大的国家就是巴基斯坦。假如我们为产品选择了巴基斯坦的甘蔗，那么每瓶可乐中糖料的水足迹将会达到140L。巴基斯坦的甘蔗生产严重依赖灌溉，蓝水足迹在总水足迹中的比例高达88%。灌溉取水导致生产地区水短缺的同时带来严重的环境问题。印度河是巴基斯坦的主要水源。印度河流域水资源的过度使用导致流入印度河三角洲的淡水大量减少。流入印度河三角洲淡水的减少给该地区的生物多样性带来负面影响（红树林的缩减和印度河豚的灭绝）。除此之外，甘蔗种植地区过度用水还会带来盐碱化问题（WWF，2004）。而且，从糖厂排出的未经处理的废水将减少水体中的含氧量，最终危及鱼类和其他水生生物（Akbar and Khwaja，2006）。

另一方面，作为全球最大的甘蔗生产国，巴西已面临甘蔗生产所带来的严重负面影响。生产的大部分甘蔗用作提炼乙醇的原材料。大量的甘蔗生产导致雨林的滥砍滥伐。而且，据报道圣保罗地区秋收前甘蔗地的燃烧会导致空气污染（WWF，2004）。甘蔗加工及甘蔗生产中农药化肥的施用所导致的水污染已成为巴西的另外一个重要环境问题（Gunkel *et al.*，2006）。

印度也面临着甘蔗种植所带来的环境问题。在印度马哈拉施特拉邦，甘蔗灌溉用水占农业灌溉用水总量的60%，这导致地下水的大量开采（WWF，2004）。印度最大的河流——恒河面临严重的用水压力。甘蔗是该地区种植的主要农作物之一，也是导致水资源日益短缺的主要原因（Gerbens-Leenes and Hoekstra，2012）。此外，印度也面临着由于甘蔗种植和糖料加工过程带来的另一个问题：地表水和地下水资源的污染（Solomon，2005）。

对于可乐饮料而言，我们需要关注的问题并不仅仅是与生产糖料相关的水消耗和污染。饮料中含有的自然香味——香草对总水足迹的影响很大（27%～50%）。马达加斯加岛是香草的原产地，它是全球香草的主要生产国。香草的种植是劳动密集度最高的农作物种植过程之一，需要三年才能有收成。收获的花卉需要经过固化过程才能得到芳香。这个过程需要在高温水（65°C）中加热香草荚三分钟。高温水排入淡水系统将会产生热污染，环境水系统的温度会陡然增加超过生态所能承受的临界值。除了温度改变带来的水污染外，作为主要热源的木材的需求将会导致雨林的滥砍滥伐（Alwahti，2003）。

我们假定的饮料中的另一种微量成分就是咖啡因。虽然产品中使用的咖啡因数量很小，但是其水足迹却很大（53L/瓶）。咖啡因来自全球最大的咖啡生产国哥伦比亚的咖啡豆。哥伦比亚所面临的由于咖啡种植带来的问题就是禽类的减少和水土流失。另外，肥料使用所带来的地表水和地下水污染也是一个需要关注的主要环境问题（Miura，2001）。

特别是以石油为原料的用于饮料瓶的材料（PET——瓶、瓶盖、拉伸膜及标签）会产生灰水足迹。在PET塑料的生产中，冷却过程使用了大量的水。从生态学角度看，冷却水的排放会增加接收淡水水体的温度，使其超过临界点，因此冷却水被视为灰水。水生态系统的水质标准规定排放水温不能超过自然条件下的水体温度过多（CEC，1988）。我们需要额外的淡水资源来稀释冷却产生的热水流（降低排放的冷却水的温度，以符合水温最大增量的相关标准）。

总之，饮料的重要影响与产品的灰水和蓝水足迹相关。由于肥料和杀虫剂的使用，配料如糖、食用香精和咖啡因（咖啡）对自然淡水资源造成污染（灰水足迹）。饮料对水的最大影响与糖料相关。许多生产糖料的国家都是水量充沛，水足迹与用水压力无关的国家。但是还有一些局部的热点地区，如生产甜菜的西班牙南部安达卢西亚地区，生产甘蔗的巴基斯坦（印度河）和印度（恒河），以及生产甜菜的伊朗。对于水质，某些地区存在硝酸盐污染，如荷兰、法国北部、俄罗斯（黑海）、印度、巴基斯坦、古巴、巴西、伊朗和中国。适量施用氮肥对于降低环境影响，增加农作物生产的盈利能力非常重要。意在减少制糖产业中的环境影响的管理措施未必意味着降低生产率和减少利润；相反，强调环境保护的措施通过提高资源的利用率、降低成本，可以为农民或制糖厂创造更多的经济利益。另外，大量的甘蔗生产与采伐森林有关，如在古巴和巴西。甘蔗生产的其他负面影响是对生物多样性的影响（红树林的缩减及印度河三角洲河豚的灭绝危险）。

7. 可乐的案例给我们什么启示

通过计算，每瓶可乐饮料总水足迹的最小值为168L（原料为荷兰的甜菜），而最大值为309L（原料为古巴的甘蔗或印度的玉米）。可乐工厂加工过程的水足迹为0.5L，仅占总体水足迹的0.2%～0.3%。供应链水足迹占产品总体水足迹的99.7%～99.8%。供应链水足迹大多数来自它的配料（95%～97%），很小一部分（2%～4%）来自其他投入，主要来自PET塑料瓶。同时企业日常运营的水足迹（如厨房、厕所、绿化用水）只占供应链水足迹的很小比例（0.2%～0.3%）。

可乐的案例说明需要对供应链进行详尽评估。饮料公司通常局限于工厂生产过程用水的计算。然而，我们已经发现相对于供应链水足迹来说，这方面的用水几乎可以忽略不计。该研究进一步说明饮料产品的水足迹对原料的来源地区非常敏感，即使糖的数量为一定的，我们的产品水足迹也会由于糖料的类型和生产地点而发生很大的改变。此外，水足迹的类型（绿水、蓝水和灰水足迹）会因为生产地点不同而改变，主要受到不同地区气候条件和农业生产习惯的影响。这些发现揭示了水足迹计算空间维度的重要性。

考虑饮料生产过程水足迹和供应链水足迹的比例，以及配料、其他投入和间接成本的相对重要性，我们得到的一般结论可以推广到与我们假定的饮料相似的其他饮料中去。大多数饮料水足迹的主要部分源自供应链，这也表明企业水政策应聚焦于供应链而非生产过程的重要性。假如公司能改变其关于水资源使用的关键业绩指标（key performance indicator，KPI）将会十分有意义。目前总的来说，饮料公司以生产用水量作为他们的KPI，假如想要减少产品的水足迹，将不可避免的导致低回报的投资。假如公司将他们的供应链投资也考虑在内，饮料业的可持续性将会向前大大地迈进一步。公司可以在与农民签订的供货协议中，制订类似于用水可持续标准的条款，并积极帮助他们达到这些标准。通常来讲，即使是在荷兰的甜菜生产中，由于肥料的过度使用和养分的淋溶现象仍然普遍，产品水足迹降低的潜力也很大。在灌溉对总水足迹影响比较大的国家，使用更先进的灌溉技术通常能节约大量的水资源。

8. 日常饮料的水足迹

我们一天要喝掉多少水？具体报告的数据表明，一个人每天的饮水量在2L和5L之间。然而，当我们把制造饮料的间接用水也计算入内，这一水量数据将大得多。表4.4列出了若干常见饮料的水足迹。我们假定一种适中的西方饮料种类，假定一个人早餐喝了一杯牛奶（水足迹为200L）和咖啡（130L），午餐喝了橙汁（200L），下午喝了一杯红茶(30L)，晚餐后又喝了一杯咖啡（130L）和一杯葡萄酒（200L），那么，这个人一天所喝饮料的总水足迹将达到约900L。一个普通的浴缸刚好能装90L水（尽管它们的尺寸越来越大）。这就意味着我们每天喝掉的水量（直接和间接水足迹）能装满十个浴缸。

表4.4　一些饮料的全球平均水足迹（1996～2005年）

	饮料	数量	水足迹/L			
			绿水	蓝水	灰水	总量
果汁	西红柿汁	1杯（200mL）	27	16	11	54
	葡萄柚汁	1杯（200mL）	98	23	14	135
	橙汁	1杯（200mL）	146	40	18	204
	苹果汁	1杯（200mL）	156	37	35	228
	菠萝汁	1杯（200mL）	215	9	31	255
软饮料	可乐	1杯（200mL）	59	3	5	67
奶	牛奶	1杯（200mL）	173	17	14	204
	豆奶	1杯（200mL）	55	2	2	59
酒精饮料	啤酒	1杯（200mL）	51	3	5	59
	葡萄酒	1杯（125mL）	76	17	16	109
热饮	茶	1杯（3g红茶）	22	3	2	27
	咖啡	1杯（7g烘焙咖啡）	127	1	4	132
	热巧克力	1杯（10g可可粉，20g细白糖，200mL牛奶）	333	20	19	372

资料来源：Ercin *et al.*，2011，糖料来自荷兰甜菜的可乐；Ercin *et al.*，2012，豆奶；Mekonnen and Hoekstra，2012a，牛奶；Mekonnen and Hoekstra，2011a，其他饮料。

第五章　面包和面食生产用水

我们需要大量的水来制作饮料，但更多的水被用来生产食物。小麦是全球水足迹最大的作物。全球作物生产总水足迹的15%与小麦种植有关，水稻次之，占13%，玉米位居第三，占10%。就蓝水足迹而言，我们发现小麦和水稻生产消耗的蓝水资源基本相同，共占全球作物生产蓝水足迹的45%（Mekonnen and Hoekstra，2011a）。水稻、小麦和玉米是世界上最常见的三种主要粮食作物。本章我们将聚焦于它们其中之一的小麦。并进一步对饮食中两种最重要的小麦产品——面包和意大利面进行分析。

一般认为小麦起源于亚洲西南部，最早种植小麦的地方很可能在土耳其迪亚巴克尔附近（Dubcovsky and Dvorak，2007）。如今，世界各地都种植小麦。全球90%以上的小麦是普通小麦或面包小麦（*Triticum aestivum aestivum*），而硬质小麦（*Triticum turgidum durum*）约占5%（Dixon *et al.*，2009）。面包小麦主要用于制作面包、面条、饼干、蛋糕和早餐食物。硬质小麦有非常坚硬的外壳，不适合用于面包生产，主要用来生产粗面粉、意大利面食、汤团、蒸粗麦粉或碾碎的干小麦。根据生长时间，小麦可细分为春小麦和冬小麦。

本章以全球小麦生产水足迹为第一部分内容，分析哪些地方的小麦单位产量水足迹相对较小，哪些地方相对较大（单位：L/kg）。此外，我们也将分析哪些区域的小麦水足迹是最大的，这不仅取决于单位产量的水足迹，同时也与小麦产量有关。我会重点关注一些生产区域：美国中西部、恒河和印度河流域。随后，我们会考虑伴随小麦产品贸易的国际虚拟水流动。通过贸易分析，我们能够从消费者的角度来分析问题，并追踪各国小麦消费水足迹的空间变化。许多国家的小麦消费水足迹基本上来自国外，这意味着消费者主要依靠其他地方的水资源。因此，从长远来看，出口国家不可持续的水资源利用会影响进口国家的小麦供应。意大利是世界上主要的小麦消费国之一。本章将探讨意大利的小麦消费，重点研究意大利面的水足迹。本章的结论部分对设置小麦水足迹基准值的想法进行了思考，以激励那些超过小麦水足迹基准值的地区采取改进措施降低当地的小麦生产水足迹。

1. 小麦生产水足迹

在最近的一项研究中，我们利用一个基于网格的动态水量平衡模型，对小麦生产绿水、蓝水和灰水足迹进行量化。该模型考虑了当地的气候、土壤条件及氮肥施用量，并计算出了作物需水量、实际用水量、产量和以网格为单元的绿水、蓝水和灰水足迹（Mekonnen and Hoekstra，2010）。该模型的空间分辨率为5弧分×5弧分，在赤道意味着约10km×10km的网格单元。

1996～2005年，全球小麦生产水足迹总量为10876亿m^3/a。形象一些来说，相当于或略微超过了法国、德国和西班牙的年降水量总和。全球小麦生产水足迹中，绿水约占70%，蓝水约占19%，灰水约占11%。表5.1为全球主要小麦生产国的小麦生产水足迹。

全球小麦生产绿水足迹为7603亿 m^3/a。在国家尺度，美国、中国、俄罗斯、澳大利亚和印度的绿水足迹较大，这五个国家小麦生产绿水足迹之和约占全球的49%。在亚国家尺度（州或省），绿水足迹最大的几个区域分别是美国的堪萨斯州（210亿 m^3/a）、加拿大的萨斯喀彻温省（180亿 m^3/a）、澳大利亚的西澳大利亚州（150亿 m^3/a）和美国的北达科他州（150亿 m^3/a）。据估计全球的小麦生产蓝水足迹总量为2037亿 m^3/a。通过计算，最大的蓝水足迹位于印度、中国、巴基斯坦、伊朗、埃及和美国。这六个国家的小麦生产蓝水足迹共占全球的88%。在亚国家尺度，最大的蓝水足迹在印度的北方邦（240亿 m^3/a）和中央邦（210亿 m^3/a），以及巴基斯坦的旁遮普省（200亿 m^3/a），仅这三个地区的小麦生产蓝水足迹就占了全球的32%。在小麦种植过程中，与氮肥使用有关的灰水足迹为1240亿 m^3/a。

表5.1　全球主要小麦生产国家的小麦生产水足迹（1996～2005年）

国家	各国对全球小麦产量的贡献比例/%	总的产量水足迹/($10^6m^3/a$)				小麦单位重量的水足迹/(L/kg)			
		绿水	蓝水	灰水	总量	绿水	蓝水	灰水	总量
阿根廷	2.5	25905	162	1601	27668	1777	11	110	1898
澳大利亚	3.6	44057	363	2246	46666	2130	18	109	2257
加拿大	3.9	32320	114	4852	37286	1358	5	204	1567
中国	17.4	83459	47370	31626	162455	820	466	311	1597
捷克	0.6	2834	0	900	3734	726	0	231	957
丹麦	0.8	2486	30	533	3049	530	6	114	650
埃及	1.1	1410	5930	2695	10035	216	907	412	1535
法国	6.0	21014	48	199	21261	584	1	6	591
德国	3.5	12717	0	3914	16631	602	0	185	787
匈牙利	0.7	4078	8	1389	5475	973	2	331	1306
印度	11.9	44025	81335	20491	145851	635	1173	296	2104
伊朗	1.8	26699	10940	3208	40847	2412	988	290	3690
意大利	1.2	8890	120	1399	10409	1200	16	189	1405
哈萨克斯坦	1.7	33724	241	1	33966	3604	26	0	3630
摩洛哥	0.5	10081	894	387	11362	3291	292	126	3709
巴基斯坦	3.2	12083	27733	8000	47816	644	1478	426	2548
波兰	1.5	9922	4	4591	14517	1120	0	518	1638
罗马尼亚	0.9	9066	247	428	9741	1799	49	85	1933
俄罗斯	6.5	91117	1207	3430	95754	2359	31	89	2479
西班牙	1.0	8053	275	1615	9943	1441	49	289	1779
叙利亚	0.7	5913	1790	842	8545	1511	457	215	2183
土耳其	3.3	40898	2570	3857	47325	2081	131	196	2408

续表

国家	各国对全球小麦产量的贡献比例/%	总的产量水足迹/($10^6m^3/a$)				小麦单位重量的水足迹/(L/kg)			
		绿水	蓝水	灰水	总量	绿水	蓝水	灰水	总量
英国	2.5	6188	2	2292	8482	413	0	153	566
乌克兰	2.5	26288	287	1149	27724	1884	21	82	1987
美国	10.2	111926	5503	13723	131152	1879	92	230	2201
乌兹别克斯坦	0.7	3713	399	0	4112	939	101	0	1040
全球		760301	203744	123533	1087578	1279	343	208	1830

资料来源：Mekonnen and Hoekstra，2010。

根据计算，小麦单位产量水足迹的全球平均值是1830L/kg。但是，不论是在一个国家内部还是在国家之间，小麦水足迹存在很大差异。在主要的小麦生产国中，摩洛哥、伊朗和哈萨克斯坦的小麦生产水足迹最大。而像英国和法国这样一些国家，小麦生产水足迹仅为560～600L/kg。

小麦蓝水足迹的全球平均值为343L/kg。巴基斯坦、印度、伊朗和埃及等国家，小麦的蓝水足迹很大，巴基斯坦高达1478L/kg，接近其总水足迹的58%。小麦灰水足迹的全球平均值是208L/kg，而波兰的灰水足迹是全球平均值的2.5倍。

表5.2显示了一些特定流域的小麦生产水足迹，约59%的全球小麦生产水足迹集中于这些流域。蓝水足迹较高的地区位于恒河-雅鲁藏布江-梅克纳河、印度河、黄河、底格里斯河与幼发拉底河、黑龙江和长江流域，其中恒河-雅鲁藏布江-梅克纳河和印度河流域约占了全球47%的蓝水足迹和21%的灰水足迹。

表5.2　一些特定流域的小麦生产水足迹

流域	总的产量水足迹/($10^6m^3/a$)				小麦单位重量的水足迹/(L/kg)			
	绿水	蓝水	灰水	总量	绿水	蓝水	灰水	总量
恒河-雅鲁藏布江-梅克纳河	30288	53009	12653	95950	665	1164	278	2107
密西西比河	79484	2339	9413	91236	1979	58	234	2271
印度河	22897	42145	13326	78368	604	1111	351	2066
鄂毕河	51984	225	511	52720	2680	12	26	2718
纳尔逊河-萨斯喀彻温河	38486	118	5691	44295	1275	4	189	1468
底格里斯河与幼发拉底河	29219	10282	2670	42171	2893	1018	264	4175
黄河	17012	13127	7592	37731	695	536	310	1541
多瑙河	27884	273	3579	31736	1298	13	167	1478
伏尔加河	25078	272	955	26305	2315	25	88	2428
顿河	24834	384	927	26145	2658	41	99	2798
长江	17436	2700	4855	24991	1112	172	310	1594
墨累河-达令河	20673	343	987	22003	2061	34	98	2193
拉普拉塔河	17127	73	1070	18270	2039	9	127	2175

续表

流域	总的产量水足迹/($10^6m^3/a$)				小麦单位重量的水足迹/(L/kg)			
	绿水	蓝水	灰水	总量	绿水	蓝水	灰水	总量
阿穆尔河	8726	3136	2355	14217	985	354	266	1605
第聂伯河	13219	68	813	14100	1732	9	107	1848
哥伦比亚河	7238	1877	1122	10237	1852	480	287	2619
乌拉尔河	9338	94	192	9624	2542	26	52	2620
世界	760301	203744	123533	1087578	1279	343	208	1830

资料来源：Mekonnen and Hoekstra，2010。

2. 雨养农业与灌溉农业

雨养小麦的全球平均生产水足迹为1805L/kg，而灌溉小麦为1868L/kg（表5.3）。显然，在雨养小麦生产中，蓝水足迹为零。而灌溉小麦的蓝水足迹占总水足迹的50%。尽管灌溉小麦的单产比雨养小麦平均高30%，但是其水足迹大于雨养小麦水足迹。当考虑耗水量时（蓝水足迹加绿水足迹），雨养小麦水足迹与灌溉小麦水足迹的全球平均值大致相等。究其原因，灌溉小麦虽然单产高，但其耗水量（农田蒸散量）也较高。雨养条件下，小麦生长期内的实际蒸散量低于潜在蒸散量，而灌溉条件下，有更多的水来满足作物需水要求，因此实际蒸散量接近或等于潜在蒸散量。

表5.3　雨养和灌溉小麦的全球生产水足迹（1996～2005年）

农业系统	产量/(t/hm^2)	总的产量水足迹/($10^6m^3/a$)				小麦单位重量的水足迹/(L/kg)			
		绿水	蓝水	灰水	总量	绿水	蓝水	灰水	总量
雨养	2.5	611	0	66	677	1629	0	175	1804
灌溉	3.3	150	204	58	412	679	926	263	1868
世界平均水平	2.7	760	204	124	1088	1279	343	208	1830

资料来源：Mekonnen and Hoekstra，2010。

全球小麦生产中的绿水、蓝水和灰水足迹以不同的方式对淡水系统造成压力。与蓝水相比，绿水一般具有较低的机会成本。在世界上的很多流域，蓝水消费导致了严重的水资源匮乏和相关的环境问题，如我们以下将讨论的印度河和恒河流域。与其他农作物相比，小麦的经济水分生产力（欧元/m^3）较低（Molden，2007），所以也许有人会问在水资源相对缺乏的流域，到底应该配置多少水量用于小麦的生产？在大多数国家，产量较低的雨养地区仍有较大的空间提高绿水生产力，即降低绿水足迹。这与旨在解决蓝水足迹负外部性的政策是一致的，因为雨养地区不断提高的绿水生产力和产量将减少对缺水地区灌溉耕地的生产需求，从而减少蓝水的使用量。小麦生产中的灰水足迹一般都可以通过相关技术来大幅降低，如适量适时施肥（精准农业），以减少通过淋溶作用进入到地下水或流到地表水中的化肥（Jenkinson，2001；Norse，2005）。

3. 北美大平原

位于北美大平原的奥加拉拉地下蓄水层，也被称为高原蓄水层，是一个区域性的蓄水系统。北美大平原主要由八个州构成：南达科他州、内布拉斯加州、怀俄明州、科罗拉多州、堪萨斯州、俄克拉何马州、新墨西哥州和得克萨斯州。奥加拉拉蓄水层面积约45.1万km^2，是世界上最大的可持续灌溉农田地区（Peterson and Bernardo，2003）。大多数蓄水层位于以下三个州：内布拉斯加州，拥有65%的蓄水层；得克萨斯州，拥有12%；堪萨斯州，拥有10%（Peck，2007）。美国约27%的灌溉土地位于该蓄水层之上，所用地下水量约占全美地下水灌溉量的30%（Dennehy，2000）。

奥加拉拉蓄水层是美国农业灌溉用水的主要来源。1995年，奥加拉拉蓄水层为奥加拉拉地区提供了约81%的灌溉水源，而其余用水来自河流和溪流，大部分来自内布拉斯加州的普拉特河。除了普拉特河流域外，奥加拉拉地区所用水的92%来自地下水（Dennehy，2000）。自地下水开始大量用于灌溉，很多地方的蓄水层水位已下降了3～15m（McGuire，2007）。

在奥加拉拉地区，堪萨斯州小麦产量比例最大（51%），其次是得克萨斯州和内布拉斯加州（分别是16%和15%）。在堪萨斯州，84%的小麦产量来自雨养地区，在内布拉斯加州和得克萨斯州，分别有86%和47%的小麦产量来自雨养地区。奥加拉拉地区的小麦产量占美国总产量的14%。研究表明，美国小麦生产水足迹的16%位于奥加拉拉区，其中约19%的小麦生产蓝水足迹位于奥加拉拉地区。该地区的小麦生产水足迹为209亿m^3/a（表5.4）。

表5.4　小麦生产水足迹和奥加拉拉地区的虚拟水出口（1996～2005年）

位于奥加拉拉地区的州	小麦生产水足迹/($10^6m^3/a$)				与小麦产品出口相关的虚拟水出口/($10^6m^3/a$)			
	绿水	蓝水	灰水	总量	绿水	蓝水	灰水	总量
堪萨斯州	9136	368	1077	10581	8914	359	1051	10324
得克萨斯州	1981	417	301	2699	1933	407	294	2634
内布拉斯加州	2952	78	345	3375	2880	76	337	3293
科罗拉多州	2108	67	281	2456	2057	66	274	2397
俄克拉何马州	693	26	91	810	676	25	88	789
新墨西哥州	317	94	45	456	309	91	44	444
南达科他州	211	0	24	235	206	0	23	229
怀俄明州	299	6	34	339	291	6	33	330
奥加拉拉地区的总量	17696	1056	2196	20948	17266	1031	2143	20440

资料来源：Mekonnen and Hoekstra，2010，数据仅指这八个州位于奥加拉拉地区的部分。

奥加拉拉地区的小麦蓝水足迹中，得克萨斯州所占比例最大（39%），其次是堪萨斯州（35%）。在奥加拉拉地区，单位产量小麦的蓝水足迹差别较大。此外，与美国平均小麦蓝水足迹相比，奥加拉拉地区单位产量小麦的蓝水足迹相对较大。

1996~2005年期间，美国小麦产品的虚拟水出口量是570亿m^3/a。约98%的虚拟水出口来自国内水资源，剩余的2%来自进口小麦产品的再出口。美国人均小麦消费量大约是88kg/a（联合国粮食与农业组织，2012a），奥加拉拉地区有240万人口（CIESIN，2005），我们发现，奥加拉拉地区仅仅消耗了所产小麦的2%，其余（约98%）的小麦出口到奥加拉拉地区以外的美国其他地区，或出口到其他国家。这部分小麦占美国小麦出口量的33%（表5.4）。

小麦生产水足迹的出口给奥加拉拉蓄水层的水资源带来了压力（McGuire，2007）。将其他地方小麦消费者和小麦生产对奥加拉拉蓄水层水资源的影响之间隐藏的联系变得可视化，对旨在使小麦生产的负外部性内部化，以及制定将这些成本转嫁到其他地方的消费者身上的政策是非常重要的。

4. 恒河和印度河流域

恒河流域面积约100万km^2（Gleick，1993），是恒河-雅鲁藏布江-梅克纳河流域的一部分，也是世界上人口最密集的流域之一（443人/km^2）。印度河流域延伸到四个国家（中国、印度、巴基斯坦和阿富汗），同时，印度河流域也是一个人口高度密集的流域（186人/km^2）。印度河流域比恒河流域略小，但面积也接近100万km^2（Gleick，1993）。

1996~2005年，这两个流域生产的小麦占印度和巴基斯坦小麦总产量近90%。巴基斯坦几乎所有的小麦生产（98%）来自印度河流域。印度约89%的小麦产自恒河和印度河流域：其中，恒河流域约占62%，印度河流域约占27%。在印度和巴基斯坦，大约87%的小麦生产水足迹位于两河流域。恒河流域印度段的小麦生产水足迹为920亿m^3/a（32%绿水，54%蓝水，14%灰水）。印度河流域巴基斯坦段的小麦生产水足迹为480亿m^3/a（25%绿水，58%蓝水，17%灰水）。

1996~2005年，印度和巴基斯坦随小麦输出了51亿m^3/a的虚拟水（其中，绿水占29%，蓝水占56%，灰水占15%），这些虚拟水出口实际上仅是这两个国家小麦生产水足迹总量的一小部分（约占3%）。大约55%的虚拟水出口总量来自恒河流域，45%来自印度河流域。从恒河流域和印度河流域出口到其他国家的蓝水量分别是13亿m^3/a和11亿m^3/a。

根据人们经常使用的水资源压力指数这一粗略指标，即年用水量和可用水量的比值，巴基斯坦和印度的大部分地区可以列为高度缺水地区（Alcamo *et al.*，2003）。进一步分析，通过比较每月的蓝水足迹和可利用蓝水资源量，会发现恒河和印度河流域都面临着严重的水资源短缺（Hoekstra *et al.*，2012）。印度河流域一年几乎四分之三的时间都面临着严重的水资源短缺（9月至次年4月）。6月到10月降水量占该流域全年降水量的70%左右（Thenkabail *et al.*，2005）。印度河流域的枯水期是从11月到次年2月，丰水期从6月持续到10月，这段时间青藏高原上的积雪和冰川处于融化期。巴基斯坦超过93%的作物生产蓝水足迹位于两个主要农业省：旁遮普省和信德省。旁遮普省全部位于印度河流域，信德省的大部分地区位于印度河流域。小麦、水稻和棉花这三种农作物的灌溉用水占这个流域蓝水足迹的77%。地下水主要用于灌溉，其开采量超过了天然补给，导致该流域地下水枯竭（Wada *et al.*，2010）。恒河流域一年有五个月面临着严重的水资源短缺（1~5月）。恒河流域的水主要来自喜马拉雅山的两个源头：巴吉拉蒂河和阿拉卡南达河，此外，还有喜马拉雅山脉、温迪亚山脉和萨特普拉山脉的许多支流。该流域大部分的蓝水足迹主要是小麦、水稻和甘蔗的灌溉耗水。这三种农作物构成了恒河流域蓝水足迹的85%。此外，恒河流域也因过度开发地下含水层用于灌溉，导致地下水枯竭（Wada *et al.*, 2010）。

恒河和印度河流域小麦生产水足迹的97%用于印度和巴基斯坦的国内消费。由于这两个流域是这两个国家小麦的主要生产区，因此大量的虚拟水从恒河和印度河流域输出到印度和巴基斯坦的其他地方。通过分析国家内部和与其他国家间的虚拟水流动，我们可将其他地方小麦消费的影响与恒河、印度河流域的水资源压力联系起来。以印度为例，Kampman 等（2008）已经证明位于印度河和恒河流域内的地区，例如，旁遮普邦、北方邦和哈里亚纳邦是印度最大的几个向其他邦输出虚拟水的区域。与印度其他水资源更丰富的地区相比，这些地区灌溉水的高度补贴已经导致可利用水资源的过度开采。为了保持保护水资源的积极性，负外部性（例如水资源过度开发和污染）和稀缺性租金都应包括在农产品的价格中。与这两个国家其他小麦生产地区相比，两河流域每千克小麦的水足迹较小，因此两河流域具有相对高的水分生产力。但是，由于小麦是一种低价值作物，人们可能会质疑是否值得把水大量分配给几个主要的小麦产区，如旁遮普邦、北方邦和哈里亚纳邦。两河流域印度地区生产的小麦主要输出到东印度，甚至输出到水资源相对丰富的地区，如比哈尔邦。印度小麦主要的虚拟水出口国家是孟加拉国（22%）、印度尼西亚（11%）、菲律宾（10%）和也门（10%）。巴基斯坦的小麦主要出口到阿富汗（56%）和肯尼亚（11%）。

5. 与小麦产品贸易有关的国际虚拟水流动

1996～2005年，全球小麦产品国际虚拟水流动量平均值为2000亿 m^3/a。这意味着，约18%的全球小麦生产水足迹与小麦出口有关。小麦国际虚拟水流动量中，绿水约占87%，蓝水只有4%，其余9%是灰水。因此，世界上的小麦出口基本上来自雨养农业。全球最大的26个小麦生产国，约占小麦生产总量的90%（表5.1）、全球小麦虚拟水出口量的94%。美国、加拿大和澳大利亚虚拟水出口总量约占全球的55%。中国是一个小麦生产大国，生产了全球17.4%的小麦，但同时却是一个小麦净虚拟水进口国。印度和美国是最大的蓝水出口国，蓝水出口量约占全球总量的62%。小麦生产蓝水消耗总量中只有极小的一部分（4%）用于国际贸易。令人惊讶的是，世界上一些主要依赖灌溉的缺水地区，竟然是小麦虚拟蓝水净出口国。沙特阿拉伯的净虚拟蓝水出口量为0.21亿 m^3/a，伊拉克虚拟蓝水净出口量为0.06亿 m^3/a。最大的小麦灰水出口国分别是美国、加拿大、澳大利亚和德国。表5.5显示了各国的虚拟水流动量，可以看出最大的虚拟水出口国和进口国。与小麦产品国际贸易相关的全球水资源节约量已经增加至650亿 m^3/a（绿水占39%，蓝水占48%，灰水占13%）。阿尔及利亚、伊朗、摩洛哥和委内瑞拉从加拿大、法国、美国和澳大利亚进口的小麦和小麦产品为全球间接节约了大量水资源。图5.1通过一个例子，展示了全球水资源节约理念，这个例子是摩洛哥从法国进口硬质小麦。

表 5.5　小麦产品国际贸易虚拟水出口和进口的总量（1996～2005 年）

最大的虚拟水出口国/($10^6m^3/a$)					最大的虚拟水进口国/($10^6m^3/a$)				
国家	绿水	蓝水	灰水	总量	国家	绿水	蓝水	灰水	总量
美国	48603	2389	5959	56951	巴西	11415	88	801	12304
加拿大	24144	85	3625	27854	日本	10393	320	1147	11860
澳大利亚	24396	201	1244	25841	意大利	7345	174	760	8279
阿根廷	15973	100	987	17060	埃及	6838	274	633	7745
哈萨克斯坦	16490	118	0	16608	韩国	6511	398	685	7594
法国	9347	21	89	9457	印度尼西亚	6512	364	577	7453
俄罗斯	7569	100	285	7954	伊朗	6105	60	504	6669
乌克兰	4587	50	200	4837	马来西亚	5616	185	636	6437
德国	3537	0	1090	4627	阿尔及利亚	5330	323	696	6349
印度	1266	2338	589	4193	墨西哥	5155	205	660	6020
土耳其	2208	139	208	2555	俄罗斯	5334	69	92	5495
英国	1189	0	441	1630	菲律宾	3923	426	538	4887
西班牙	1242	42	249	1533	西班牙	4161	80	493	4734
匈牙利	1035	2	352	1389	中国	4087	98	453	4638
其他国家	13107	2202	2488	17797	其他国家	85967	4725	9131	99823
全球虚拟水流动量	174693	7789	17807	200289	全球虚拟水流动量	174693	7789	17807	200289

资料来源：Mekonnen and Hoekstra，2010。

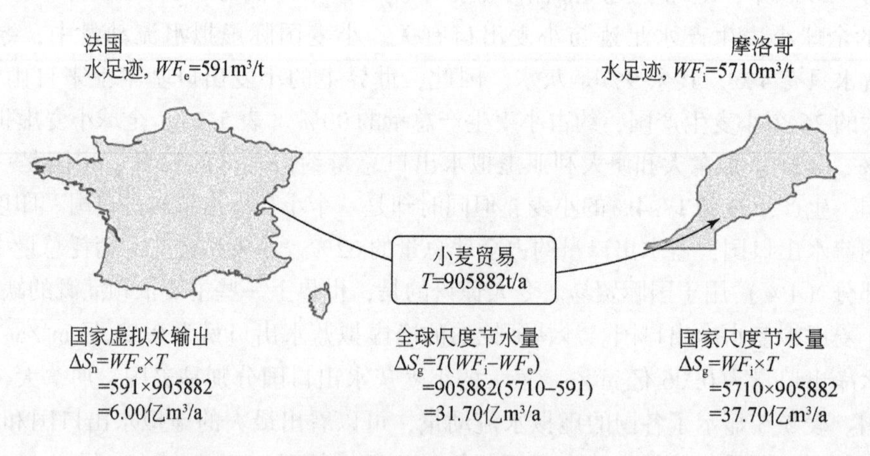

图 5.1　通过摩洛哥从法国进口硬质小麦的国际贸易来展示全球尺度的节水（1996～2005 年）

资料来源：Mekonnen and Hoekstra，2010

6. 粮食可以被看作虚拟水库

粮食贸易实际上可以将水从富水地区带到缺水地区，粮食储备可以利用降水充沛年份所生产的食物，为雨水相对少、收成受限的年份补充供给需求。当我们想到要克服干旱期的时候，我们通常会想到建造水坝来创建人工水库。全世界水库的总蓝水蓄水量约为 5720km^3（Wisser *et al.*，2013）。然而，我们也可以通过储备粮食来储存虚拟水。截至2018年年底，世界小麦储备量达到 2.67 亿 t。粮食（包括大米、玉米、大麦等）储备总量为 7.7 亿 t。由于谷类作物的平均耗水量为 1460m^3/t（包括绿水和蓝水），因此在全球储备粮食就相当于储存了 1.124 亿 m^3 的虚拟水，相当于水库蓄水量的 20%。虚拟水贸易不仅有助于缓解空间分布不均匀的问题，而且有助于缓解水资源供应不稳定的问题。

7. 从消费角度看小麦水足迹

全球小麦的平均水足迹是 1830L/kg。基于对小麦不同成分的相关经济价值分析，可知面粉约占全球小麦水足迹的 80%，因为面粉是由小麦磨成的，剩下的水足迹存在小麦副产品中。1kg 小麦提供约 790g 面粉，所以小麦面粉的水足迹大约是 1850L/kg。1kg 面粉能做 1.15kg 面包，所以面包的水足迹是 1608L/kg。这是一个全球的平均值，要算出准确的面包水足迹要看小麦的来源地，生长在哪里，怎么生长的。在西欧，小麦水足迹远远低于全球平均值。我们计算了一些典型的欧式面包的水足迹。一根 300g 的法国长棍面包，用法国小麦烘烤做成，它的水足迹是 155L（全球平均值：517L/kg）。一块 750g 的荷兰面包，用荷兰小麦烘烤制成，用了 460L 水（全球平均值 610L/kg）。因此，一片 30g 的荷兰面包水足迹为 18L。一个 60g 的德国皇冠餐包，用德国小麦做成，水足迹大约为 40L（全球平均值 690L/kg）。

1996～2005 年，世界小麦产品的消耗量为平均每人每年约 100kg，每人每年的水足迹是 177m^3。哈萨克斯坦人均小麦水足迹最大，是 1156m^3，其次为澳大利亚和伊朗，分别是 1082m^3 和 716m^3。表 5.6 列出了主要小麦消费国的数据。当一个国家人均小麦消费水足迹相对较大的时候，可以通过以下任意一个因素或两个因素来解释：①该国的小麦消费量较大；②小麦单位产量生产水足迹较大。在哈萨克斯坦和伊朗，这两个因素都发挥了作用（表 5.6）。在澳大利亚，小麦的消费水足迹相对较大，仅仅归因于人均小麦消费量较高。德国人均小麦消费量很大，是世界平均值的两倍，所以人们会认为其人均消费水足迹也会很大，但是，恰恰相反，因为德国每千克小麦水足迹很小（是全球平均水平的 43%）。

一个国家消费的小麦并不总是生长在该国境内。大约 82% 的全球小麦消费水足迹是内部的（在该国内部消费），而其余的 18% 则是外部的。拥有最大的小麦外部消费水足迹的国家有巴西、日本、埃及、意大利、韩国和伊朗。这些国家共占了约 28% 的全球外部水足迹总量。日本小麦消费水足迹的 93% 来自国外。意大利平均每人每年的小麦消费量为 150kg，是世界平均水平的 1.5 倍，其小麦消费水足迹约 44% 来自国外。大多数非洲、东南亚、加勒比地区和中美洲国家的小麦消费都严重依赖于外部的水资源。

表5.6 主要小麦消费国的小麦消费水足迹（1996～2005年）

国家	内部水足迹/($10^6 m^3/a$)			外部水足迹/($10^6 m^3/a$)			水足迹		人均水足迹	人均小麦消费	小麦产品水足迹
	绿水	蓝水	灰水	绿水	蓝水	灰水	总量/($10^6 m^3/a$)	人均/(m^3/a)	世界平均值的比例	世界平均值的比例	世界平均值的比例
中国	82990	47091	31442	4064	97	450	166134	133	0.75	0.86	0.88
印度	42786	78997	19903	931	17	64	142698	135	0.76	0.66	1.15
俄罗斯	83967	1112	3152	4915	63	85	93294	635	3.59	2.67	1.33
美国	64508	3124	7941	1612	15	244	77444	270	1.53	1.32	1.17
巴基斯坦	11900	27218	7856	2752	90	259	50070	345	1.95	1.42	1.37
伊朗	26693	10937	3208	6104	60	504	47506	716	4.04	2.32	1.74
土耳其	38810	2434	3659	2238	54	181	47376	691	3.90	2.98	1.30
乌克兰	21905	239	955	1021	12	30	24162	496	2.80	2.78	1.01
澳大利亚	19671	162	1005	8	1	3	20850	1082	6.11	5.47	1.16
巴西	6901	3	469	11224	88	788	19473	111	0.63	0.58	1.08
埃及	1409	5924	2692	6837	274	633	17769	264	1.49	1.62	0.92
哈萨克斯坦	17312	124	1	83	1	7	17528	1156	6.53	3.92	1.85
意大利	8274	114	1284	6837	165	697	17371	300	1.69	2.35	0.70
波兰	9687	4	4478	572	7	94	14842	386	2.18	2.48	0.87
摩洛哥	9923	877	383	3230	68	306	14787	505	2.85	2.21	1.29
德国	9459	0	2868	810	13	120	13270	161	0.91	2.07	0.43
世界	593599	196690	106972	166703	7147	16586	1087697	177			

资料来源：Mekonnen and Hoekstra，2010。

8. 意大利小麦消费水足迹

意大利是一个重要的小麦消费国，尤其各种各样的面食占了意大利饮食的很大一部分。意大利平均每人每年的小麦消费量达到150kg，每天大约400g（FAO，2012a）。该国是世界上最大的小麦进口国之一。1996～2005年，意大利的小麦产品消费水足迹是174亿m^3/a。将近一半（44%）的意大利小麦消费水足迹来自其他国家，主要包括美国（20%）、法国（19%）、加拿大（11%）和俄罗斯（10%）。意大利小麦消费水足迹来自美国的不同地区，如奥加拉拉地区。意大利也从中东缺水国家进口小麦虚拟水，如叙利亚（0.58亿m^3/a）、伊拉克（0.36亿m^3/a）。超过一半的意大利小麦消费水足迹位于本国内部。意大利小麦生产水足迹占该国农作物生产水足迹总量的20%（Mekonnen and Hoekstra，2011b）。意大利种植的小麦是硬质小麦，用于制作面食。

9. 意大利面食水足迹

硬质小麦是一年生禾本科植物，与面包小麦非常相似，但谷粒更大，更坚硬，有更高的蛋白质含量和不同的染色体数目（Van Wyk，2005）。硬质小麦一般种植在相对干旱的地区，像面包小麦和其他谷物一样收割。意大利硬质小麦的种植主要集中在意大利南部（ISTAT，2008）。硬质小麦全国平均绿水足迹是748L/kg，蓝水足迹是525L/kg。但是，在总耗水量和绿水-蓝水比率上，二者的区域差异很大。大部分硬质小麦种植在普利亚地区和西西里岛；这些地区的蓝水足迹几乎占了总水足迹的一半。在意大利北部，像托斯卡纳和马尔凯等地区，蓝水足迹大约占总水足迹的四分之一。与意大利北部相比，意大利南部每千克小麦水足迹要大得多。

一般来说，在小麦生长期间，会使用大量的化肥和农药，其中重要的养分之一就是氮。硝酸盐是植物生长必不可少的，但过度和不合理的使用导致大量的硝酸盐通过淋溶作用，进入到地下水或地表径流，从而使水质恶化。灰水足迹是用于稀释化学物质从而使受污染的水达到水质标准所需要的水资源数量。考虑平均的氮肥施用量，假设淋溶比例为10%，含氮的水质标准为10mg/L，可以估计出，意大利硬质小麦的灰水足迹大约是300L/kg（表5.7）。这在两个方面都进行了保守估计。首先，我们假设硝酸盐的自然本底浓度为零，即高估了水体的容纳吸收能力。其次，并未分析其他营养物质、农药和除草剂使用的影响。

表5.7　氮肥施用和意大利小麦生产灰水足迹

小麦类型	氮肥施用量/(kg/hm^2)	面积/hm^2	总的氮肥施用量/(t/a)	到达水体的氮肥/(t/a)	氮肥标准/(ml/L)	稀释需水量/($10^6 m^3/a$)	产量/(t/a)	灰水足迹/(L/kg)
面包小麦	82	629778	51642	5164	10	516	3111352	166
硬质小麦	82	1612706	132242	13224	10	1322	4387863	301

资料来源：Aldaya and Hoekstra，2010；氮肥标准指的是美国环保署（EPA，2009）NO_3^-的标准，以每升每毫克氮计量，这或多或少相当于欧盟每升50mg NO_3^-的标准。

通过总结硬质小麦的绿水、蓝水和灰水足迹，我们可以估算出单位产量小麦生产水足迹为1574L/kg（表5.8）。为了做成面食，首先需要将硬质小麦籽粒加工成面粉。小麦被磨成麸皮、胚芽和粗面粉。硬质小麦约72%的重量成了粗面粉。粗面粉占两个独立产品总价值的88%。假定硬质小麦水足迹是1574L/kg，我们可以计算出粗面粉的水足迹是（1574×0.88/0.72=）1924L/kg，其中绿水足迹占48%，蓝水足迹占33%，而灰水足迹占19%。

表5.8 意大利小麦和小麦面粉的水足迹

小麦种类	水足迹/(L/kg)			
	绿水	蓝水	灰水	总量
面包小麦	495	125	166	786
面包小麦粉	605	154	202	961
硬质小麦	748	525	301	1574
硬质小麦粉	914	642	368	1924

资料来源：Aldaya and Hoekstra，2010。

正宗的意大利面是由硬质小麦粗面粉添加了各种液体（水、牛奶或蛋）做成的。根据不同要求，面食可以做成干意大利面或鲜意大利面。面食是在特定的温度和时间下干燥的。批量生产的面食是在高温、历时短的条件下干燥的。而传统面食干燥较慢，在较工厂化生产条件低得多的温度下，进行长达50h的干燥。假设意大利面食由粗面粉（1kg）、水（0.5L）和盐混合而成。水分在意大利面的干燥过程中被除去了。和硬质小麦生产过程相比，意大利面加工过程中所用的水量是非常少的。因此，意大利干面的水足迹和粗面粉的水足迹基本相同，都是1924L/kg。

考虑到意大利人平均每人每年吃28kg的面食，则平均每个意大利居民面食消费水足迹是54000L/a（Aldaya and Hoekstra，2010）。相对而言，这只是平均一个意大利人水足迹的2%左右（每人2300m^3/a）。意大利有近600万的人口，所以意大利面食消费水足迹达32亿m^3/a。这个数量相当于填满100多万个奥林匹克标准泳池所需的水量（每池有2500 m^3 水）。

10. 面包小麦和硬质小麦

面包小麦，适合用来制作面包，也是做比萨的基本原料，当涉及水的消耗时，它与硬质小麦是相当不同的。与硬质小麦相比，单位产量面包小麦耗水量是硬质小麦的一半。这主要是因为两种小麦的单位面积产量和生产条件的差异。面包小麦是一年生作物，主要产于意大利的北部（最大的产地是在艾米利亚罗马涅大区），适合生长在潮湿的冬季和无雨的夏季（Van Wyk，2005），而硬质小麦主要产于更干燥的南部地区。一般而言，意大利北部的作物单位面积产量比南方高，但蒸发量更少。

将绿水、蓝水和灰水足迹进行相加，我们得出了意大利面包小麦水足迹的总量是786L/kg（表5.8）。当面包小麦的谷粒磨成面粉，面粉重量占小麦重量的72%，而剩下的

18%是小麦壳，小麦面粉占两种不同产品总价值的 88%。面包小麦的水足迹总量是 786L/kg，我们可以计算出面包小麦面粉的水足迹是（786×0. 88/0. 72 =）961L/kg。1kg 面粉可以制作 1. 15kg 面包，意大利面包的水足迹为 836L/kg（比法国、荷兰或德国的面包水足迹大，但比全球平均值小）。

我们也调查了比萨的水足迹，做比萨的基本材料就是面包小麦面粉。烹饪玛格丽特比萨的基本配方是面包小麦粉、番茄酱和牛奶奶酪。基于上述配料的平均水足迹，我们估计，一个玛格丽特比萨的水足迹为 1216L（Aldaya and Hoekstra，2010）。作为比萨基础成分的面包小麦面粉的水足迹约占其水足迹四分之一。

11. 对意大利小麦生产用水量的担忧

意大利不同区域间可用水资源量差异很大。像所有地中海国家一样，降雨的季节性和区域性变化是非常显著的。意大利北部水资源比较丰富，而南部可用水资源量相当有限，径流季节性变化非常明显。全国各地的水质情况也不一样，一般情况下，较大河流的生态环境和水质较差，污染地的数量不断增加，甚至已经向外蔓延到高度城市化的地区。北部和中部的污染主要是由工业和农业活动引起的（Goria and Lugaresi，2002）。一些地方，尤其是台伯河和蒲河的沿海平原，硝酸盐浓度已经超过了欧洲标准规定的安全界限（50mg/L）。其他地区，特别是普利亚大区的南部、坎帕尼亚的沿海平原、卡拉布里亚和撒丁岛的主要问题是地下水过度开采引起的盐碱化。由于缺乏关注和认识，这些问题都已恶化（Goria and Lugaresi，2002）。人们一直认为水是无限的、非耗竭性资源，只需花很小的代价就可以使用。因此，浪费行为极为常见，并被认为是可以接受的。

硬质小麦的水足迹集中在普利亚地区和西西里岛，这些地区面临着严重的缺水问题。地下水的开采在这两个地区均很普遍。在普利亚，约三分之二的供水来自地下水。在西西里，约 40%的供水来自地下水（ISTAT，2008）。在普利亚大区和西西里岛的沿海平原，含水层普遍超采且水质问题突出（OECD，2006）。西西里岛的几个含水层被过度开发，如西西里岛东部的卡塔尼亚平原（Ferrara and Pappalardo，2004）。许多地下水的开采与私人用户有关，他们大部分都逃脱了水资源管理部门的监管（OECD，2006）。在意大利，估计有 150 万口非法水井。阿布鲁佐、莫利塞、坎帕尼亚、普利亚大区、巴西利卡塔、卡拉布里亚、西西里岛和撒丁岛八个地区的总灌溉面积达 160 万 hm^2，而仅有 83 万 hm^2是合法的。仅在普利亚大区，就有约 30 万口非法水井，他们提供了该地区约三分之一灌溉面积的灌溉用水（WWF，2006）。输水管道在这些地区也是常见的。意大利米兰投资银行的研究证明，为普利亚地区供水的输配水管网有很多损坏，损失的水比输送的水还多。有 102 年历史的 Acquedotto Pugliese（意大利最大的自来水公司）拥有大约 1. 6 万 km 的输水管道，是欧洲最长的输水管道，在输水途中几乎损失了 50%的水。由于意大利南部蒸散量大而小麦的单产低，硬质小麦单位产量的水足迹高于北部。各地区间平均单产差异较大，主要是由于不同区域的土壤和气候条件差异较大（Bianchi，1995）。无论是从土壤肥力的角度来看，还是从水的可供应量来看，意大利北部更适合硬质小麦的种植。

面包小麦与硬质小麦是完全不同的。面包小麦的种植主要集中在意大利北部，水资源并不像南方那么稀缺。此外，面包小麦生产主要依赖绿水，而不是蓝水，同时水分生产力要高得多。意大利南部的单位产量小麦生产水足迹最大，特别是在普利亚大区和西西里岛，这两个地方普遍过度开采地下水用于灌溉硬质小麦。面包小麦主要在意大利北部种植，水资源利用效率较高，并且水资源也不像南部那么稀缺。

12. 缺乏合理的用水政策

意大利用水情况的现状是由众多因素造成的，例如，不适当的价格体系，缺乏遵守水资源管理相关法规的自觉性及流域主管机构监管不力，尤其是缺乏对非法抽取地下水的监管（WWF，2006；Bartolini *et al.*，2007）。意大利区域性的水价并不能反映水的稀缺价值。用户也不用为水资源的负外部性和机会成本买单（Goria and Lugaresi，2002）。此外，对水的补贴阻碍了向高新科学技术迈进的步伐。提高水价、开征污水或污染费将在提高用水的经济效率和环保持续性方面发挥重大作用（Rogers *et al.*，1998）。改善意大利的灌溉体系和集水技术可有效限制水的使用和浪费。就缺乏遵守水资源管理相关法规而言，意大利水资源管理一直不符合欧盟水框架指令，主要表现在水体污染报告不完善甚至缺失，废水处理不足，敏感地区未进行指定，一些地区过度施用氮，达到每年每公顷 100 ~ 150kg（EC，2010）。经过测量意大利（东北）的水体浓度基本为 10 ~ 25mg/L NO_3^-，表明了水体富营养化程度非常严重（EC，2010）。

意大利现行的政策是对农业生产和灌溉系统发展都进行补贴，而不考虑水资源的可持续利用问题。在欧盟共同农业政策的影响下，农户为了获得灌溉补贴，再生产过程中消耗了更多的水资源，从而促使意大利和其他南部的欧盟成员国从传统雨养农业转为灌溉农业，导致了水资源消耗量的增加（Brouwer *et al.*，2003）。尽管欧盟在过去的几年对共同农业政策进行了改革，推出了一些新方法，如欧盟农业资金（将补贴与产量脱钩），但实际上，由于国家的执行力度的薄弱削弱了这些改革的作用。从长远来看，有多少成员国能继续执行这个规定仍有待观察。

食品公司可以在减少小麦水足迹上发挥作用，不仅仅是在自己的经营生产上减少对水的消耗和污染，更重要的是，通过影响供应商，提高小麦生产用水的可持续性。例如，促进雨养农业和有机农业，在灌区采用更好的灌溉技术和节水技术应用模式。对意大利面水足迹的认识可以帮助解决缺水问题。公司应公布其经营生产和供应链水足迹，以及他们针对减少水足迹的策略。将水足迹减少的重点放在水分生产力较低、污染程度较高和水足迹对当地有较大影响的地区。自 20 世纪 90 年代后期以来，意大利面的生产商一直在努力改善他们对环境的影响，如今，这种努力已被自然延伸到整个供应链中（Bevilacqua *et al.*，2007；Ruini *et al.*，2013）。

13. 设置小麦水足迹的基准值

产品透明度是消费者能够做出明智购物决定的先决条件。水足迹信息可以增强人们对不同食物生产所消耗的大量用水和相关环境意识。知情的消费者可以通过选择商品来减少对水足迹的影响，他们可购买拥有相对较小水足迹的商品或产自不十分缺水地区的商品。由于目前产品普遍没有提供足够的信息，消费者现在能做的一件重要的事情就是要求企业和政府监管提高产品的透明度。但是，产品透明度不只是为了提高节水意识和使消费者能够做出明智的决定，与关注行业可持续性的投资者也是密切相关的。在供应链上依赖不可持续用水的企业会遇到不同的商业风险，无法吸引投资者。认真承担社会责任的企业应该致力于改善水资源的管理，包括提高产品透明度。

为增强人们判断水足迹大小的能力，建立水足迹基准值，无论对于作为成品的意大利面，或对作为基本成分的小麦来说，都是非常重要的。这样的基准值可以根据最好的可用技术或现有水足迹的变化得到（Zwart *et al.*，2010）。这可以通过一个例子来说明如何依据现有水足迹的变化得到基准值。各地区单位产量小麦生产水足迹（L/kg）存在差异，小麦绿水和蓝水足迹的全球平均水平是1620L/kg，但我们也发现了水足迹低于600L/kg的小麦，如西欧的大部分地区生产的小麦（Mekonnen and Hoekstra，2011a）。全球约10%的小麦产自蓝水和绿水足迹总量小于600L/kg的地区，约20%的小麦产自小于1000L/kg的地区。食品公司的决心决定了是否可以努力将小麦供应链的水足迹降到生产水足迹的10%或20%。当然，这并不意味着小麦必须由水分生产力已经达到基准值的地区供应。依据附近或其他地方好的实践案例，食品公司可以随时随地帮助农民提高水分生产力，从而降低作物单位产量生产水足迹。

第六章　肉类和奶制品——大量耗水者

畜牧业的发展增加了人们对地球上自然资源的需求。正如联合国粮农组织（FAO）一份有影响力的报告——*Livestock's Long Shadow*（畜牧业长长的阴影）一书所指出的，畜牧养殖部门已经成为迄今为止最大的单一人为土地使用者（Steinfeld *et al.*，2006）。全球牧场的总面积相当于未被冰雪覆盖的地球陆地表面的26%。此外，生产饲料作物的土地占耕地总面积的33%。畜牧业生产占据了全球农业用地的70%和陆地总面积的30%。这份报告还指出，有人认为畜牧业很可能是全球生物多样性减少的一个主导因素，所有牲畜占陆地动物生物量的20%，被农场动物占据的30%地球陆地表面也曾经是野生动物的栖息地。此外，该报告计算得出畜牧业增加了人为温室气体排放量，以CO_2的排放量为标准计算，畜牧业温室气体排放量占全球总量的18%。当然这一数字仍存在争议（O'Mara，2011），由于量化的困难性及方法上的差异性，这一数字的变化范围从3%（Pitesky *et al.*，2009）到51%（Goodland and Anhang，2009），但是，粮农组织的估计值似乎不是最坏的情况（Herrero *et al.*，2011）。畜牧部门的能源消耗也十分严重。Pimentel（2008）估计，每生产1kcal热量的动物蛋白平均需要25kcal的化石能源，这是植物蛋白的10倍以上（每千卡植物蛋白需要2.5kcal的化石能源）。

畜牧业占用了大量的土地资源和能源，对气候变化有显著影响，同时也破坏了地球的生物多样性。但农场动物用水需求如何？在最近的研究中，我们已经证明，人类近30%的水足迹与畜产品的生产有关（Mekonnen and Hoekstra，2012a）。全球畜产品水足迹已达24220亿m^3/a。其中有三分之一归因于牛肉生产，另外19%与牛奶有关。然而令人吃惊的是，科学家和政策制定者很少关注肉类和奶制品的消费与水资源消耗之间的关系。通过研究畜牧业发展对水资源利用的影响，我们发现它们之间的关系日益显著。一方面是因为全球肉类产量从1961年的7100万t增加到2017年的3.34亿t，增加了3.7倍（FAO，2019a），另一方面也因为预计在2000～2050年期间，全球肉类产量还会增加一倍（Steinfeld *et al.*，2006）。

本章我们将探讨肉类和奶制品消费背后隐藏的水资源消耗。因为饲料的水足迹是动物水足迹最重要的组成部分，我们首先考虑肉类和奶制品的供应链，然后将讨论饲料构成及所谓的"饲料转化效率"。我们进而将比较单位质量肉类、乳制品与作物产品的水足迹，以及单位营养成分含量的水足迹，并分析以肉食为主与以素食为主的饮食水足迹的差异。我们将重点论述畜牧业水资源问题的国际性，并指出该问题应提到消费者、政府及肉类和奶制品行业本身的更高级别的议程内。

1. 供应链

肉类和奶制品的供应链始于饲料作物种植，并终止于消费者（图6.1）。供应链中的每个环节都有直接水足迹，即该环节中消耗和污染的淡水资源数量。同时，也包括间接水足迹，即前面所有环节中水足迹的总和。因此，在商店出售的肉类和奶制品的水足迹是供应链消耗和污染的各种水资源量的总和，包括食品生产者和零售商耗用的水资源量，但与农业阶段的用水相比，其他用水都非常少。此外，食品加工和零售商耗用的水资源最终分散在被出售的所有产品中，相对较小的过程水足迹转化为更小的产品水足迹。因此，大多数水资源消耗和污染发生在农业生产阶段。

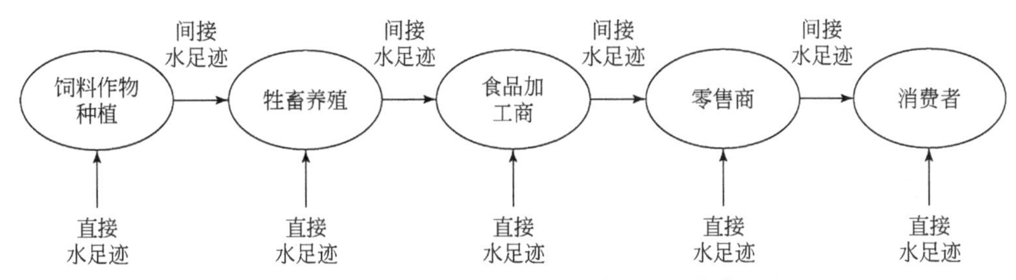

图 6.1　畜产品供应链每一环节的直接和间接水足迹

人们知道动物被屠宰时的年龄及其在生命各阶段中饲料的配比，根据牲畜生命周期中的所有饲料消耗和饮用水及其他生产用水（如清洗马厩）的数量，可以计算牲畜在其生命结束时的水足迹。根据各种畜产品的相对价值，作为一个整体的动物水足迹将被分配给来自该动物的不同产品。这样的分配不存在重复计算，并保证较大份额的水资源投入分配给高附加值的产品，而较小份额的水资源投入分配给较低附加值的产品。

2. 与饲料的相关性

最终畜产品水足迹主要来源于供应链中的第一步：饲料的生长。饲料的水足迹占消费者购买的肉类和奶制品水足迹的 98%。而动物饮水、服务用水和搅拌饲料的水分别仅占 1.1%、0.8% 和 0.03%（Mekonnen and Hoekstra，2012a）。生产饲料的过程距离消费者最为遥远，这解释了为什么消费者一般都很少关注这样的事实——畜产品需要大量的土地和水资源（Naylor *et al.*，2005）。此外，饲料种植和最终的畜产品消费往往发生在完全不同的区域。世界上相当多的谷物种植并不是直接供人类食用，而是为了养殖动物。2001 ~ 2013 年，世界谷物产量的 36% 被用作动物饲料（FAO，2019a）。

畜产品水足迹主要取决于两个因素（Mekonnen and Hoekstra，2012a；Hoekstra，2012；Gerbens-Leenes *et al.*，2013）。第一个是饲料转化率，即产生单位质量畜产品（肉、蛋或牛奶）消耗的饲料数量。在草场上放牧的牲畜一般都需要很长的时间才能达到出栏重量，获得单位肉类产品将消耗更多的饲料。因此，从放牧模式到混合模式再到工厂化养殖，饲料转化效率逐级提高，工厂化养殖中畜产品的水足迹因此较小。第二个是饲料的成分。第二个因素恰恰相反，放牧模式反而更有优势。由于浓缩饲料的水足迹相对较高，其比重增加也会使畜产品水足迹相应增加，而粗饲料（饲草、作物残余物和饲料作物）水足迹相对较小。从放牧模式到混合模式再到工厂化养殖，浓缩饲料比例升高，而粗饲料比例下降

(Hendy *et al.*, 1995)，导致水足迹的不断增加。一般情况下，单位质量浓缩饲料的水足迹是粗饲料的五倍。混合粗饲料的全球平均水足迹约为200L/kg，而浓缩饲料的全球平均水足迹为1000L/kg，同时，二者在营养成分上大致相当。由于粗饲料主要来源于雨养作物且很少施肥，但用于生产浓缩饲料的作物则需要灌溉和施肥，因此，单位质量浓缩饲料的蓝水和灰水足迹甚至分别达到粗饲料的43倍和61倍。以牛肉为例，我们可以清晰地发现畜产品水足迹受饲料成分和来源的影响很大。工厂化养殖生产的牛肉，其水足迹中的一部分灌溉水（蓝水）可能来源于遥远的饲料种植地，那里水资源可能是丰富且易获得的，也可能是稀缺或被过度利用而无法满足环境需水量的。自然放牧模式下，牛肉水足迹主要是附近牧场中所使用的绿水（降水）。当然，土地若被牧场占用，那么就不能用于种植作物，绿水也已凝结在牛肉中，不能再用于生产其他食物作物。但是，尽管农田可取代牧场，但已经分配给肉类生产的绿水不能再用于生产其他食物作物。这解释了为什么水足迹应被视作一个多维指标，不仅应考虑水足迹的总量，同时也应关注绿水、蓝水和灰水等组分，以及各部分水足迹产生的具体区域。某一具体区域用水活动的社会和生态影响，取决于该地区水资源的稀缺性和水的用途。

3. 牧民制度

在干旱和半干旱地区，畜牧业仍然是一个特殊的例子。在不太适合种植作物但仍适合广泛放牧的地区，人们主要依靠牲畜维持生计。牧民们饲养的典型动物包括牛、骆驼、绵羊和山羊等。这种制度仍然很普遍，如在撒哈拉以南非洲，从毛里塔尼亚到埃塞俄比亚和肯尼亚的干旱地带。对于牧民来说，牲畜是他们生存的重要组成部分，而这些地区本来就非常干燥，不适合人类居住。为了捍卫吃肉的权利，人们经常提到这些经典的牧民制度，指出吃肉是人类文化的一部分，毕竟这些动物吃的东西，是无法被人类食用。在旱地大量放牧的情况下，确实如此。但在这本书中，我们想讨论的是现代社会的消费模式问题；这些现代消费模式背后的生产系统与上述古典的牧民制度无关。现代畜牧业的大部分饲料都是生长在可以种植直接食用作物的地区。

4. 畜产品水足迹与作物产品水足迹

令人并不感到意外的是，任何一种畜产品的水足迹均大于具有相同营养价值的作物产品（Mekonnen and Hoekstra, 2012a）。例如，等价的畜产品和豆制品（Ercin *et al.*, 2012），经计算比利时生产1L豆奶的水足迹约为300L，而1L牛奶的水足迹则至少是它的3倍。一个产于荷兰的150g重的大豆汉堡水足迹仅为160L，而同样重量的牛肉汉堡的水足迹却要高出近15倍。表6.1列出了主要作物和畜产品的全球平均水足迹。单位热量牛肉的水足迹（单位：L/kcal）是谷物和根茎植物水足迹的20倍以上。牛奶、鸡蛋和鸡肉中每克蛋白质的水足迹约是豆类的1.5倍，牛肉则至少是豆类的6倍。黄油的水足迹相对较小，每克脂肪的水足迹甚至低于油料，但所有其他畜产品单位脂肪的水足迹均远高于油料作物。

表 6.1　主要作物和畜产品的全球平均水足迹

项目	单位重量水足迹/(L/kg)				营养成分含量			单位营养价值水足迹		
	蓝水	绿水	灰水	合计	能量/(kcal/kg)	蛋白质/(g/kg)	脂肪/(g/kg)	能量/(L/kcal)	蛋白质/(L/g)	脂肪/(L/g)
糖料	130	52	15	197	285	0	0	0.69	0	0
蔬菜	194	43	85	322	240	12	2.1	1.34	26	154
根茎类	327	16	43	386	827	13	1.7	0.47	31	226
水果	726	147	89	962	460	5.3	2.8	2.09	180	348
谷物	1232	228	184	1644	3208	80	15	0.51	21	112
油料	2023	220	121	2364	2908	146	209	0.81	16	11
豆类	3180	141	734	4055	3412	215	23	1.19	19	180
干果	7016	1367	680	9063	2500	65	193	3.63	139	47
奶类	863	86	72	1021	560	33	31	1.82	31	33
蛋类	2592	244	429	3265	1425	111	100	2.29	29	33
鸡肉	3545	313	467	4325	1440	127	100	3.00	34	43
黄油	4695	465	393	5553	7692	0	872	0.72	0	6.4
猪肉	4907	459	622	5988	2786	105	259	2.15	57	23
羊肉	8253	457	53	8763	2059	139	163	4.25	63	54
牛肉	14414	550	451	15415	1513	138	101	10.19	112	153

资料来源：Mekonnen and Hoekstra，2012a。

5. 鱼类和甲壳类动物的水足迹

鱼类和甲壳类动物的水足迹主要取决于四个因素：生长的水环境类型（咸水、微咸水或淡水系统）；养殖环境（自然水域还是水产养殖）；饲料组成和来源；饲料转换效率(Hoekstra，2015c)。咸水鱼和甲壳类动物自然地进行捕食，不需人工喂养，因此没有任何淡水足迹。这并不是说这种鱼可能不会伴随着其他环境问题（如过度捕捞，与捕捞有关的问题和捕鱼技术造成的损害），而是意味着这种鱼类对有限的全球淡水资源没有任何要求。这种类型鱼类的水足迹只涉及捕鱼过程中的材料、能源、运输和包装的水足迹。这种水足迹与鱼类以陆地和淡水为基础的饲料喂养时的水足迹相比是很小的。根据 Naylor 等(2009) 的研究结果，水产饲料中的植物饲料包括大麦、油菜、玉米、棉籽、豌豆、羽扇豆、苏瓦豆和小麦等。水产饲料中植物蛋白的比例越来越高，因此鱼类的水足迹问题变得越来越重要。

平均饲料转换效率约为 2（即每千克鱼提供 2kg 饲料），鱼的转换效率高于鸡。因此，即使水产饲料中含有非常高比例的植物性物质，鱼的饲料相关水足迹通常也低于鸡。在一项全球研究中，Pahlow 等（2015）表明以商业水产饲料喂养的鱼和甲壳类动物与饲料有关的水足迹平均为1974L/kg（其中82.5%为绿水足迹，9.1%为蓝水足迹，8.4%为灰水足迹）。估计值因物种而异，从0到3000L/kg左右。例如，尼罗河罗非鱼的平均水足迹为2260L/kg，草鱼为2230L/kg，鲤鱼为2360L/kg。尼罗河罗非鱼的食物通常由豆粕和米糠组成；草鱼和鲤鱼的饲料通常含有菜籽油饼、大豆饼、小麦饼和玉米粉。由于食肉动物的鱼粉和新鲜鱼肉所占比例相对较大，因此该研究发现的食肉动物与陆地饲料相关的水足迹一般小于杂食动物、浮游生物和草食动物。然而，如果我们进一步回到供应链中，并将食肉鱼类的水足迹包括在内，这一情况可能需要调整。然而，由于数据的可获得性有限，我们还无法研究这部分内容。

在一项针对中国——世界上最大的水产养殖国家的研究中，Yuan 等（2017）估计了22种不同鱼类的平均水足迹为3110L/kg（62.1%为绿水，23.8%为蓝水，14.1%为灰水足迹）。研究发现，海鱼的平均水足迹大大低于淡水鱼的平均水足迹。总的来说，这项研究显示出比上述全球研究更大的水足迹数值，但鉴于空间范围的差异、该领域的快速发展和很大的不确定性，很难对现阶段鱼类的水足迹研究的非常精确。就数量级而言，我们可以说鱼肉的饲料相关水足迹比鸡肉小。

然而，除了与饲料有关的水足迹外，在开放池塘中生长的鱼类和甲壳类动物还有蓝水足迹和灰水足迹，与池塘的蒸发和水污染有关。根据 Verdegem 等（2006）的结果，一个年蒸发量加上渗漏损失约3500mm、年产量1000kg/hm^{2}的鱼塘，每生产1kg鱼蒸发耗水和渗漏损失约35000L水。如果池塘每年排一次水，每生产1kg鱼，总用水量为45000L，但由于只有蒸发量才算消耗性用水，因此蓝水足迹会更小。根据气候条件的不同，这一数字将在1000～2000mm/a，因此意味着每千克鱼的蓝水足迹为10000～20000L，一个重要因素是每公顷鱼的产量。前面提到的1000kg/(hm^2 · a) 是指粗放的系统；在集约的混合系统中，生产力可以高达100倍，每千克鱼的蓝水足迹与蒸发有关，因此与粗放池塘蒸发相比，蓝水足迹仅为1/100（100～200L/kg）。此外，鱼塘的水通常受到高度污染，因此也造成了一个灰水足迹，但目前还没有这方面的估计。

6. 肉食者与素食者的水足迹

饮食习惯对一个人的水足迹影响极大。在工业化国家中，成人平均消耗的热量约为3400kcal/d（FAO，2019a），其中，大约28%来自动物性食物。这里的消费指的是人们的购买量，而不一定是真正消费量，除非是青少年，否则一个人每天消费3400kcal是很不健康的。据粗略的估计，我们每人每天平均需要2500kcal的能量（Willett *et al.*，2019）。我们购买和消费之间的差距在于食物浪费。计算食物的水足迹时，我们要以购买的数量为准，因为无论我们是否真正的消费了这部分食物，都会产生水足迹。来自蔬菜类的产品平均每千卡大约需要0.7L水，包括谷物、糖类作物、根、豆类、油料作物、水果、蔬菜和坚果。假设牛奶、黄油、奶酪和鸡蛋混合在一起，乳制品和蛋类的水足迹平均为1.7L/kcal。按工业化国家的人均消费量计算，肉类和鱼类的平均水足迹为4.0L/kcal，主要由牛肉、猪肉、家禽和鱼类组成。根据这些数字和有关植物性产品相对于乳制品、蛋类、肉和鱼的相对消费量的数据，我们可以计算出，每天生产食物需要花费4480L水

(表6.2)。对于以素食为主的人群，我们用植物性产品代替肉和鱼。这将食物相关的水足迹减少到2830L/d，减少了37%。请记住，我们所谓的“肉食者”采用的是平均饮食习惯，同时不同人之间肉类消费是不同的，因此，肉类消费量大于平均水平的消费者可以通过减少他们的肉类消费量来节约大量的水资源。

当我们把所有的动物产品从我们的饮食中去除时，可以达到更大的节水效果。假设保持总热量不变，并将所有动物产品按作物产品分类时，工业化国家消费者的水足迹从每天4480L（含动物产品的饮食）减少到每天2380L（纯素食者），减少了47%。从肉食者到以素食为主的转变比从以素食为主到纯素食者的转变有更大的影响，因为肉的水足迹比奶制品和鸡蛋的水足迹要大得多。

上面的数据表明，消费者可以通过减少肉类消费量来减少他们的水足迹。此外，消费者还可以通过选择水密集程度更低的替代品以降低水足迹。例如，用鸡肉替代牛肉，相对于牛肉，鸡肉的水密集程度较低，此外，从对水资源产生的影响而言，来自一种生产方式(如自然放牧）的牛肉难以直接与其他生产方式（如工厂化养殖）比较。

表6.2　工业化国家中不同膳食的水足迹

类型	以肉食为主			以素食为主			纯素食者		
	/(kcal/d)	/(L/kcal)	/(L/d)	/(kcal/d)	/(L/kcal)	/(L/d)	/(kcal/d)	/(L/kcal)	/(L/d)
植物性食物	2450	0.7	1715	2950	0.7	2065	3400	0.7	2380
奶制品和蛋类	450	1.7	765	450	1.7	765	0	1.7	0
动物性食物	500	4.0	2000	0	4.0	0	0	4.0	0
合计	3400	1.3	4480	3400	0.8	2830	3400	0.7	2380

7. 肉类、乳制品与水的国际特征

虽然农村人口经常通过参与农业活动或生活在靠近农业活动的地区而与他们的食物供应相联系，但对于城市居民来说，情况已不再如此，因为世界上一半以上的人口生活在城市地区，食物只是来自超市的东西。所有与食物生产相关的因素，包括食物的水足迹，都被外部化到现在是全球腹地的农村地区（Hoekstra *et al.*，2016，2018b)。从地理上追踪肉类和乳制品的供应链通常比追踪农产品要困难得多。由于饲料、活牲畜和畜产品的国际贸易，某一个地方肉制品和乳制品消费往往与其他地方的用水活动有密切的联系。通过活牲畜贸易，澳大利亚每年向中东地区出口数以百万计的羊，美国每年从加拿大和墨西哥进口数百万头的牛和猪。在欧洲范围内，每年都有数百万只不同种类的牲畜在进行贸易(Millstone and Lang，2003)。而被加工的畜产品的贸易则表现得更活跃。我们计算了活牲畜和畜产品国际贸易引起的虚拟水流动，总计高达2720亿 m^3/a，大约相当于密西西比河年径流量的一半（Mekonnen and Hoekstra，2011b)。全球畜产品虚拟水流动量中，约16%来源于活牲畜的国际贸易，而另84%凝结在畜产品中。除了活牲畜和畜产品存在国际贸易，饲料作物的国际贸易也很频繁（Galloway *et al.*，2007)。但是，饲料和食物往往来源于同种作物（如玉米），因而难以区分。目前全球范围内，与作物产品国际贸易相关的虚拟水流动总量约17660亿m^3/a（Mekonnen and Hoekstra，2011b），其中相当大的一部分被用作饲料。

牲畜和家禽经常被饲喂各种不同种类和来源的饲料，而且饲料的供应链难以追踪。因此，除非提供牛奶、奶酪、鸡蛋或肉类的畜禽在本地养殖或放牧，并且在当地种植饲料，否则很难精确量化这些畜产品的水足迹并确定它们的来源地。人类的食物供应系统正变得越来越复杂，尤其是动物产品的供应系统。人们所购买的食物和资源使用及相关影响之间有着我们看不见的联系。因此，理清饲料的组成和来源，是进一步了解不同地区和不同生产系统的畜产品生产对淡水资源影响的前提条件。

8. 肉类和奶制品：水管理部门的盲点

水资源管理者几乎从不讨论与肉类或乳制品生产的相关问题（Hoekstra，2014b）。其原因显而易见，禽畜养殖业并不是用水大户。但是生产饲料需要大量的水。虽然肉类和奶制品的水足迹总和超过了全人类水足迹的约30%，但几乎被人们视而不见，因为其大部分来自农作物种植。世界上37%的谷物正被用于动物饲料，但这一事实只有农业专家更为关注，而水资源专家对此并不在意。水资源管理者尚未意识到不断增长的食物生产用水和饲料生产用水之间的差异。水资源管理者只是为了确保农作物用水，在他们眼中，作物一般是相同的，他们没有想过作物生产的目的是什么。但是只要进一步思考，人们就会认识到，为解决淡水资源日益匮乏的问题，需要认真地审视肉类和奶制品的用水需求。制订良好的水资源政策需要考虑规模日益增长的肉类和奶制品行业。但是目前世界上甚至没有一个针对肉类和奶制品这一最大宗的水密集型产品的水资源规划，更别提国家水资源政策会以某种方式涉及消费者或乳制品和肉制品行业。水资源政策往往关注“可持续生产”，但很少涉及“可持续消费”。他们关注的焦点是农业水资源利用效率（每一滴水生产更多的作物），但几乎没有考虑整个食物供应系统中水资源利用效率（每一滴水生产更多的热量）。肉类和奶制品对世界淡水资源的需求不仅政府部门视而不见，乳制品和肉制品行业也同样如此。人们对食物工业水足迹的关注正在迅速增长，尤其是饮料制造业。显然，经济部门致力于推动人类水足迹研究虽不能直接获益，但最终他们会有丰厚的回报。认识到水足迹对解决淡水资源过度开发和污染问题的关键作用，对肉类和奶制品行业的可持续发展意义重大。对于全球社会而言，“水足迹”这一理念也将促进人们意识到可持续发展不可能完全依靠“高效”战略。工厂化养殖似乎比传统的放牧和混合养殖模式效率更高，但浓缩饲料用量的增加造成了更多灌溉用水需求和由于施用化肥引起的水污染。降低肉类和奶制品行业对水资源的需求将是人类面临的一个长期性挑战。由于动物的饲料转换效率总有一个极限，我们可能要审慎的反思现代人的膳食结构——包含了大量肉类和奶制品。因此，畜产品和水资源话题的讨论，不能仅局限于政府及乳制品、肉制品行业，也应该包括消费者，这意味着需要我们所有人的共同努力。

第七章　棉质衣物与咸海的消失

全球棉织物的平均水足迹是10000L/kg。这意味着生产一件250g的棉质衬衣大约消耗了2500L的水；而一条800g的牛仔裤将消耗8000L的水。但这只是全球的平均值，不同地方棉织物的水足迹会有所不同。例如，由中国棉花生产的棉织物的水足迹为6000L/kg，而美国、乌兹别克斯坦、巴基斯坦及印度的棉花所生产的棉织物水足迹分别为8100L/kg、9200L/kg、9600L/kg和22500L/kg（Mekonnen and Hoekstra，2011a）。由于棉花的灌溉用水量较多，因此棉花水足迹中蓝水比例相对较大，占棉花总水足迹的三分之一左右。有些国家，蓝水足迹的比例更高，如乌兹别克斯坦蓝水足迹大约占了其总水足迹的90%，巴基斯坦为55%。棉花生产过程中蓝水的使用常常会对当地水资源产生较大影响。本章我们将对中亚地区进行更为详细的研究，这一地区水资源主要来自阿姆河和锡尔河，水资源的大量抽取已经导致咸海濒临消失，而这些水资源主要用于灌溉棉花（Zonn *et al.*，2009；Edelstein *et al.*，2012）。

棉花是世界纺织工业中最重要的天然纤维。2008年棉花纤维在服装纤维中占了36%（其中人造纤维的比例最大，为56%）。棉花产品的消费会对棉花种植区或加工区的水资源产生一系列影响。由于棉花主要种植在干旱地区，其生产过程中需要大量的灌溉用水。此外，棉花加工业大多位于经济水平较低的发展中国家，加工过程中，尤其是染料着色过程中会产生大量的水体污染。棉花生产对环境的影响是显而易见的，而且是多方面的，如灌溉水的过量使用造成的河流干涸，湖水及地下水位的下降，棉花种植中化肥、农药及加工过程中化学药品的使用造成的水质恶化等一系列问题。

2018年，印度、中国、美国、巴西、巴基斯坦、土耳其、乌兹别克斯坦和澳大利亚是八个主要的棉花生产国家（NCC，2019）。1996~2005年期间，全球棉花生产消耗的水资源占了作物生产水足迹总量的3%（Mekonnen and Hoekstra，2011a）。全球棉产品的生产每年需要消耗2330亿m^3的水，其中，绿水占57%，蓝水占32%，其余11%的灰水足迹主要用于稀释生产过程中所施用的氮肥，这一估计尚不包括棉纺工业中产生的灰水足迹。对于大多数消费者而言，其所消费的棉织品一般是从其他国家进口，因此该消费行为不会对当地环境产生影响。例如，欧盟国家种植棉花很少，棉花消费的水足迹大部分来自欧盟以外的地区，其中，受影响最大的是印度和乌兹别克斯坦，其次是巴基斯坦、土耳其、中国、叙利亚、土库曼斯坦和埃及等国（Chapagain *et al.*，2006b）。实际上，大多数的欧盟国家并不种植棉花，其消费的棉花全部来自其他地区，如英国所有的棉织品均通过进口而来。英国所消耗的棉花主要来自土耳其和印度。

如果要选择一种对河流自然水体和水质影响最大的作物，很有可能就是棉花。其主要原因当然不在棉花作物本身，而是人们在不适当的地区进行大规模棉花种植的这种不合理行为造成的。要追究这一问题的根源有一定的难度，尽管棉花种植业消耗了大量的水资源、化肥及农药，但政府一直通过发展灌溉设施、提供补贴等措施推动棉花在不适当的地区进行密集型栽培。而且，棉纺衣物的价格常常很低，很难使农民和小型制造商采用较好的技术，同时服装业和消费者的需求又加剧了这一趋势。以往人们缺乏对棉织品可持续生产和消费的兴趣，但幸运的是，目前人们对其关注程度正不断增加。棉花消费者还不能充分意识到其行为对外界产生的影响，主要原因是全球棉花市场的复杂性使得我们很难追踪到生产衬衣或牛仔裤所用的棉花来源（Rivoli，2005）。大多数的零售商并不知道他们所出售的棉织品中所用棉花的产地。有时候即使他们知道棉花种植的国家或地区，但是为了判定一批特定棉花的可持续性，还需要了解其他更多的信息。受灌溉技术、灌水量、灌溉模式及化肥、农药等化学品使用的影响，不同地区农民的种植行为之间有较大的差别。棉花种植好的案例虽然存在，但这种情况并不占主导地位。此外，并不是所有的棉花都种植在降水较少、灌水需求较大的地区，也不是所有棉花的种植都伴随着化肥、农药的过度使用，如有机农业。

1. 咸海的消失

中亚地区咸海的消失与棉花的种植有着密不可分的联系，它可以被看作世界上水资源过度开采的一个典型案例。咸海萎缩的主要原因是生产棉花所需灌水量的不断增加。20世纪60年代，苏联政府计划将棉花的种植作为推动沙漠地区呈现生机并取得经济效益的一种途径。棉花灌溉面积增加到800万hm^2，消耗了阿姆河和锡尔河两条主要河流的水资源可利用量（Micklin *et al.*，2014）。咸海的缩小是咸海流域环境灾害最明显的迹象，这甚至能从太空中观察到（图7.1）。在阿姆河三角洲地区，河流面积已经由1960年的67500km^2缩减至2014年的7000km^2（Micklin，2016）。湖泊生态系统不复存在，湿地也已经消失或受到严重破坏，这对经济社会及人类健康造成了严重影响（Nandalal and Hipel，2007）。在阿姆河流域，目前一个亟待解决的问题就是土地生产力的退化。污染的河水及被污染土壤形成的沙尘暴威胁着人类健康，尤其是该流域很多地方都缺乏高质量的饮用水（UNESCO，1998）。目前，位于咸海流域的五个干旱-半干旱国家都急需进行环境修复，同时需要考虑不断增加的人口的生存和发展。因此，所有国家必须共同实施可持续的水资源管理（UNESCO，2000）。

咸海流域包括塔吉克斯坦、乌兹别克斯坦的全部，土库曼斯坦和吉尔吉斯斯坦的大部分地区，以及哈萨克斯坦的南部，其地理边界与中亚地区的大部分边界相一致。在这一干旱-半干旱地区，农业是主要的用水部门。小麦、棉花及饲料作物（如苜蓿）消耗了大部分的农业用水。中亚五国均是典型的农业国，60%的人口居住在农村，农业人口占从业人口总数的45%以上（Lerman and Stanchin，2006）。在吉尔吉斯斯坦，农业对国内生产总值的贡献率为15%（2017年），乌兹别克斯坦为18%，塔吉克斯坦为29%。在2011年，吉尔吉斯斯坦、塔吉克斯坦和乌兹别克斯坦的农业产值大约占全国GDP的20%。哈萨克斯坦以能源产业为主，尽管其农业产值要低于其他的中亚国家，仅占全国GDP的5%（2017年），但仍有18%的人口从事农业生产（CIA，2019）。

除土库曼斯坦以外，中亚国家自独立以来，灌溉土地面积并没有发生显著变化。土库曼斯坦的灌溉土地面积在1995～1996年增加了大约40万hm^2。相反，在乌兹别克斯坦、吉尔吉斯斯坦，尤其是塔吉克斯坦，由于缺乏维修而导致灌溉设施老旧，大量的土地难以得到灌溉，其作物种植结构已经发生了一定的变化。尽管棉花仍是一种最重要的作物，但它在灌溉农业中所占的比例有所下降，而谷物（小麦、水稻、玉米和其他）的灌溉面积则有所增加（CAWater，2012）。

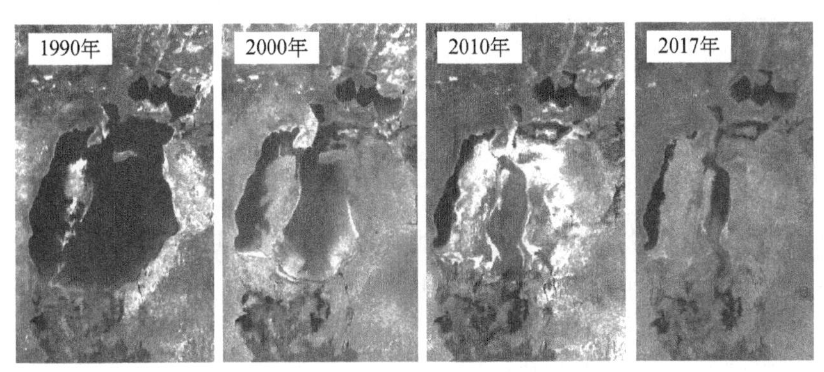

图 7.1　由太空观察到的咸海的消失情况

资料来源：美国宇航局（National Aeronautics and Space Administration，NASA）

2. 中亚地区的农业水足迹

中亚地区农业水足迹占该地区水足迹总量的90%以上（表7.1）。在五个国家中，小麦和棉花两种作物的水足迹占作物水足迹总量的56%。小麦和饲料作物是哈萨克斯坦和吉尔吉斯斯坦用水最多的作物，而棉花是塔吉克斯坦、土库曼斯坦和乌兹别克斯坦用水最多的作物。在后三个国家中，棉花水足迹占作物水足迹的40%，其蓝水足迹占作物蓝水足迹总量的一半以上（Mekonnen and Hoekstra，2011a）。在约1.55亿 hm^2的土地资源中，大约有800万 hm^2为灌溉土地（占咸海流域面积的5%）（CAWater，2012）。非灌溉土地面积（包括牧草地、干草地、牧场及长期休闲地）大约为5400万 hm^2，其中，包括了大约200万 hm^2的雨养耕地，但雨养耕地的平均生产力不足灌溉土地的10%。而且，除大范围的畜牧业区（含半农半牧）外，雨养耕地在咸海流域当前农业生产中的作用较小（CAWater，2012）。因此，提高非灌溉（雨养）土地的生产力是该区农业生产的一个重要目标。目前，一些作物，如小麦，在灌区的种植面积正逐渐增加，如果这些作物可以向非灌区转移，可大大减少该流域的灌溉用水量。

表 7.1　1996～2005 年间中亚地区的水足迹　　（单位：亿 m^3/a）

国家	生活水足迹	工业生产水足迹	农业生产水足迹	最大耗水者
哈萨克斯坦	5.9	58.0	677.0	小麦、饲料
吉尔吉斯斯坦	2.9	2.3	103.0	小麦、饲料
塔吉克斯坦	4.4	5.6	92.0	棉花

续表

国家	生活水足迹	工业生产水足迹	农业生产水足迹	最大耗水者
土库曼斯坦	4.2	1.9	147.0	棉花
乌兹别克斯坦	27.7	12.0	383.0	棉花

资料来源：Mekonnen and Hoekstra，2011b。

3. 棉花的重要性

乌兹别克斯坦、土库曼斯坦、塔吉克斯坦和吉尔吉斯斯坦是棉花的主要种植区，棉花是这些国家的一种重要商品。但是，自 1991 年苏联解体后，食物生产变得越来越重要，食物自给率成为国家发展的重心，因此在过去几十年里，棉花种植面积逐渐下降，而小麦作为主要的食物作物，其种植面积在增加。

对于最大的三个棉花生产国家（乌兹别克斯坦、土库曼斯坦和塔吉克斯坦），棉花始终作为一种重要的战略商品。乌兹别克斯坦仍然是目前世界最大的棉花出口国之一（NCC，2019）。该国每年生产大约 350 万 t 的籽棉，出口 100 万 t 的棉纤维，棉花出口总值超出了 10 亿美元，相当于国家财政收入的一半。1997 ~ 2007 年期间，中亚棉花的平均价格为 840 美元/t，水稻和小麦的价格分别为 720 美元/t 和 270 美元/t（FAO，2012a）。从作物蓝水生产力的经济效益来看，棉花每平方米水的经济价值最高（约 0.5 美元/m^3），水稻和小麦的平均经济水分生产力不足 0.2 美元/m^3 和 0.1 美元/m^3。

4. 棉花水足迹

棉花主要产于咸海流域南部，以使用蓝水资源为主。这造成该地区棉花水足迹相对较大，土库曼斯坦最大，其次为塔吉克斯坦和乌兹别克斯坦。1992 ~ 2007 年间，土库曼斯坦籽棉生产蓝水足迹平均为 6875L/kg，而绿水足迹为 191L/kg（Aldaya *et al.*，2010b）。哈萨克斯坦的棉花生产水足迹最小，其蓝水足迹为 1461L/kg，绿水足迹为 962L/kg（表 7.2），这与哈萨克斯坦农田蒸散量较低有一定关系。

表 7.2 1992 ~ 2007 年间中亚五国棉花的蒸散量、作物用水量、单产、总产量及水足迹

国家	ET_g /mm	ET_b /mm	CWU_g /(m^3/hm^2)	CWU_b /(m^3/hm^2)	单产量 /(t/hm^2)	单 WF_g /(L/kg)	单 WF_b /(L/kg)	单 WF /(L/kg)	总产量 /(Mt/a)	总 WF_g /(Mm^3/a)	总 WF_b /(Mm^3/a)	总 WF /(Mm^3/a)
哈萨克斯坦	193	293	1925	2925	2.0	962	1461	2423	0.3	297	451	749
吉尔吉斯斯坦	166	594	1657	5941	2.5	665	2384	3049	0.1	57	206	263
塔吉克斯坦	64	968	641	9680	1.7	388	5858	6246	0.4	169	2554	2723

续表

国家	ET_g /mm	ET_b /mm	CWU_g /(m^3/hm^2)	CWU_b /(m^3/hm^2)	单产量 /(t/hm^2)	单 WF_g /(L/kg)	单 WF_b /(L/kg)	单 WF /(L/kg)	总产量 /(Mt/a)	总 WF_g /(Mm^3/a)	总 WF_b /(Mm^3/a)	总 WF /(Mm^3/a)
土库曼斯坦	33	1183	330	11835	1.7	191	6875	7067	1.0	185	6650	6835
乌兹别克斯坦	60	987	603	9867	2.4	255	4171	4426	3.6	905	14812	15717

注：ET_g为绿水蒸散量；ET_b为蓝水蒸散量；CWU_g为作物绿水用量；CWU_b为作物蓝水用量；CWU 为作物总用水量；WF_g为绿水足迹；WF_b为蓝水足迹；WF 为总水足迹。

资料来源：单产和总产量来自 FAO，2012a；其余数据来自 Aldaya *et al.*，2010b。这里需要注意的是总产量和总水足迹数据指的是籽棉的数据。

乌兹别克斯坦是主要的棉花生产国家，其棉花生产消耗的水资源占该地区水足迹总量的60%。乌兹别克斯坦用于棉花生产的大量水资源被间接地出口到世界各地，大部分（约40%）出口到欧盟国家，稍小部分出口到俄罗斯、中国、韩国、土耳其、巴西、孟加拉国和美国。这表明，经济、贸易等看似与水无关的政策对总的水资源的使用具有重要影响（Abdullaev *et al.*，2009）。因此，只有协调好不同政策，包括水利、农业、经济及贸易等之间的关系，使它们向同一个方向发展，才能形成合理的水资源利用模式。中亚地区农业发展面临的主要挑战就是在不影响经济利益的前提下如何长期地保护好环境。

5. 籽棉水足迹基准值的确定

基于全球范围内的棉花生产及相关水资源消耗与污染数据，我们可制订籽棉水足迹的合理基准值。全球籽棉的绿水和蓝水足迹之和平均为3600L/kg，而只有10%的籽棉的蓝、绿水足迹之和低于1670L/kg，20%的棉花生产国蓝、绿水足迹之和在1820L/kg以下（Mekonnen and Hoekstra，2014a）。中亚最大的棉花生产国乌兹别克斯坦的籽棉的蓝、绿水足迹之和为4426L/kg（表7.2）。其后的重要棉花生产国土库曼斯坦和塔吉克斯坦的形势更为严峻。换句话说，仅从水分生产力的角度来看，中亚地区并不是世界上较好的棉花生产基地。水分生产力排名后20%的那些地区的棉花蓝、绿水足迹之和大约为500L/kg，而土库曼斯坦和塔吉克斯坦已经超出了这一数值。这些结果也表明中亚地区的棉花生产尚有较大的提升空间。类似于其他地区，这一地区需要提高较低的水分生产力。在三个最重要的棉花生产国，籽棉的蓝、绿水足迹之和平均约为5000L/kg，如果它们的水足迹能减少到全球20%的基准值（即1820L/kg），那么这个地区的棉花生产用水量将减少三分之一。棉农、棉商、棉花业及政府应该共同努力制订减少该地区棉花水足迹的目标，包括明确的时间表及投资方案，而这其中的资金来源不仅要靠政府，也要依靠棉花产业。消费者也必须间接地为他们所消耗的棉花制品付费。以上研究结果专指棉花的生长阶段，在棉花加工阶段，也存在水资源的消耗和污染。棉花供应链中每一个阶段的水足迹基准值共同构成我们最终在商店购买的棉纺织品的水足迹基准值。消费者有权知道他们的棉衬衣或牛仔裤的生产史，包括生产链中是否满足了某些生产基准值的要求。

6. 咸海流域蓝水足迹上限的制订

棉花不是咸海流域唯一的耗水作物。该流域中谷物及饲料作物的生产同样消耗了大量水资源。水资源的大量消耗使得咸海逐渐消失。通过提高作物水分生产力达到节水效果是极为重要的，但单纯提高水分利用效率并不够。这主要基于两个原因：一是水分生产力的提高速率不足以满足需求；二是如果较少的水资源能够满足一定的生产需求，农民可能会增加他们的生产，进而抵消了最初的节水效果。因此，要实现节水，除减少籽棉生产水足迹外，还需要一些其他的措施。咸海流域的各国政府需要共同努力制订该流域内蓝水足迹的一个上限，并通过这一规则的建立来确保流域内的实际蓝水足迹保持在这一上限以内。全球温室气体排放的上限是基于全球水平，而水足迹上限是在流域水平上定义的，但水足迹上限可理解为不能超出的最大水足迹，这与“碳足迹上限”或简称为“碳上限”类似。为了增加这一计划的可行性，咸海流域最初的蓝水足迹上限必须低于流域当前的蓝水足迹，但也不能过低。为确保长期的可持续性，这个上限应逐步下调至某一特定的可持续水平，且此时咸海水位可长期维持在一个可接受的水平。根据这一分析，可以明显看出区域合作是该地区实现水资源可持续的一个前提。

7. 选择除棉花以外的其他纤维？

棉花纤维的水足迹比其他大多数植物纤维的水足迹大很多。为进行有效对比，我们将皮棉（从棉籽中脱离的棉纤维）与其他植物纤维进行比较。全球籽棉的平均水足迹（蓝水、绿水、灰水足迹之和）为 4030L/kg。籽棉中，棉种占了 63% 的重量，其经济价值占 21%，而皮棉重量占 35%，其经济价值占 79%。因此，皮棉水足迹可计算为：$(0.79/0.35)\times4030\approx9100$L/kg。从皮棉到最终棉纤维的过程中，又有一些重量损失和副产品产生，因此棉纤维的水足迹会更大一些。这样我们就得到了本章节开始提到的衬衣或牛仔裤等棉质衣物的水足迹，即 10000L/kg。为进行合理评价，我们可以对比纤维或者最终纺织品之间的水足迹，但是，水资源使用的差异主要发生在作物生长阶段而不是纤维加工成纺织品的过程中，因此水足迹差别不大。表 7.3 对比了皮棉和其他植物纤维的水足迹。可以看出，棉纤维的平均水足迹稍大于剑麻和龙舌兰纤维，比苎麻和亚麻纤维要更大些，比大麻和黄麻的水足迹要再大一些。对于此结果，不难提出用其他纤维如大麻代替棉纤维以更好地节约水资源。但我们必须谨慎给出此结论，因为纤维不同，相应纤维制品的特性也会不同。另一方面，如何从其他方面，或什么程度上对棉花、大麻或其他纤维的水足迹进行比较，或者在什么情况下可以用其他植物纤维来替代棉花也是值得探讨的。同时，对植物纤维、动物纤维（如各种羊毛）及合成纤维（一般从石油中提炼而来）的水足迹进行对比也是非常有意义的。对于这类比较性研究，纤维对水资源的占用仅是一系列的评价标准的扩展。

表 7.3　1996～2005 年间不同植物纤维的全球平均水足迹

产品	全球平均水足迹/(L/kg)			
	绿水足迹	蓝水足迹	灰水足迹	总水足迹
蕉麻纤维	21529	273	851	22653
皮棉	5163	2955	996	9114
剑麻纤维	6791	787	246	7824
龙舌兰纤维	6434	9	106	6549
苎麻纤维	3712	201	595	4508
亚麻	2866	481	436	3783
大麻纤维	2026	0	693	2719
黄麻纤维	2356	33	217	2606

资料来源：Mekonnen and Hoekstra，2011a。

最近，我们研究了马拉维一个计划中的蚕丝农场生产链所需的水，发现水足迹为 50000～80000L/kg（Hogeboom and Hoekstra，2017）。在养蚕的桑园进行有机塑料薄膜覆盖的滴灌条件下水足迹较低；另外，雨养桑园水足迹较低。在灌溉条件下，较高的耗水量被桑叶、蚕和蚕丝的高产量所补偿。因此，尽管单产水足迹很大，但考虑到蚕丝的高经济价值，农民可能更喜欢基于灌溉桑园的蚕丝产品，而不是目前种植的雨养多浆果园。我们发现，灌溉桑园生产的蚕丝其水经济价值和土地生产力高于目前种植的作物。以桑葚灌溉为基础的栽培模式无疑会增加当地水资源的压力。与当地的可利用水资源量相比，这在很大程度上取决于桑园种植和桑蚕养殖的规模和相关的水需求。从大范围来看，蚕丝显然不是棉花的节水替代品。

总的来说，在世界很多地方，棉花生产除必需的用水之外，还有很多的水资源被浪费和污染。当水分生产力较低，同时大量的棉花生产和相关的水资源需求远远超出了流域承载力时，就会产生咸海萎缩这类反面案例。但棉花生产中水资源的过度开采并不是中亚地区特有的现象，世界其他地方也存在这种现象。例如，在印度河（巴基斯坦）、底格里斯幼发拉底河（位于土耳其和伊拉克之间）、科罗拉多河（美国）及墨累河（澳大利亚）流域，棉花及其他灌溉作物也同样导致了严重的水资源短缺。棉花市场具有全球属性，因而棉花生产和消费向更加可持续的系统转变这一挑战也具有全球性。因此，如果消费者想要获得可持续的棉花供应，他们也能成为这一转变中建设性的驱动力。同样，如果服装业能够担起这个责任，形成更加透明的市场，并积极地配合棉农，促使他们的交易更加可持续，结果将会更好。最后，如果我们可以每一季度少更换一些衣物，并且我们废弃的衣物中的棉花可以被循环利用，新鲜籽棉的需求必将大大减少。

第八章　能源转换：怎样同时减少碳足迹和水足迹？

“水-能源纽带关系”最近已经成为热点话题。能源生产需要消耗大量的水，而水资源供应也需要依靠能源，因此将水政策和能源政策适当统筹逐渐成为共识。过去，实际上直到现在，水和能源政策大多是分离的。然而，从提高水资源利用效率和能源效率已经做出的努力来看，我们可以发现两个有趣的趋势：一方面是用水部门正向能源密集型方向转变，如对越来越深的地下水的抽提、跨流域调水工程的建设及咸水淡化都需要大量的能源；另一方面，能源部门也越来越具有水密集型的特点，尤其是生物能源越来越受到人们的关注。未来几十年，所有的能源消耗情景都显示出一种向生物能源方向转变的趋势。

在这一章，我将不涉及水-能源纽带关系的整个领域，或解决其中蕴含的所有挑战。我主要关注不同形式的能源生产过程中用到了多少水，以及如何在不增加能源部门水足迹的情况下向无化石社会迈进。首先，我们将详细讨论生物能源的水足迹，生物能源作为化石能源的替代品被大力推广，但单位生物能源的水足迹较大。本章讨论的生物能源水足迹包括第一代和下一代生物燃料、薪柴和生物电力水足迹。紧接着讨论水力发电，水力发电是继生物能源之后的又一个用水大户。其次我们将讨论一系列其他形式的能源的水需求，包括目前使用的煤、石油、天然气和核能，以及未来的太阳能、风能和地热能。最后将探讨如何协调能源和水资源政策，从而减少碳足迹和水足迹。

1. 生物能源

食物需求增加和化石燃料向生物能源转变，将会进一步增加全球淡水资源压力。在世界很多地方，农业与其他用水部门之间，如城市供水和工业用水，存在一定的竞争；同时，水环境质量也显示出退化和下降的迹象。欧盟、美国、中国和其他许多国家已经制定了能源替代目标。然而，生物能源作物的种植会导致用于食物生产或维持自然植被所用的水土资源可利用量的减少，同时造成河流径流量及维持流域生态系统和种群可用水量的大量减少。用于替代化石燃料的生物燃料的大规模种植将增加未来的水资源需求（Berndes，2002）。因此，一个重要的问题就是我们应该把淡水资源用于生物能源作物还是食物作物。世界银行将生物燃料的生产看作推动食物价格上升的主要因素。据估计，在2002～2008年期间，生物燃料对食物价格增长的贡献率达75%（Mitchell，2008），而提高食物价格可能会降低贫困地区的食物安全。

生物能源的来源可以是专门用于生产燃料的某些作物、自然植被、作物和木材残渣或动植物的有机废弃物。很多用于生物能源的作物也可以用作食物和饲料，但只能用作其中之一，两种目的并不能同时实现。例如，为提供薪柴而砍伐的树木不能再用于生产木材和纸张等木制品，用于制造生物能源的农作物残渣不能再用作动物饲料或放回土地以保持土壤肥力。使用生物量作为能源是有代价的，因为它们将不能再被用于其他目的。

生物量燃烧后不仅可以产生热量和电力，同时还可以用于生物乙醇或生物柴油等生物燃料的生产，从而取代汽车所使用的化石燃料（图8.1）。生物量的组成决定了燃烧产生的热量和生物燃料生产的选择。生物燃料一般可分为第一代和下一代生物燃料。第一代生物燃料，是指由食物作物通过传统技术制成的生物燃料，如由粮食作物中碳水化合物发酵而形成的乙醇或由油料作物提取、加工而成的生物柴油。由于这些作物也可以作为食物或动物饲料，因此第一代生物燃料与食物生产形成了直接竞争。

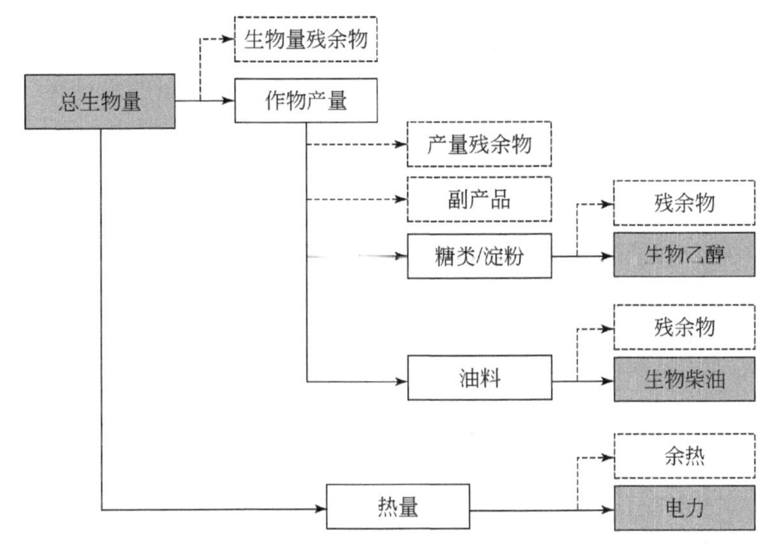

图8.1　生物能源的产生过程

总的生物量产出能够转换成热量进而转化为电力；作为总生物量的一部分，作物产量也可用于生产生物乙醇（针对淀粉和糖料作物）和生物柴油（针对油料作物），生产过程中的每一步都会有一定的残余物或者残余热量的产生。

资料来源：Gerbens-Leenes *et al.*，2009b

下一代生物燃料是基于不能食用的生物量，包括与食物之间没有直接竞争关系的所有燃料。这类生物量不仅包含了能够加工形成生物燃料的糖类、淀粉和油脂，也包括了大量的纤维类生物量。这类生物量的纤维成分并不适合食用。目前，这类纤维成分可通过燃烧进行供热和发电。纤维类生物量也可以通过先进的热化学或生物化学处理技术加工成生物燃料。目前这些技术还在发展阶段，确保能够大规模、高效的利用于实践当中。预计通过使用当前技术，这些纤维类成分将会作为下一代生物燃料产品的理想原料。然而，目前它们在我们的能源供应中并没有发挥作用。我会在后续继续对此问题进行讨论，这里首先对第一代生物燃料展开讨论。

2. 第一代生物燃料的水足迹

第一代生物燃料是基于作物中的糖类、淀粉和油脂加工成生物乙醇和生物柴油的过程。糖料作物（甜菜和甘蔗）和淀粉类作物（如大麦、玉米、水稻、黑麦、高粱和小麦等谷物，以及木薯、马铃薯等薯类作物）可用于生产乙醇；油料作物（如油菜、大豆、棕榈、麻风树等）可用于生产生物柴油。不同作物生产生物燃料的效率主要与作物单产、单方水产量及作物生物量中的糖类、淀粉和油脂含量有关。

作物的乙醇能源产出（单位：MJ/kg）与作物产量中的干物质成分（单位：g/g）、干物质中的碳水化合物量（单位：g/g）、单位碳水化合物中的乙醇含量（单位：g/g）及乙醇的高热值（单位：MJ/kg）有关。同样，某种作物的生物柴油能量产出（单位：MJ/kg）与作物产量中的干物质成分（单位：g/g）、干物质中的油脂含量（单位：g/g）、单位油脂中的生物柴油含量（单位：g/g）及生物柴油的能值（单位：MJ/kg）有关。以 L/MJ 为单位，作物中乙醇的水足迹可通过作物的水足迹（单位：L/kg）除以乙醇能量转换率（单位：MJ/kg）来计算。同样的方法我们可以得到生物柴油能量的水足迹。

生物燃料的水足迹随作物种类和国家不同而有所变化，这主要由于不同国家作物种类及其产量，不同作物之间的能量产出，以及不同国家之间的气候和农业耕作措施存在差异。表 8.1 显示了用于生产乙醇和生物柴油的作物制成的生物燃料的全球平均蓝、绿和灰水足迹。表 8.1 中包括了单位体积生物燃料的耗水量（单位：L/L）和单位能量的耗水量（单位：L/MJ）。图 8.2 显示了来自不同种类作物生物燃料的水足迹总量。糖料作物（甜菜和甘蔗）的水足迹要低于淀粉类作物（如玉米），大多数用于生产生物柴油的作物产品水足迹要高于用于生物乙醇生产的作物产品水足迹。在用于乙醇生产的作物中，甜菜的全球平均水足迹最小，为 1200L/L 乙醇，相当于 50L/MJ。高粱的生物乙醇水足迹最大，为 7000L/L 乙醇，相当于 300L/MJ。在所列举的作物中，椰子的生物柴油水足迹最大，为 158000L/L，即 4750L/MJ。来自于棕榈、油菜和花生的生物燃料的生产效率较高，水足迹的范围为 5000～7000L/L（150～200L/MJ）。棉花生物柴油的蓝水足迹最大，为 177L/MJ，占水足迹总量的 32%。

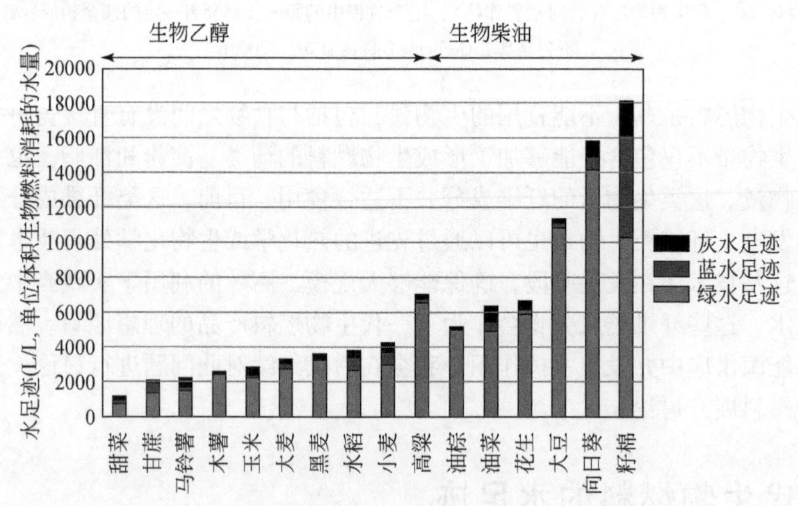

图 8.2　1996～2005 年 16 种生物燃料作物的全球平均水足迹（单位：L/L）

资料来源：Mekonnen and Hoekstra，2011a

表 8.1　1996～2005 年 10 种生物乙醇类作物和 7 种生物柴油类作物的全球平均水足迹

	作物	单位能量的水足迹/(L/MJ 乙醇)			单位体积生物燃料的水足迹/(L/L 乙醇)		
		绿水足迹	蓝水足迹	灰水足迹	绿水足迹	蓝水足迹	灰水足迹
生物乙醇类作物	大麦	119	8	13	2796	182	302
	木薯	106	0	3	2477	1	60
	玉米	94	8	19	2212	190	453
	马铃薯	62	11	21	1458	251	483
	水稻	113	34	18	2640	785	430
	黑麦	140	2	10	3271	58	229
	高粱	281	10	9	6585	237	201
	甜菜	31	10	10	736	229	223
	甘蔗	60	25	6	1400	575	132
	小麦	126	34	20	2943	789	478
生物柴油类作物	椰子	4720	3	28	156585	97	935
	花生	177	11	12	5863	356	388
	油棕	150	0	6	4975	1	190
	油菜	145	20	29	4823	655	951
	籽棉	310	177	60	10274	2879	1981
	大豆	326	11	6	10825	374	198
	向日葵	428	21	28	14200	696	945

资料来源：Mekonnen and Hoekstra，2011a。

对比巴西和美国两个主要的生物乙醇生产国，发现巴西用甘蔗制造乙醇的用水效率高于玉米（分别为 1380L/L 乙醇和 4077L/L 乙醇），而美国玉米制造乙醇的用水效率要高于甘蔗（分别为 1780L/L 和 2132L/L）。有很多作物被用于生产生物柴油，印度尼西亚和马来西亚使用最广泛的作物为棕榈，欧洲为油菜，美国为大豆。源于大豆的生物柴油的水分生产效率相对较低，其水足迹的全球平均值为 11400L/L 生物柴油。而大豆是美国生物柴油生产中最重要的作物，尽管其水足迹稍低于全球平均水平，但仍达到了 8800L/L。以油菜为原料比用大豆生产的生物柴油的水足迹要小，为 6400L/L。德国是欧洲最大的油菜生产国，其油菜生物柴油的水足迹为 3500L/L，远远低于全球平均值。

这里列出的生物燃料水足迹都是基于作物所能产生的生物能源的总量，而不是净能源量。换而言之，在评价生物燃料的水足迹时，我们仅考虑了作物的总能源产出，并没有减去作物生产过程中投入的生产资料的相关能量投入（如生产化肥和农药所用的能源）或生物燃料在工业生产中的所用能源。这意味着我们低估了生物燃料水足迹，大多数情况下农业系统能源投入较大。例如，一般情况下生物能源生产系统中能源投入是能源输出的 50%（Pimente and Patzek，2005），那么净生物能源生产的水足迹就是总的能源生产水足迹的两倍。另外重要的一点就是我们仅仅对作物种植过程中的水足迹进行了量化，忽略了工业生产链中的用水。尽管目前来说，生物燃料供应链中农业生产阶段的水足迹是最重要的，但只有考虑整个供应链中每个阶段的水足迹，我们才能对总体有准确的认识。

3. 下一代生物燃料的水足迹

下一代生物燃料有着非常广泛的生物类型。根据原料类型包括：非食物作物如柳枝稷或芒草，花园废料，植物的茎和枝、叶片、外壳，其他作物残留物，饮料中的果肉、树木、木片、藻类、皮类、粪肥，以及包括城市污水中有机残留物在内的各种工业、生活中的有机废弃物。我们无法列举所有可能的原料来源，就其产生的生物燃料而言，它可以是沼气（如生物甲烷或合成气），也可以是液体燃料（生物乙醇、生物甲醇和生物柴油）。下一代生物燃料目前仍处于发展阶段，这不仅包括对各种原料类型所做的实验，还包括不同技术的开发，其中所面临的一个挑战就是如何将生物量中的木质纤维素高效地转化成燃料。下一代生物燃料的生产虽然已有一些案例存在，但规模较小。

由于大多数技术仍处于发展阶段且燃料转化效率有待提高，因此关于下一代生物燃料的水足迹研究较少，量化的精确性较低。此外，当前在生物能源发展过程中往往注重经济效益的最优，而不是自然资源的使用强度。到目前为止，对下一代生物燃料耗水的最全面的研究是我们对10种作物残渣来源（甜菜渣、甘蔗渣、木薯秆、稻草、麦秸、棉花秆、大豆秆、油菜秆、玉米秸秆和向日葵秸秆），以及其他三种第二代生物能源原料（芒草、桉树和松树）的生物燃料水足迹的核算（Mathioudakis *et al.*，2017）。研究涵盖不同形式获得的生物能源，如通过燃烧获取热量和电力、气化获取合成气（合成气又可产生热量和电力）、热解获取热解油、发酵获取生物乙醇。研究发现对于所有原料而言，通过燃烧或气化方式产生的热量的水足迹相似。其中燃烧发电的水足迹为33～324L/MJ，气化发电的水足迹为21～104L/MJ。此外，我们还发现来自农作物残渣的生物燃料水足迹低于来自芒草和木材的生物燃料水足迹。来自甜菜渣、甘蔗渣和木薯秆的热解油水足迹最小（7～8L/MJ）。对于生物乙醇，来自甜菜浆的乙醇的水足迹最小（6L/MJ）。在所有原料中，除甜菜浆外，当遵循热解路径时，油在热解过程中每单位能量的水足迹要小于生物乙醇在发酵过程中每单位能量的水足迹。来自松树和桉树的生物燃料具有相对较大的水足迹，桉树的热解油为110L/MJ，桉树的乙醇为160L/MJ，松树的热解油为210L/MJ，松树的乙醇为490L/MJ。通常被认为是未来生物燃料原料的芒草，水足迹也相对较大：热解油63L/MJ，乙醇81L/MJ。值得注意的是以上所有数字都是指生产单位总能量的耗水量，而不包括生产链中的耗水量。因此，每单位净能产生的水足迹将大大增加。

4. 以藻类为原料的生物燃料水足迹

藻类可用于生产一系列不同形式的生物燃料——从生物柴油、生物乙醇和生物丁醇等液体生物燃料到甲烷、乙烷、丙烷和氢等生物气体燃料。藻类种类较多，且生产生物燃料的技术多样。大部分技术都能合成不同类型的生物燃料。目前正在进行的研究大都集中于如何利用藻类以一种经济效益最优的方式生产生物燃料。而只有少数几个研究对藻类生物燃料的水足迹进行了测算。Gerbens-Leenes 等（2014）评估了从开放池塘和封闭的光生物反应器中获取的由藻类产生的混合生物燃料的蓝水足迹，发现以藻类为原料产生的生物燃料的净能源生产水足迹为 8 ~ 193L/MJ。Nogueira Junior 等（2018）研究了池塘系统和光生物反应器中藻类产生的氢能的水足迹，表明光生物反应器的藻类制氢水足迹为 1.7 ~ 2.5L/MJ，而开放池塘系统的藻类制氢水足迹为 99 ~ 142L/MJ。此外，他们发现在生产方式上，藻类生物量热液气化的最终产物水足迹比常规气化途径更小。这些数据说明，在水资源的利用方面，藻类与农作物来源的生物燃料更具有竞争力，而封闭的光生物反应器也是可取的。然而，要更确切地了解藻类燃料的水足迹，还需要更多的探索。

5. “与食无争”之神话

种植生物能源作物时，考虑其对水土资源的相关需求是很有必要的。然而，这种需求常常被忽视，人们往往把讨论的焦点集中在将食物作物还是非食物作物用于生物燃料生产这一问题上。与食物存在竞争关系一般被认为是生物能源的缺点。因此种植非食物作物或者至少种植与食物关系不大的作物（如油菜或棕榈）作为生物燃料，通常会受到人们的关注。其中麻风树被看作是一种非食物类的能源作物。麻风树是一种灌木树种，能够通过常规技术从种子中提取油脂（Banerji *et al.*，1985）。实际上，这种灌木不能食用，但很多地方已经进行了商业化种植，而且这些地方也适合种植食物作物。因此，认为“将非食物作物用于生物燃料并不会与食物产生竞争”具有一定的误导性。柳枝稷、芒草及用于下一代生物燃料生产的其他候选植物都属于这类作物。事实上，存在竞争的问题并不在于将食物类作物用于能源生产是否是明智之举。根据以上论述，食物作物用作能源的做法不一定就是不明智的，而用非食物作物也不一定就是好的。问题在于我们是否应该或者多大程度将短缺的水土资源用于生物能源生产。如果在整个评价中，用于生物燃料的水土资源量是一定的，那么我们就会寻求达到最高水土资源利用效率的方法，而不是仅仅因为遵循不与食物相竞争这一误解去种植一些水土资源利用效率低的非粮作物。而麻风树正是这样一种低效率作物。

6. 由麻风树提炼的生物柴油

麻风树案例非常典型，因为针对这种植物是否适用于制造生物柴油存在强烈的争议，而这一争议主要基于两个观点：一是这种植物可以生长在土壤贫瘠的干旱环境下，不与食物作物发生竞争。二是水资源受限制的情况下，麻风树的蒸散量相对较低，同时产量相应也较低。为了增加麻风树的产量，全世界范围内大约一半的麻风树是生长于灌溉条件下（Renner *et al.*，2008）。好的生长条件能增加麻风树的产量，但同时麻风树蒸散量也会增加，低的用水量并不意味着高的油脂产量（Jongschaap *et al.*，2007）。在理想环境下（通常需要灌溉），投资者对高产更感兴趣。基于良好种植环境下的四个不同国家灌溉条件下麻风树的一项研究，得到麻风树油料的水足迹范围在 250 ~ 330L/MJ（Gerbens-Leenes *et al.*, 2009c)。这表明与其他作物相比，麻风树并不是水分利用效率特别高的一种生物燃料作物（表 8.1）。对于生长条件较差的印度而言，我们发现麻风树的水足迹非常大，达到 1700L/MJ，但另外的研究也发现水分胁迫并不一定会导致单位能源的水足迹较大。Jongschaap 等（2009）对南非进行的研究结果显示，南非麻风树年平均蒸散量为 $4052m^3/hm^2$，油料产量为 $450m^3/hm^2$。麻风树热值较高，为 37.7MJ/kg，因此我们可以计算其每年的能量产出为 $17GJ/hm^2$，单位能量的水足迹为 240L/MJ。这一发现表明较低的产量（单产）不一定会产生较低的水分生产力（单方水产量）。麻风树是一种抗旱型作物，在干旱条件下能够生存并仍有一定的产量，尽管单产较低。在这种条件下种植麻风树是最佳选择，因为没有其他选择。然而，在良好条件下种植麻风树会带来一些问题，因为尽管其单产会比较高，但良好的生长条件下，食物作物也能生长，这样麻风树与食物作物就产生了竞争。而且该条件下，其他的生物能源作物也能生长。因此，这种情况下，麻风树是否仍是最理想的选择就值得商榷。目前已有数据显示麻风树单方水的能源产出要低于其他油料作物，如棕榈和花生，同时也低于甘蔗或木薯等生产乙醇类作物。因此区分高水分胁迫条件下（其他作物几乎均不能生长）雨养麻风树的栽培与灌溉或降水充分条件下（其他作物可以生长）麻风树种植之间的差别是十分必要的（Hoekstra *et al.*, 2009）。

7. 基于生物燃料的运输业水足迹

让我们转到另一个问题：如果大量化石燃料被生物燃料替代会发生什么现象？在西方国家，交通运输能源使用量约占了总能源用量的 25% 到 30%，并排放了大量的温室气体。很多国家已经制定了引入可再生交通生物燃料的计划（生物乙醇和生物柴油）。例如，印度计划到 2030 年将汽油中的生物乙醇的混合比例从 2018 年的 2% 提高到 20%，将柴油中的生物柴油的混合比例从 2018 年的 0.1% 提高到 2030 年的 5%（GoI, 2018）。中国在可再生能源长期发展规划中计划到 2020 年每年使用 1000 万吨生物乙醇和 200 万吨生物柴油（国家发改委，2007）。2007 年美国能源自主和安全法案提出到 2022 年将从玉米和纤维类作物中生产 360 亿加仑（gal, 1gal=3.78541L）的生物燃料（Pimentel *et al.*, 2009）。欧盟计划到 2020 年，用可再生能源代替 10% 的交通运输燃料，其中 7% 为生物燃料，其他 3% 采用电气化（EC, 2009）。

最近，在一项关于欧洲交通运输生物燃料水足迹的研究中（Gerbens-Leenes and Hoekstra, 2011），我们不仅考虑了生物乙醇和生物柴油，同时也将来自生物量的电力考虑在内。对于各种形式的生物能源，我们考虑目前单位生物能水资源消耗最低的作物（欧洲现有的产量和效率）：生物乙醇采用甜菜，生物柴油取自油菜、玉米。表 8.2 显示了欧洲不同交通工具使用生物能源的水足迹，其单位为 L/(人 · km)。所考虑的交通方式包括：步行、自行车、火车、公共汽车、小汽车和飞机。以每人每千米的水足迹为单位，通过各种交通工具乘客的平均数量来计算汽车、公共汽车、火车和飞机产生的水足迹。我们假定由甜菜产生的糖分作为步行和自行车能量的来源。对于其他几种交通运输方式，我们考虑的能源为：生物乙醇、生物柴油，也可能是生物电力。除步行和自行车以外，电力火车和电力汽车是最节水的交通方式，而使用生物柴油的飞机最不节水。表 8.2 表明了不同交通方式间水足迹的差异主要由每人每千米的能量需求及所用燃料水足迹的不同造成。对飞机而言，每人每千米的最小和最大水足迹相差了10%。小汽车的差异更大，这与小汽车所使用的能源有较大关系。尽管柴油汽车的能耗效率高于汽油汽车，但由于生物柴油的水资源效率低于生物乙醇，因此生物柴油汽车比生物乙醇汽车的水足迹要大。采用生物电力的汽车的水足迹小于采用普通生物燃料汽车的水足迹，具体差异与汽车类型有关。

除了依靠甜菜糖作为动力的自行车和步行外，以玉米为动力的汽车和火车的生物电运输水分消耗最低，但这并不是说在未来采用生物电力运输是值得推荐的。我们做这个分析只是为了探索生物能源驱动下不同运输方式的水分利用效率。在本章的后半部分，我们将清楚地看到太阳能和风能发电的水分利用效率远高于生物能源发电。

表8.2　基于第一代生物燃料的欧洲客运水足迹

运输方式	能源	源作物	WF/［L/(人·km)］		
			绿水足迹	蓝水足迹	灰水足迹
飞机	生物柴油	油菜	142~403	0	142~403
	生物乙醇	甜菜	42~79	1~10	43~89
汽车	生物柴油	油菜	214~219	0	214~291
	生物乙醇	甜菜	136~257	2~32	138~289
小汽车	生物柴油	油菜	65~89	0	65~89
	生物乙醇	甜菜	23~44	0~5	23~49
公共汽车	生物柴油	油菜	67~126	0	67~126
	生物乙醇	甜菜	20~52	0~5	20~57
火车	生物柴油	油菜	15~40	0	15~40
电动火车	生物电力	玉米	3~8	0~3	3~11
电动汽车	生物电力	玉米	4~5	1~2	5~7
步行	糖料	甜菜	3~5	0~1	3~6
自行车	糖料	甜菜	1~2	0	1~2

资料来源：Gerbens-Leenes and Hoekstra，2011。

根据以上研究，我们也发现，在欧洲如果交通部门用第一代的生物乙醇代替10%的燃料，采用生物燃料的交通运输的水足迹等于欧洲食物和棉花消费水足迹总量的10%。如果同样的生物燃料计划用于其他地区，如对中国而言，额外消耗的水资源将是食物和棉花消费水足迹总量的5%，对除中国以外的亚洲地区而言，这一比例为3%，非洲为4%，拉丁美洲为6%，俄罗斯为9%，北美和澳大利亚均为40%。这种情景下，全球与生物燃料交通运输相关的水资源消耗将是目前农业耗水量的7%。因此，不断增加的生物燃料使用趋势，是农业用水量及淡水资源竞争压力持续增加的一个重要影响因素。

如果更多的生物燃料被使用，那么关于未来交通运输业所需水资源量的数据需要做以下几点说明。例如，假定从化石燃料向生物燃料转变过程中，交通运输的能源需求保持不变。但目前实际上只有在生物燃料加入一定比例的化石燃料时，才能产生同样的能效(km/MJ)。乙醇具有溶解性，高浓度乙醇混合物能腐蚀金属，并能使橡胶和塑料发生降解。大多数汽车制造商采用的汽油和乙醇混合物的最高比例为9：1，而巴西出售的汽车更能耐受乙醇溶解特性，混合物中乙醇比例达到25%。但实际上，我们考虑的是当前交通运输所需的燃料量，而未来能源的使用量将增加（IEA，2006），相应地生物燃料的水资源需求也会增加（Gerbens-Leenes *et al.*，2005）。另外，我们假定交通运输燃料是以最节水方式生产的，即采用单位能量水足迹最小的作物和最好的技术，这意味着所得到的水足迹数据可能是保守的。由甜菜得到生物乙醇要比油菜得到生物柴油效率更高。因此，德国以油菜为原料制造生物燃料并没有遵循我们的假定。我们假设农业水分生产力为一个常数，在单位面积耗水不增加的情况下，如果产量能够增加，那么单位能量的水足迹就会降低。最后，在估计每个国家和地区与生物燃料生产相关的水足迹时，我们采用该国家和地区的农业水分生产力，这暗含的假定就是这些生物能源作物生长在本国。然而，随着生物燃料需求的增加，国际生物燃料贸易也在增加，欧盟是生物燃料最大的进口国，主要从阿根廷、巴西、美国和印度尼西亚国家进口。因此，很多国家已经开始将他们的生物燃料水足迹外部化。

8. 薪柴水足迹

种植一棵树和得到1m^{3}圆木所需要的水量因树木的类型和生长条件的不同而有所不同。尽管在地下水位较浅或树根深到足以达到地下水位较深的情况下，树木也可以从地下水（蓝水）中吸取大量的水，但是就木材的大部分水足迹而言所消耗的水分主要还是来源于绿水。据估计，全球木材平均水足迹为293m^3/m^{3}圆木，非针叶树平均水足迹为231m^3/m^3，针叶树平均390m^3/m^3（Schyns *et al.*，2017）。这里的圆木通常是根据其体积而不是重量来测量的，但在给定密度条件下体积也可以转换为重量（因此，含水量是需要考虑的一个重要因素）。当薪柴燃烧时会产生一定的热量。我们估算到，非针叶树的薪柴水足迹为21L/MJ热量，针叶薪柴为47L/MJ热量。木屑颗粒平均水足迹为41L/MJ，木炭为59L/MJ。如果我们不需要热能而只需要电，那么在把热能转换成电能时，我们会有效率损失，这意味着在假设最高效率为40%的情况下燃烧薪柴产生的1MJ电力的水足迹通常比1MJ热量的水足迹至少高出2.5倍。

对于可以通过水解后发酵得到的木基乙醇，我们计算其平均水足迹为2260m^3/m^{3}乙醇，即97L/MJ（乙醇的热值较高，为29.7GJ/t，乙醇密度为0.789t/m^3）（Schyns *et al.*，2017）。木基乙醇的水足迹高于甜菜乙醇的水足迹，类似于玉米酒精（表8.1）。

薪柴的水足迹很高，任何其他形式的初级生物量都是如此。令人不安的是世界上许多国家正在提倡用薪柴发电，作为化石燃料的“可持续”替代品。尽管薪柴水分消耗主要依靠绿水，但绿水资源有限，而且绿水资源对食物安全和陆地生物多样性也是必不可少的。Schyns和Vanham（2019）量化了2015年欧盟用于能源消耗的木材水足迹，研究发现欧盟用于能源生产的94%的木材生产水足迹位于欧盟内部，但超过一半的内部水足迹位于绿水稀缺程度较高的成员国。

9. 水电能源水足迹

有关生物燃料用水的讨论始于 2009 年，而关于大坝和水力发电的争论就有点老生常谈了。20 世纪末，有关水坝利弊的争论非常激烈。1998 年成立的世界水坝委员会，试图形成一个独立的委员会研究水坝发展对环境、社会和经济的影响。两年后该委员所提交的一份报告，成为水坝研究的一个里程碑（WCD，2000）。该委员会主席在序言中提到："我们以前所未有的速度和规模（超出四层楼高的 45000 个水坝）拦截了世界一半的河流"。该报告使我们认识到水坝会对河岸生态系统和社会产生严重影响，修筑任何水坝之前我们都应首先进行仔细的思考。不久前，关于水坝的讨论引出了一个新的话题。世界很多大型水坝主要用于水力发电。水力发电约占世界电力供应的 16%（IEA，2018）。最近引出的争议就是水电站是否只是河流内部用水户，还是说它也被当作水资源的消耗者。这不单单是一个学术问题，还涉及其他方面。最近，要求对水资源消费者收取水价的呼声不断增加，因此产生的相关问题就是我们要对谁收费，收多少。以前，水电站一直被看作河道的内部用水户，并不消耗水资源。然而，最近我们的研究已经显示：在大多情况下水电站也是重要的水资源消耗者（Mekonnen and Hoekstra，2012b）。我们通过研究大坝后水库的蒸发，对选定的 35 个水力发电站的蓝水足迹进行了量化，发现如果没有水坝和水库，蒸发的水分将会保留在河流内，因此水电站是真正的耗水者。不同水电厂之间的水足迹存在很大差异，其范围从哥伦比亚圣卡洛斯水坝的 0.3L/MJ 到加纳 Akosombo-Kpong 大坝的 846L/MJ。这种差异主要与电厂所在地的气候有关，但更与单位水电站装机容量的淹没面积差异有关。

后来，我们改进了水力发电的水足迹估计：对于以水力发电为主要目的的水库，我们将蒸发量完全分配给水力发电，但对于以水力发电为次要目的的水库，我们将蒸发量的 50% 分配给水力发电，对于以水力发电为第三目的的水库，我们将 33% 的蒸发量分配给水力发电（Mekonnen *et al.*，2015a）。这样，我们发现水力发电的全球平均水足迹为 15.1L/MJ。

在最近一项更全面的研究中，我们量化了世界上 2235 座人工水库的蓝水足迹，并根据水库的功能将蓝水足迹分配到不同功能中。水库可以单独用来水力发电、灌溉供水、住宅和工业供水、防洪、渔业和娱乐，或其中几个用途的组合（Hogeboom *et al.*，2018b）。水库各不同功能的水足迹是根据各功能的相对经济价值将水库总水足迹进行了分配，如果水力发电是水库的主要目的并且创造了水库的主要经济价值，那么占水库总水足迹的最大部分应是水力发电。该研究中 2235 座水库的总蓝水足迹为 660 亿 m^3/a，进而推断世界上所有水库的总蓝水足迹大概为 2500 亿 m^3/a，这个数量相当于人类农业、工业和家庭蓝水消耗总量的 25%（Hoekstra and Mekonnen，2012a）。此外，在所研究的 2235 座水库的水足迹中 41% 的蓝水足迹用于水力发电。全球平均水力发电水足迹为 14.6L/MJ，与之前研究的研究结果接近（Mekonnen *et al.*，2015a）。考虑到大多数情况下水力发电的水足迹很大，在新拟建水电站的评估中纳入蓝水足迹的评估是明智的。当然，如果像农民和工厂这样的水资源消耗者必须为其所消耗的水资源付费的话，那么水电公司也应该有这样的义务。

10. 化石燃料的水足迹

目前我们已经探讨了生物能源和水力发电的水足迹，那么了解化石燃料的水足迹也是有意义的。2017 年煤、石油、天然气占到了全球初级能源的 81%（IEA，2018）。化石燃料方面的耗水数据较难获得，因为煤矿、石油和天然气部门在有关化石燃料生产的提取和加工阶段的水资源利用和污染问题并不是很透明。很多数据都是零散的或者是一些粗略的调查。常见的问题就是水资源利用的数据常指蓝水使用量，而不是水资源消耗量（很多时候这一情况并没有明确说明），而且数据一般是具体站点的总用水量，而不是相关的能源生产的用水量。一个复杂的问题就是不同站点之间的用水量可能差别很大，因此采用一些具体案例（或具体国家）的数据来说明全球的整体情况可能并不具有代表性。然而能够确定的是：当我们比较化石燃料和生物能源单位能量消耗的水资源量（L/MJ）时，会发现化石燃料比生物能源要小几个数量级（Gleick，1994；Gerbens-Leenes *et al.*，2009a）。不同类型化石燃料水足迹的范围在 0.001 ~ 1L/MJ（Gleick，1994；Maheu，2009；Olsson，2012）。这些数据有时仅仅是指燃料提取阶段的耗水量，而有时也包括了各种加工阶段的耗水量，但他们均指燃料的蓝水足迹。对于发电站，我们也应该计算与火力发电厂湿冷系统相关的耗水量，其范围在 0.3 ~ 0.7L/MJ（Gleick，1994），Mekonnen 等（2015a）计算的范围更广，为 0.06 ~ 1.4L/MJ。

化石燃料的灰水足迹可能比蓝水足迹（消耗性用水量）更大，但相关部门和工厂并没有报道燃料生产中进入地表或地下水的化学物品的载荷，因此，很难对此进行可靠的估计。而开采过程中我们通常只考虑污染物的扩散形式，因此要衡量污染物的载荷也是有一定难度的。目前随着一些技术的不断应用，如采用水力压裂法释放页岩气（Cooley and Donnelly，2012）及油砂的开采技术（Schindler，2010），人们已日益关注煤矿、石油、天然气的开采过程对当地水质的影响。

对比不同种类能源的耗水量（以 L/MJ 为单位），可以看出，与生物燃料相比，化石燃料相对少一些。这可能会得出一个错误的结论：对于水资源的利用，化石燃料比生物燃料要好。从某种程度来说，这一对比并不合理，因为严格来讲，我们也应该考虑几百万年来化石燃料形成中所消耗的绿水资源。我猜想，大多数人会认为这与当前水资源配置和短缺问题并不相关，这种观点是有一定道理的。化石燃料的本质特性就是他们是很久之前经过很长时间形成的化石。比较化石燃料和生物燃料时，认为化石燃料比生物燃料消耗了更少的水资源是毫无意义的，因为化石燃料是基于一种几百万年来非常低效的过程形成和保留的生物量（由于只有小部分生物量转化为所储存的化石燃料）。从资源利用角度来讲，最新的生物燃料的资源利用效率实际上要比化石燃料高。当然，问题的关键是历史上长期形成的化石燃料最终会耗尽，它们实际上是不可持续的。

11. 核电

2017 年全球约 10% 的电力消耗是由核能提供的，但在少数国家核能发电约占全国用电量的一半或更多，如法国、斯洛伐克、乌克兰、比利时和匈牙利（IEA，2018）。核能耗水量大致与化石燃料相当，使用过程中同样会产生水质问题（Gleick，1994）。由于核废弃物的存储、核电站事故或者放射性物质的运输，核能对水体还会产生额外的放射性污染。

12. 太阳能、风能和地热能

2017 年采用可再生能源如太阳能、风能和地热能的发电量只占世界总发电量的很小一部分，其中风能占 4.3%，太阳能光伏发电（PV）占 1.7%，聚光太阳能（concentrated solar power，CSP）系统占 0.04%，地热能源在全球范围内可忽略（IEA，2018）。由于电力仅占全球总能源消耗的一部分，因此可再生能源所占的实际比例远小于我们使用所占电力供应的百分比。

与化石燃料相比，光伏电池和风力发电过程中的用水量可以忽略不计（Gleick，1994），那么问题就转化为我们所用材料的水足迹是多少。据估计，太阳能光伏发电的水足迹为 0.006 ~ 0.3L/MJ，风力发电水足迹为 0.0002 ~ 0.01L/MJ（Mekonnen *et al.*，2015a）。在这两种方式中耗水最大的部分都为建筑材料供应链中的水消耗。

通过“聚光太阳能”系统的发电需要一定的水来补充蒸发损失掉的水分（如湿冷系统）和清洗太阳能板。太阳能发电厂、化石燃料厂和核电站使用的是相同的冷却技术。太阳能发电厂用于冷却的水资源消耗量约为 3000L/(MW·h)（Carter and Campbell，2009），相当于 0.8L/MJ。如果采用其他冷却技术，用水量可能会有所减少。Mekonnen 等（2015a）研究表明聚光太阳能建设和运营的水足迹范围为 0.1 ~ 2.2L/MJ，其中运营过程中耗水所占比例最大。

据估计，地热能发电的平均水足迹为 0.34L/MJ，波动范围为 0.007 ~ 0.76L/MJ（Mekonnen *et al.*，2015a）。

13. 电力水足迹

电力水足迹在很大程度上取决于用于发电的能源组合，因为正如我们所看到的，不同能源的电力水足迹有所不同。表 8.3 总结了不同能源和其生产阶段单位发电量的水足迹，需要注意的是该表显示的是单位总发电量的水足迹。由于发电也需要能源，单位净电量的水足迹更高。通过燃烧薪柴和水力发电产生的水足迹是迄今为止最大的。即使在最好的情况下，燃烧薪柴产生的电力水足迹也比化石燃料大两个数量级（100 倍）。水力发电的水足迹变化范围很大，在最好的情况下水力发电的水足迹与化石燃料的水足迹大小相同，但是在最坏的情况下，它比化石燃料发电的水足迹大三个数量级。太阳能、风能和地热能发电的水足迹比化石燃料少一到两个数量级。

表 8.3　不同能源和生产阶段下单位发电量的耗水量

能量来源	燃料水足迹	单位电力水足迹			
	/（m^3/t）	燃料供应/（L/GJ）	建设/（L/GJ）	运营/（L/GJ）	总量/（L/GJ）
煤炭	0.18～4.2	17～665	0.32～26	61～1410	79～2100
褐煤	0.10～0.72	31～139	0.32～26	61～1410	93～1580
常规石油	0.33～8.9	20～546	0.32～26	194～615	214～1190
非常规石油（油砂）	3.3～10	224～697	0.32～26	194～615	419～1340
非常规石油（油页岩）	1.8～17	121～1180	0.32～26	194～615	316～1830
天然气	—	1.2～35	0.32～1.1	74～1200	76～1240
页岩气	—	6.9～67	0.32～1.1	74～1200	81～1270
核		17～512	0.3	0～936	18～1450
薪柴	210～1100m^3/m^3	48000～500000	0.32～26	61～1410	48000～500000
水电	—	—	0.3	300～850000	300～850000
聚光太阳能	—	—	84～179	34～2000	118～2180
太阳能光伏板	—	—	5.3～221	1.1～8.2	6.4～303
风	—	—	0.1～9.5	0.1～2.1	0.2～12
地热	—	—	2.0	5.3～757	7.3～759

资料来源：Mekonnen *et al.*，2015a。

14. 电气化

太阳能，无论是光伏板还是CSP系统，都比植物光合作用能够更有效地捕捉到太阳辐射，从而每平方米产生更多的能量。因此不管从哪个角度看用土地种植生物能源都是没有意义的，无论是从高效地利用土地和稀缺水资源，还是从能源的角度来看都是如此。此外，生物能源的生产需要大量的能源作为投入，从而造成总能源产出和净能源产出之间存在很大差异（Mekonnen *et al.*，2018）。然而，光合作用的优势在于，光合作用能产生可储存的生物能源，并且能够将储存的生物能源转化为高能量的生物燃料，而光伏发电产生的为不可储存的电能，CSP系统虽然可以通过热能储存来储存能量，但最终的产品仍然是电能，而不是燃料。

由于生物能源只能利用部分剩余的有机材料，因此生物能源的大量增长是不可能的，我们的经济需要进一步电气化：电力传输、电加热，用热泵可以利用多种来源的热量，如地下（地热能）、外部空气、水库或太阳能集热器。在某些情况下，来自工业过程的余热可能会为我们提供解决方案。我们需要找到储存能源的方法及设计能够解决电力需求和供应之间巨大差异的电网。

电力运输的另一种选择是使用氢作为燃料，然而，这种燃料显然效率较低。通过制氢从而驱动电力运输的过程实际上是走了一条不必要的弯路。在电制氢的过程中，电解（从水中制氢）、压缩（在压力下得到氢气）或液化（得到液态氢）、运输过程中，以及最终在氢燃料电池中都会有能量损失。而电动运输的步骤较少，只有在运输、电池充电和将电力转化为发动机运动时才会有损耗。据估计，在初始电量相同的情况下，一辆电池电动汽车的行驶距离是氢燃料电池汽车的三倍（T&E，2017）。1kg 氢气可以驱动一辆氢燃料汽车行驶约 100km，这意味着每行驶 100km 的电力输入为 80 ~ 100kW · h（考虑了电解槽效率低下和能源损失），而电池电动汽车的电力输入则小于 30kW · h（考虑了电力传输损失；Smit *et al.*，2018）。

15. 更小尺度上的能源自给自足

太阳能、风能和地热能为我们提供实现能源自给自足的可能性，其尺度远远小于我们在全球化的化石燃料经济中所习惯的尺度。这无疑是从碳经济向可再生能源经济转型的一个优势。一旦化石燃料失去其在世界能源供应的中心地位，那些目前靠化石能源储备获得权力的国家将失去这一中心地位。由此衍生的一个与之相关的问题是，是否权力会转移到在开发可再生能源方面相对较好的国家。不过，最有可能的是，由于可再生能源比化石燃料更均匀地分布在全球各地，围绕谁有机会获得能源的地缘政治问题将变得不那么重要。

16. 明智的水–能源政策

所谓的绿色能源的“绿色”是指可再生能源在能源消耗中占相当大的比例。大多数现有的“绿色”能源方案是基于生物和水力驱动的混合能源比例的大量增长，这意味着如果我们遵循这样的方案，能源部门的水足迹将会变得极高。真正的绿色情景应该伴随着水足迹的减少而不是增加，而且必须主要基于太阳能、风能和地热能（Mekonnen *et al.*，2016）。

总的结论是，从水的角度出发，并考虑到化石能源和核能的不可持续性，太阳能、风能和地热能是最具吸引力的能源来源，同时可以提高区域能源自给率。我们应该停止推广第一代生物燃料。生物能源可以在不与食物生产和全球生物多样性相冲突的情况下发挥作用，这意味着只有剩余部分的有机材料和有机废弃物可以利用。藻类的可能作用还有待观察，因为这些技术仍处于发展阶段，无法确定它们在大尺度中应用的潜力。

从化石燃料转型的时机已经成熟。如果我们能够减少能源需求，那就会容易很多。我们需要投资真正的可持续解决方案，这并不包括政府政策一直关注的生物燃料。低碳经济可以与降低水足迹相结合，但前提是我们必须从根本上选择太阳能、风能和地热能。

第九章 花卉的海外水足迹

花卉（通常指鲜切花，译者注）是常见的礼物，但有些国家并不在本国种植花卉，而是从国外进口。以荷兰为例，荷兰素以花卉而闻名，然而其国内销售的玫瑰花大都从国外进口而不是荷兰本国生产，这些国家主要包括肯尼亚、埃塞尔比亚、坦桑尼亚、厄瓜多尔、赞比亚和乌干达，他们并不是荷兰的邻国。荷兰是欧洲的花卉贸易中心，大量进口的花卉途经荷兰，然后再出口到其他目的地。

本章我们将对荷兰所进口花卉的主要原产地——肯尼亚进行介绍，并将区域进一步聚焦于肯尼亚主要的花卉种植区域——奈瓦沙湖流域。奈瓦沙湖位于内罗比西北 80km 处的东非大裂谷一带，是肯尼亚境内的第二大内陆湖。由于大量的地下水补给，该湖泊始终保持更新。湖区周围的农民通过抽取地下水和湖水或从补给湖泊的河流中取水等方式消耗了大量水资源。与此同时，该湖泊被《拉姆萨尔（Ramsar）公约》（国际政府间湿地保护与可持续利用协议）列为国际重要湿地。在过去的 30 年间，奈瓦沙湖一带成为肯尼亚园艺产业（主要为花卉产业）的重要聚集地，同时园艺产业也成为肯尼亚除茶叶、旅游业之外的第三大创汇产业。自 20 世纪 90 年代后期，从事花卉种植的农民数量呈现出快速增长趋势（Becht *et al.*，2005），湖区的灌溉面积目前已达到 4467hm^2，其中，花卉的灌溉面积达到约 43%，其次为蔬菜和饲料作物，比例分别为约 41% 和约 15%（Musota，2008）。肯尼亚种植和出口的主要花卉品种是康乃馨、洋桔梗、百合和玫瑰。其中，玫瑰占据主要的出口市场。主要的花卉种植区集中在奈瓦沙湖、锡卡及基安布-利穆鲁，其中奈瓦沙湖区的种植面积约占 95%。

奈瓦沙湖已经吸引了来自国内和国际众多组织的关注。主要的利益相关方对奈瓦沙湖的健康表现出一定的担忧，包括湖水水位的下降、水质恶化及生物多样性的减少。奈瓦沙湖河岸协会、奈瓦沙湖种植者协会和肯尼亚野生动物服务组织便是其中的利益相关方。2004 年肯尼亚政府批准了奈瓦沙湖的管理方案，2012 年进行了修订，该法案旨在规范和控制流域水资源可持续利用的一系列措施，具体包括确定水资源的分配方式、建立用水政策和通过发放取水许可证控制水资源的过量提取。

本章以肯尼亚奈瓦沙的花卉种植为研究对象，分析该区域的园艺作物水足迹情况（Mekonnen *et al.*，2012）。我们对鲜花贸易商、零售商及海外消费者水足迹进行分析，在此基础上对如何减小奈瓦沙湖流域水足迹进行了评估。此外，我们还寻求在供应链的主要代理商与海外消费者之间建立一种自发的可持续的花卉种植—销售—消费产业模式，在该模式下，国外消费者需要支付保障生产国水资源可持续的额外费用。

1. 奈瓦沙湖流域灌溉及化肥使用

奈瓦沙湖流域的农业生产类型可以大致分为两类：上游小农户型及奈瓦沙湖周边大型

农场化生产模式，后者生产的鲜花主要用于出口。奈瓦沙湖区大约62%的鲜花是在温室里种植（Musota，2008）。众多学者研究表明，温室中花卉的蒸散量是室外大田条件下的65%左右（Baille *et al.*，1994；Orgaz *et al.*，2005；Mpusia，2006）。而花卉的平均水足迹是根据温室和大田二者种植面积的比重进行计算的。表9.1列出了奈瓦沙湖区的农田灌溉面积和肥料使用量。将化肥淋溶系数，即氮肥进入地下和地表水的损失量设为10%。

表9.1　2006年奈瓦沙湖区作物种植、灌溉情况

作物	灌溉面积/hm^2	灌溉比例/%	施氮量/(kg/hm^2)
花卉总和	1911	42.8	325
玫瑰	1028	23.0	325
玫瑰和康乃馨	730	16.3	325
玫瑰和连翘	21	0.5	325
其他花卉	132	3.0	325
蔬菜总和	1824	40.8	185
笋玉米	205	4.6	41
笋玉米和豆类	143	3.2	252
笋玉米、豆类和卷心菜	169	3.8	235
笋玉米、豆类和洋葱	906	20.3	244
豆类/番茄	21	0.5	235
卷心菜	374	8.4	68
卷心菜和豆类	6	0.1	235
饲料总和	665	14.9	68
牧草	286	6.4	68
牧草和苜蓿	40	0.9	68
苜蓿	163	3.7	68
苜蓿、笋玉米和豆类	176	3.9	68
夏威夷果	50	1.1	68
桉树	17	0.4	—
总和	4467	100	—

资料来源：灌溉面积数据来自Musota，2008；Becht，2007。施氮量数据来自Tiruneh，2004；Xu，1999；Ariga *et al.*，2006。

2. 奈瓦沙湖流域的内部水足迹

我们将奈瓦沙湖流域作物种植类型分为两类：一种是以出口为目的，集中在奈瓦沙湖周围充分灌溉的商业农场；另一种是流域上游的小农户种植型。奈瓦沙湖流域作物生产过程的总水足迹达到1.02亿m^3/a（表9.2）。其中，绿水足迹占68.7%，蓝水足迹占18.5%，而灰水足迹的比重为12.8%。从作物种类来看，经济作物水足迹占总体作物水足迹的2/5。同时，大约98%（0.184 亿 m^3/a）的蓝水足迹和61%的灰水足迹是由奈瓦沙湖周围的商业农场所产生的。

表 9.2　奈瓦沙湖流域 1996 ~ 2005 年作物水足迹

类型	土地利用	耕地面积		水足迹/($10^3m^3/a$)			
		面积/hm^2	灌溉比重/%	绿水足迹	蓝水足迹	灰水足迹	总水足迹
湖区周围的商业农场	室外花卉	652	100	3640	1770	2122	7532
	温室花卉	1076	100	0	5805	3504	9309
	蔬菜	1885	100	7887	7375	1834	17096
	饲料	665	100	3716	3194	452	7362
	夏威夷果	50	100	278	303	34	615
	商业农场总体	4327	100	15521	18448	7947	41916
上游小农户	谷物	12125	1	34776	82	1655	36513
	豆类	2199	0	3958	0	2673	6631
	其他	3813	7	15876	382	809	17067
	上游小农户总和	18137	2	54609	465	5137	60211
	流域总体	22465	21	70130	18913	13084	102127

资料来源：种植面积来源于 Musota，2008 和 Becht，2007 中 2006 年的数据，经调整后转化为 1996 ~ 2005 年数据；水足迹估算值来源于 Mekonnen *et al.*，2012。

除了奈瓦沙湖周围创建的灌溉农场外，奈瓦沙湖流域也是肯尼亚主要的牧场和比赛场地。对于小农户而言，其主要种植的作物是玉米、蔬菜和其他作物，这部分区域降水较多。在小农户聚集的奈瓦沙湖上游地区大约有 18000hm^2的耕地，其中灌溉农田仅占 2%。这些作物 1996 ~ 2005 年的年均水足迹为 0.6 亿 m^3/a（绿水足迹为 90.7%，蓝水足迹为 0.8%，灰水足迹为 8.5%）。

花卉生产过程的水足迹占据了奈瓦沙湖区总体作物生产水足迹的较大比重，其中蓝水足迹占作物总体蓝水足迹的 98%，花卉的水足迹占总体作物水足迹的 41%。奈瓦沙湖区鲜花水足迹年均值为 0.168 亿 m^3/a。温室中花卉的水分供应来源于灌溉水，而室外大田中的花卉水分供应既有灌溉水也有天然降水。通过比较两种模式下单位质量花卉的水足迹，我们发现温室单位质量花卉的水足迹（326L/kg）低于大田中单位质量花卉的水足迹（435L/kg），但温室花卉的蓝水足迹（203L/kg）要比大田花卉蓝水足迹（102L/kg）高一倍左右。奈瓦沙湖区花卉的平均水足迹为 367L/kg，其中，蓝水足迹比重为 45%，绿水足迹比重为 22%，而用于稀释因淋溶或径流进入水体的氮肥而产生的灰水足迹比重为 33%。

奈瓦沙湖区六个最大的商业农场——Logonot、Delamere、Oserian、Gordon-Miller、Marula Estate 和 Sher Agencies 占据了奈瓦沙湖区作物生产总水足迹的 56%，且占到总蓝水足迹的 60%。这意味着即使少数几个农场致力于降低它们农业生产过程中的水足迹，也会对提高水资源利用效率、减少区域用水量产生重要的作用。

3. 出口花卉的水足迹

由于玫瑰花的产量及茎秆占总质量的比重不同，一束玫瑰花的水足迹在 7 ~ 13L/枝（表 9.3）。如果我们假定玫瑰花茎秆的平均质量为 25g，那么一枝玫瑰花的绿水足迹为 2L/枝，蓝水足迹为 4L/枝，灰水足迹为 3L/枝，总体水足迹为 9L/枝。

表 9.3　1996 ~ 2005 年玫瑰花产品水足迹

质量/(g/枝)	花卉产量/(枝/m^2)	水足迹/(L/枝)			
		绿水	蓝水	灰水	总量
20	134	1.6	3.3	2.5	7.4
25	107	2	4.1	3.1	9.2
35	77	2.8	5.8	4.3	12.9

资料来源：Mekonnen *et al.*, 2012。

我们假定肯尼亚 95% 的花卉出口来自奈瓦沙湖区，那么 1996 ~ 2005 年，由于花卉出口奈瓦沙湖区年均向国外输出的虚拟水量达到 0.16 亿 m^3/a（表 9.4）。欧盟是肯尼亚花卉的主要出口区域，荷兰、英国和德国从肯尼亚进口的花卉总和占据了奈瓦沙湖流域花卉出口总量的 90% 以上。其中，荷兰是最大的进口国，其进口量占奈瓦沙湖流域花卉出口总量的 69%。伴随花卉出口而引起的虚拟水输出量也呈现出明显上升趋势，例如，1996 年由花卉出口产生的虚拟水输出量为 0.11 亿 m^3/a，而 2005 年达到 0.21 亿 m^3/a，几乎是 1996 年的两倍。

表 9.4　1996 ~ 2005 年奈瓦沙湖流域花卉虚拟水出口情况

进口国家	奈瓦沙湖流域虚拟水出口量/($10^3 m^3/a$)			
	绿水	蓝水	灰水	总量
荷兰	2399	4993	3708	11100
英国	611	1272	944	2827
德国	230	478	355	1064
瑞士	59	122	91	272
南非	37	77	57	171
法国	33	68	51	152
阿联酋	16	33	25	74
意大利	10	20	15	45
其他国家	64	133	98	295
总和	3458	7196	5345	16000

资料来源：Mekonnen *et al.*, 2012。

除花卉以外，奈瓦沙湖流域还广泛种植着豆类、甜玉米、番茄、卷心菜和洋葱等蔬菜，这些蔬菜用于本国消费和出口。奈瓦沙湖区蔬菜产量的 50% 用于出口，其余供应当地市场，主要是内罗毕市。蔬菜的主要出口地是阿联酋、法国和英国，由蔬菜出口所带来的虚拟水输出量为0.085亿m^3/a。1996~2005年，花卉和蔬菜的总虚拟水输出量达到0.245亿m^3/a。

花卉产业是肯尼亚主要的出口部门，1996~2005年，由花卉出口所创造的年均外汇收入达到1.41亿美元（占肯尼亚出口商品价值总额的7%），仅2005年就达到3.52亿美元。肯尼亚输出的单方水所产生的外汇收入为1.41/0.16=8.8美元/m^3。这大约是生产肯尼亚咖啡每立方米水所产生的外汇的10倍多（Mekonnen and Hoekstra，2014b）。

4. 奈瓦沙湖流域水资源利用可持续性

奈瓦沙湖流域大约有2.5万人从事园艺业，与此同时，同样数量的人口间接依靠园艺产业谋生（Becht *et al.*，2005）。大多数农户的收入要高于当地的最低工资标准。同时，农户还可以享受住房、免费医疗、儿童教育及体育设施等社会福利。一些大农场主还加入到社区发展中，资助诊所和急救服务，参与水资源管理，制定社区的绿化发展规划。政府和公众所关心的是如何保障社会、经济发展所需水资源的持续供应。

自20世纪40年代，奈瓦沙湖流域就开始提取湖水、地下水及河水用于灌溉。除了农业灌溉用水之外，奈瓦沙湖还承担地区饮用水的供应，随着1992年一条输水管道的竣工，每天约2万m^3的水由Malewa子流域输送到吉尔吉尔和纳库鲁镇（Becht and Nyaoro，2006；Musota，2008）。奈瓦沙湖流域生活用水总量大约是120万m^3/a。同时，奈瓦沙湖流域的总蓝水足迹大约为2700万m^3/a（表9.5）。

表9.5 奈瓦沙湖流域蓝水足迹

蓝水消耗行业	蓝水足迹/(万m^3/a)	所占比例/%
花卉产业	758	28
蔬菜与夏威夷果	768	28
牧草和饲料	319	12
流域上游作物种植	47	2
吉尔吉尔和纳库鲁镇	730	27
奈瓦沙湖流域饮用水	119	4
总和	2740	100

资料来源：吉尔吉尔和纳库鲁镇的数据来自Becht and Nyaoro，2006和Musota，2008；饮用水数据根据流域人口（65万人）估算，人均每日消耗50L水，其中90%形成回归水，10%被真实消耗；其他数据来源于Mekonnen *et al.*，2012。

奈瓦沙湖流域的降水格局主要受东部阿伯德尔山脉及西部马乌陡崖的高原地带雨影区（指山脉的背风面降雨量较小的地区）的影响。多年平均降水量在600~1700mm，其中，奈瓦沙镇降水量较少，而Nyandarua山脉坡地一带可以达到1700mm（Becht *et al.*，2005）。流域年均降水量和蒸散量分别为27.90亿m^3/a和25.73亿m^3/a（Becht，2007）。流域年产流量约为2.17亿m^3/a（Becht and Harper，2002），流域多年水分平衡情况见表9.6。

表 9.6　奈瓦沙湖流域多年平均水平衡

项目	流域水平衡/(亿 m^3/a)	比重/%
降水	27.90	100
陆面雨水蒸发	25.73	92.2
湖面蒸发	2.56	9.2
地下径流	0.56	2.0
蓝水足迹	0.27	1.0
闭合误差	-1.22	-4.4

资料来源：蓝水足迹来自 Mekonnen *et al.*，2012；其他资料来自 Becht，2007。

奈瓦沙湖流域的水资源可持续可以通过比较流域蓝水足迹和可利用蓝水资源量进行评价。可利用蓝水资源量是天然径流与生态环境需水量之间的差值，这里假定可利用蓝水量最低为天然径流量的 80%（Hoekstra *et al.*，2011；Richter *et al.*，2012）。对于奈瓦沙湖流域而言，流域的蓝水足迹占多年平均径流量的 13%，而其余 87% 的径流量均可用于满足生态环境需求。当我们将灰水足迹考虑在内时，流域蓝水和灰水足迹占流域多年平均径流量的 19%。

然而，仅仅比较年度蓝水-灰水足迹和可利用蓝水资源量会掩盖季节变化的信息，尤其是对于盆地这类水资源禀赋年内分布较为多变的区域。因此，在时间尺度上，进行逐月的比较就显得很重要。通过对年内各月蓝水-灰水足迹和可利用蓝水资源量的比较，我们发现，在旱季(1～3 月)，蓝水和灰水足迹之和是可利用径流量的两倍，这意味着两倍于可利用蓝水资源量的蓝水资源被消耗或是用于稀释污染物。在 11 月和 12 月，蓝水足迹与灰水足迹之和略微超过了生态环境需水量，同时，生态环境需水量在 4～10 月间没有明显变化。

湖泊水位的波动是奈瓦沙湖的一种自然现象，同时也是生态系统功能得以保障所必需的。气候和地理环境造成奈瓦沙湖水位在过去的 100 年波动了 12m（Mavuti and Harper，2006），近期湖水水位的下降可以认为与奈瓦沙湖流域自 1982 年开始种植园艺作物有关。Becht 和 Harper（2002）指出，在 1998 年末，奈瓦沙湖的湖面水位要比原先根据水文记录预期的水位下降了 3.5m。然而当前程度的取水量并没有使奈瓦沙湖水位降至历史记录最低值以下，也没有迹象表明，湖水水位的波动会威胁生物多样性（Harper and Mavuti，2004）。根据 Becht（2007）的研究所得的结论，如果奈瓦沙湖的取水量保持现有水平，湖水水位将会达到一种新的动态平衡。但如果流域蓝水消耗量继续保持增加态势，那么湖水的水位将会低于过去 100 年的历史最低水位。

虽然近期奈瓦沙湖水位下降主要是由于湖区周围的商业农场用水，同时上游湖区农业生产过程中化肥的使用造成了湖泊水质恶化。这一结论得到 Kitaka 等（2002）的研究结果证实，即奈瓦沙湖营养物主要来源于上游农业生产和城市生活污水排放。上游农业生产过程所产生的营养物主要通过地表径流进入奈瓦沙湖，而奈瓦沙湖区农业生产过程中的营养物主要通过淋溶作用进入地下水，然后进入奈瓦沙湖。

湖区生态系统的长期保护及经济社会效益主要依赖于奈瓦沙湖，因此这就要求奈瓦沙湖区及流域能够维持可持续的利用状态。目前，奈瓦沙湖面临的最迫切的问题是由于园艺产业的快速发展、生活用水的增加而带来的水资源过度消耗，以及过度使用化肥而带来的水体富营养化。产生水体富营养化的原因主要是由于作为泥沙缓冲带的河岸植被减少，增加了河水的泥沙含量，同时，肥料因淋溶和径流作用进入水体等两方面综合影响而造成的。由于湖区的农业生产活动无处不在（从山坡到湖边缘），造成了湖区原本的生态平衡被破坏（Everard and Harper，2002）。

5. 设定流域内蓝水和灰水足迹上限

实现水资源可持续利用，以期从中得到长期收益需要流域各利益相关方的共同努力。在流域尺度，设定流域的最大可消耗水量有助于实现流域可持续发展。相应地，蓝水足迹上限也需要被设置。同时，各用水单位所分配的总的蓝水资源量不应超过这个上限。而有限的可利用蓝水的分配应当基于公平性（大农户和小农户、农户和其他用水单位）及各种作物的水分生产力和经济效益等方面综合考虑。花卉的经济效益高于饲料作物和牧草，室内花卉的水分生产力要高于大田作物。因此，花卉的温室和雨养种植都应受到鼓励。而蓝水用量较大的水密集型产品（如大豆）和低附加值的产品（如牧草和饲料）的种植则不应提倡。对于这些作物，应当鼓励高效合理的利用雨水资源，特别是在流域上游。同时，通过法律和社会参与等措施控制非法取水十分必要。

同样，我们也应该设定流域灰水足迹的上限。奈瓦沙湖流域需要减少流域上游和湖区水土流失，以及因农业面源污染进入湖泊的沉积物和营养物。湖区植被退化使得其对沉积物的阻拦作用下降，导致奈瓦沙湖泥沙淤积现象加剧。因此，协调各有关方面，采取有效措施防止由于农业垦荒和过度放牧造成的植被破坏刻不容缓。

6. 奈瓦沙湖流域当前的水资源管理

2016 年，肯尼亚颁布了“2016 年水法”，取代了“2002 年水法”。2002 年的法案将水资源管理和供水服务条款分开，并建立了水资源管理局（Water Resource Management Authority，WRMA），该机构的职责之一是颁发水许可证。在 2016 年的法案中，成立了水资源局（Water Resource Authority，WRA）。肯尼亚政府将水资源规定为：具有能反映其市场价格的价值，可被全体肯尼亚人民所用的社会和经济商品。这一原则在不同的水务部门策略和水资源管理规则中体现。这些策略谋求一种需求管理，即重新分配水资源，使水资源流向高收益的部门，并通过恰当的定价来实现水资源的高效配置。

水资源已日益成为一种稀缺资源，对水资源进行全成本定价被认为是一种有效的水资源管理手段，全成本定价也是继 1992 年在都柏林召开的水资源和环境国际会议后，国际社会达成的共识。联合国“21 世纪议程”（UN，1992）进一步提出考虑环境成本和使用经济工具来合理利用水资源。世界水资源委员会（2000）指出“我们推荐的最直接和最重要的水资源管理措施就是实行水资源的全成本定价”。Hoekstra（2011a）和 Rogers 等

(2002) 也指出实行水资源全成本定价是实现水资源可持续和高效利用的有效措施。水资源全成本定价包括全部的费用成本：运行与维护费用、资金成本、机会成本、租金和水资源使用的外部成本。然而，实施全成本定价的成功案例到目前为止还为数不多（Cornish *et al.*, 2004)。在大多数的经济合作与发展组织国家，更不用说是发展中国家，水资源全成本定价的实施进度较为缓慢且不均衡（Rosegrant and Cline, 2002; Perry, 2003; Molle and Berkoff, 2007)。世界银行（World Bank, 2004）承认灌溉水价的改革（包括理论和实践方面）是一项复杂的任务，进而倡导建立一种能够体现高效、公平和可持续原则的“务实而又规范”的方案，世界银行也认同水资源管理具有强烈的政治性，水资源管理改革需要考虑优先性、实用性和长期干预。

资金短缺是奈瓦沙湖流域实施社区流域生态恢复和湖泊保护的主要挑战之一（Becht *et al.*, 2005)。在这种情况下，除建立水资源高效可持续利用的激励机制外，提高财政扶持力度是水价改革的另一项目标。然而，在现有条件下肯尼亚和奈瓦沙湖流域实施全边际成本定价的可能性很小。因为花卉种植者已经感觉负税过重，他们承受着很多税种。自2006 年以来，已经有几家花卉公司搬迁到了埃塞俄比亚，接下来可能还会有更多（ARB, 2007)。

根据2007 年颁布的水资源管理条例，肯尼亚本国居民使用 $1m^3$ 的水资源需要支付 0.50 肯尼亚先令，而非本国居民使用 $1m^3$需要支付 0.50 ~ 0.75 肯尼亚先令。水资源使用者需要获得取水许可证，并安装水表后才能使用水资源。但实际上由于受很多用水者的反对，这项规则的实施受到了限制，政府在执行这些规定时也遇到了很多困难。当前的水价政策的几个缺点包括：一是非法取水（包括地表水和地下水）在肯尼亚非常普遍。由于缺乏足够的交通工具和工作人员，现实中政府很难核查农户（特别是上游小农户）是否取得合法取水许可证及安装水表。二是尽管农民指出最新制定的水价太高，而事实上，当前的水价并没有覆盖水资源的全部经济成本。因此，当前水价制度所筹集的资金数目很小。然而，提高水价将对水资源供需产生重要影响，尽管在政治上很难实施。三是肯尼亚政府单方面实施严格的水价制度将会增加商品生产成本，进而对本国公司的国际竞争力会产生一定影响（Cornish *et al.*, 2004)。

7. 花卉供应链中主要代理商之间的可持续性贸易协定

由于消费者环境保护意识的不断提高，贸易商和零售商也致力于提供给消费者具有环境可持续性的商品，由此形成了一个包括消费者和其他利益相关方在花卉生产过程中实现水资源可持续利用的机遇。消费者越来越关注他们的消费行为是如何影响周围环境的，公平贸易商品和有机农产品消费量的增加也印证了这一点。一些研究已经显示，消费者愿意花更多的钱购买那些具有环境和社会责任的产品（Didier and Lucie, 2008)。

这里，我将描述一种致力于实现水资源可持续利用的花卉供应链中主要代理商之间建立的“可持续花卉贸易协定”的基本特征。这一协定包括两个要素：第一个是在供应链末端的消费者筹资机制，这一机制筹集的资金有助于实现花卉生产过程中水资源可持续利用。第二个是标签或证书机制，以期保证筹集的资金使用的合理性，使花卉生产朝水资源可持续利用方向发展。

奈瓦沙湖流域通过出口花卉而从欧洲消费者获得的水资源附加费应当用于提高流域管理水平，特别是降低花卉生产过程中的水足迹。同时需要制定资金利用与花费的明确准则。制定这些准则需要考虑小农户的利益，因为与大农户相比，他们的产品符合环境标准或筹集资金的难度更大。

这也需要提供体制基础来保障这部分资金能够用于流域的环境保护、流域管理及扶持农户来提高他们的水资源管理水平和社区建设。但在这一过程中，公平贸易组织的作用将有助于确保筹集的资金用于提高流域管理水平，以及减少农户水足迹一系列项目的有效运行。

供应链末端水资源可持续利用费用的征收方法与目前当地水价政策中将水费用于可持续水资源管理的方法是有区别的（图 9.1）。当地水费征收是用于供应链初始阶段，即农户生产用水阶段的一种机制，这部分费用由农民负担。而水资源可持续利用费用是在供应链末端征收，由花卉的消费者来负担。由于花卉在各个供应链转移的过程中会层层加价，因而在产业链末端获取较大的资金收入相对较为容易。目前，肯尼亚国内的用水费用是 0.50 肯尼亚先令/m^3（约合 0.007 欧元/m^3）。奈瓦沙湖流域每年用水量达 0.4 亿 m^3/a，其中，花卉种植业大约消耗了 50% 的水资源（Becht，2007）。当地水费为 0.007 欧元/m^3，因此，奈瓦沙湖流域每年的水费收入为 13 万欧元。奈瓦沙湖流每年出口 97 亿束鲜花，每束鲜花需支付使用灌溉水的费用为 0.000076 欧元。当然，这只是很乐观的估计，因为正像前面所解释的，在当前条件下，政府很难对农户强行征费。另一方面，我们假定花卉零售商向消费者收取每束 0.01 欧元的水资源可持续利用附加费，那么每年将会筹集 1700 万欧元的资金。比较两种筹措资金的方式，我们可以发现，在花卉供应链末端向消费者征收水资源可持续利用附加费所筹集的资金是当地征收水费所筹集资金的 100～200 倍。

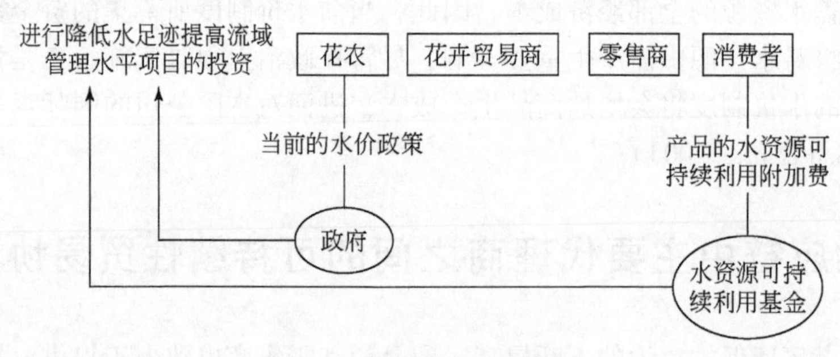

图 9.1　鲜花供应链示意图

在花卉供应链末端向消费者征收水资源可持续利用附加费需要建立一个机制，证明农户交付了含有附加费的花卉，同时为收取附加费的花卉添加标签。具体来讲，添加标签在这里可以这样理解——该标签实际上是一种附加在花卉上的面向顾客的标签。通过这个标签也可以得到一批花卉的附加信息。消费者被鼓励去选择购买那些具有生产证书或标签的花卉，进而为可持续生产和消费提供额外的资金支持。证书或标签将有助于将环境可持续性产品和其他产品区分开来，并为消费者提供质量保证。而这一机制的成功需建立一个透明、可靠的检测和认证系统。同样，农户也能因为其产品质量被国际社会所认可，而在市场竞争中获益。

农户的认证或给产品添加标签可以通过现有的“全球良好农业规范”（Global Good Agricultural Practices，GlobalGAP）认证机构来实施。水资源可持续利用标准可以整合到现有的全球优良农畜产品验证标准之中。GlobalGAP 已经在很多发达和发展中国家应用，肯尼亚就是其中之一。那些遵照 GlobalGAP 标准的农户由于其产品更易进入国际市场，通过更加科学、精细地使用化肥农药实现生产力的提高和成本下降等，同时获得了更多的收益。

这里所概括的方法将鼓励花农遵循水资源可持续利用标准。农户认证和给产品添加标签所花费的成本，应该由水费和征收水资源可持续利用附加费所筹集的资金来负担，但这笔花费应该低于所筹集的资金，因为这部分资金的主要目的是推进流域的水资源可持续利用。因此，当实施水资源可持续利用协定时，如果成本过高，将不利于水资源可持续协议的实施。

一个最简单的水资源可持续利用协议的构成要素，应该包括一个主要的荷兰零售商（荷兰是肯尼亚鲜花的最终消费目的地）、一个贸易商和一个主要的花卉种植企业。在更复杂的模式下，将会包括一些更多的零售商、贸易商和农户。零售商、贸易商和花农同样可以代表他们各自的机构。例如，花农可以是奈瓦沙湖种植业组织或是肯尼亚花卉理事会。在荷兰，花卉市场是由一个叫 Royal FloraHolland 的组织管理，它可以在达成水资源可持续利用协定中发挥核心作用。

8. 兼顾经济发展与可持续性

花卉产业是肯尼亚的一项重要出口产业，同时也是占据肯尼亚第二大国内生产总值和外汇收入的行业，花卉种植为农户提供了免费的就业、住房、教育和医疗服务。失去花卉种植产业将是肯尼亚特别是奈瓦沙湖流域经济和社会的灾难。另外，如果将奈瓦沙湖当作免费的公共资源来利用，那将会牺牲奈瓦沙湖流域的可持续性和花卉种植业的企业形象。因此，实现奈瓦沙湖流域的水资源可持续利用是必要的。这需要确定最大可下降湖水水位，从而确定流域最大可利用水资源量和最大蓝水和灰水足迹。

对水资源进行全边际成本定价是重要的，但肯尼亚目前或近期达成这项目标可能还有一定困难。作为备选方案，零售商向消费者征收水资源可持续利用附加费也许更加可行。征收水资源可持续利用附加费，将比向当地花农征收水费筹集到更多的资金，这可以为提高奈瓦沙湖流域管理水平和采取降低蓝水及灰水足迹提供资金支持。此外，这项措施还可以提高消费者对水资源价值的认识。征收水资源可持续利用附加费的机制也会降低肯尼亚花卉产业在未来受到威胁的风险。同时，让消费者付费也是合理的，因为当前海外消费者虽然消费了花卉，但他们没有承担由于花卉生产给生产地带来的环境影响。征收水资源可持续利用附加费，可以增强花卉种植企业参与及提高可持续产品市场的环保形象。这一方案的有效实施取决于所有利益相关方的共同努力，包括肯尼亚政府、民间社会组织、农户、贸易商、零售商和消费者。同时，这一方案成功的先决条件是对认证过程和花卉资金的制度安排有一个清晰的界定，以保障筹集的资金合理地用于流域可持续用水管理之中。

第十章　纸张供应链的水足迹

众所周知，造纸业是高耗水高污染产业，如果工业废水不经过恰当的处理，将会对排污区造成严重的生态破坏。美国制浆与造纸工业每年抽取的地表和地下水量大约为 55 亿 m^3 (图 10.1)，占美国工业用水总量的 2.2%（FAO，2019b）。然而，制浆与造纸工业生产用水的很大一部分都以工业废水的形式排放到流域中，因而，其耗水量要远小于取水量：经估算，美国制浆与造纸工业每年有 5.07 亿 m^3 的水以蒸发的形式消耗，其余的 0.1 亿 m^3 的水进入产品中。

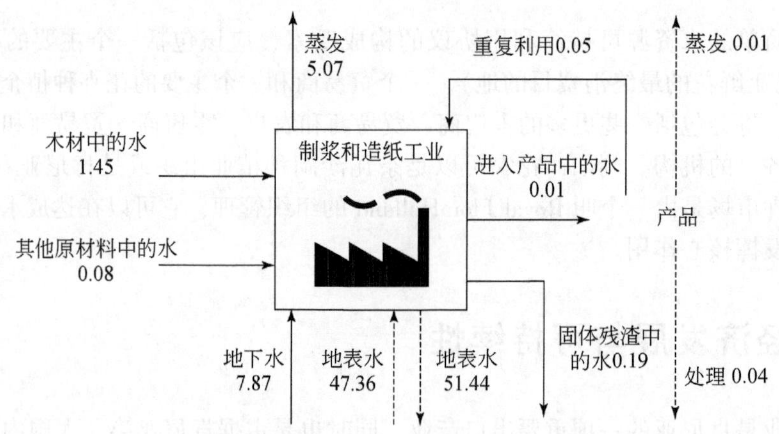

图 10.1　美国制浆和造纸工业的水资源平衡（单位：亿 m^3/a）

数据来源于 NCASI，2009。“木材中的水”指的是木材投入中嵌入的物理形式的水资源，这一平衡中并未表示出木材生产的间接用水

对于造纸工业而言，消耗大量的水资源或许并不是重要的，更值得关注的是造纸厂带来的污染。化学纸浆通过蒸煮原料和添加化学品来制成。化学混合物的添加取决于所采取的工艺，我们应当区分硫酸盐、亚硫酸盐和烧碱制浆方法的差异。尽管机械制浆法已投入生产，但化学制浆法仍是目前最为普遍的造纸工艺，而硫酸盐（制浆）法是目前造纸业最常用的技术。纸浆在制浆之后通常会进行漂白，在漂白过程中，需要添加各种各样的化学用品，如氯、次氯酸钠和二氧化氯。特别是氯元素或氯化物的使用会导致废水中产生高浓度有害化合物。制浆造纸厂所排放的污染物主要来源于废水中的有机物，通常包括很多有机氯化合物，例如，二噁英或其他可吸附的有机卤化物（absorbable organic halogen，AOX)。制浆造纸工业所排放污水的有机物含量通常用生化需氧量（biochemical oxygen demand，BOD）来表示，废水中 BOD 含量过高会导致水中氧气过度消耗，从而使鱼缺氧而死，高浓度的 AOX 也会导致鱼类中毒而死。

制浆造纸工业除了会造成水资源的消耗和污染外，其所需的原材料——木材的生长过程也会对水资源产生大量间接需求。不过很多时候，这主要是雨水所提供的树木蒸腾或林地蒸发。蒸散本身是一种自然过程，多数情况下不会对种植区所在流域水文产生大的影响。然而，从水资源配置角度来讲，确定林产品，如纸张、木材和薪柴所消耗的水资源数量是有意义的，因为用于生产林产品的水土资源就无法用于生产其他作物或者维持天然林和生物多样性。根据最新“全球森林资源评估报告”（FAO，2016），全球40亿 hm^2 森林中30%都是生产性林地，另有26%是多用途森林，人工林面积占森林总面积的7%左右，而且这一比例正在增加。与生产性林地相关的水土资源主要用于林产品的生产，而不能再被用作其他目的。当考虑纸张的水资源需求时，关注制浆与造纸业的水资源使用，同时考虑与木材生产有关的用水情况都是有意义的。本章主要讨论大量水资源用于林业生产，同时间接用于纸制品的情况。

尽管木材的生产主要依赖天然降水（绿水），但制浆造纸工厂主要消耗地下水和地表水（蓝水资源），而水资源使用所面临的困难也主要来自蓝水资源，而不是绿水资源。这样容易产生一个误解，即绿水资源不是稀缺资源。的确，有关淡水资源短缺的讨论大都关注的是蓝水资源（河流和地下水），但是我们有足够的理由来关切绿水资源（雨水）的配置。和蓝水资源一样，各行业对绿水资源的使用也存在竞争。蓝水和绿水资源都具有生产性，可以用于生产各类产品（食物、饲料、衣物纤维、生物燃料、木材、薪柴和纸张）或用于维持天然生态系统。林产品消耗了全球较大比重的绿水资源，这部分绿水资源就不能用作其他。只有我们将纸张产品生产过程中所有的水资源消耗都完整考虑在内时，才构成了完整的纸张产品水足迹。

1. 纸张产品水足迹估算

纸张产品的水足迹（单位为L/kg）是树木生长过程及纸张加工过程水足迹的总和。第一阶段是木材的生产过程；第二阶段是木材变成纸浆和纸张的加工过程。制浆厂将木材切片或将其他植物纤维转化为厚的纤维板，然后将纤维板运输到造纸工厂做进一步加工，并生产出成品纸张。工业生产过程中的蓝水足迹可以通过计算制浆和造纸过程中水资源的蒸发量、进入产品中的水资源量及固体残渣中的含水量来估算。灰水足迹取决于工厂排入环境的废水所含化学物的浓度，如果废水排放前经过处理，则污水的化学物浓度在处理后进行测量。工业生产阶段一般没有绿水足迹。而树木生产阶段包含了蓝水和绿水足迹，而这之中的蓝水和绿水的比重很难确定，因为树木在利用雨水的同时，根系同时会吸收地下水。假定树木生产过程中没有施用化学物质，树木生产过程中的灰水足迹通常为零。

对制浆与造纸工业生产的纸张产品水足迹进行量化一直受到关注。早期水足迹网络的合作者之一——欧洲造纸工业联盟在2009年就成为水足迹网络的合作伙伴。从那时起，造纸工业就开始探索他们生产的纸张产品的水足迹，这些公司包括芬欧汇川集团（UPM-Kymmene Corporation，总部在芬兰）、斯道拉恩索（Stora Enso，瑞典）和司墨飞·卡帕（Smurfit Kappa，爱尔兰）。2012年，我们课题组对全球纸张产品的水足迹进行了首次估算（Van Oel and Hoekstra，2012）。5年后，我们在另一篇论文中进行了更详细的估算（Schyns *et al.*，2017）。

2. 芬欧汇川公司（UPM）案例

芬欧汇川公司（UPM）是芬兰的一家制浆、造纸和木材生产商，它是第一个公开纸张产品水足迹详细研究结果的企业。在一个详细的案例分析中，他们评估了一家德国名叫诺德兰（Nordland）的造纸工厂里制造环节及供应链中的纸张产品的水足迹（Rep，2011）。这家造纸厂主要的化学纸浆来自三个制浆工厂：芬兰的 Kaukas、Pietarsaari 制浆工厂及乌拉圭的 Fray Bentos 制浆工厂。在芬兰的制浆工厂，三种不同的树木被用来制造纸浆：阔叶树、松树和云杉。在乌拉圭的制浆工厂，桉树被用作制浆原料。德国的诺德兰公司制造两种不同等级的纸张：无纤维铜版纸（$150g/m^2$）和无纤维非涂布纸（$80g/m^2$）。无纤维纸是用化学制浆代替机械制浆后所生产的纸品。化学制浆是以木质纸浆为原料，在处理过程中通过去除绝大部分的木质素，并使之与纤维素分离；而机械制浆仍然保留了大量的木质素，因而仍然可以称其为含木浆的纸张。研究发现，诺德兰造纸厂一张 A4 的无纤维非涂布成品纸的水足迹为 13L，而无纤维铜版纸的水足迹为 20L。纸张的水足迹构成为：绿水足迹占60%、灰水足迹占39%、蓝水足迹占1%。其中，大约99%的水足迹是来源于供应链中的原材料（芬兰与乌拉圭树木生产、制浆工厂），只有1%来自德国诺德兰的造纸厂的生产过程。灰水足迹的评价显示，AOX 含量是评价造纸业对环境影响的关键指标，为了降低造纸业对环境的影响，需要大量的淡水稀释造纸业排放的废水。

3. 木材生产水足迹

我们来关注一下纸张生产的第一个环节——木材生产过程的水足迹。为了估算单位纸张产品在树木生产过程中的水足迹，我们需要大量的输入变量（Van Oel and Hoekstra，2012）。首先，我们需要估算森林或者林地的蒸散量［单位通常为 m^3 水/(hm^2 · a)］。其次，我们需要知道木材单产［单位通常为 m^3 木材/(hm^2 · a)］及收获新鲜木材的体积含水量（单位：m^3/m^3）。通常情况下，刚收获的木材中这一比例大约为 0.4（Gonzalez-Garcia *et al.*，2009；NCASI，2009）。森林或林地的总蒸散量加上进入收获木材中的水量，再除以木材的产量就得到了收获木材的水足迹（单位为 m^3 水/m^3 木材产量）。这个值还需要乘以三个不同的因子才能得到最终纸张产品的水足迹。

第一个因子是木材——纸张转化因子，该因子代表生产 1t 纸张产品需要的木材数量（单位：m^3）（表 10.1）。第二个因子是森林中用于纸张生产的树木价值占林地总价值的比例。这个因子用来保证总的水分消耗合理分布在各种林产品中（基于不同林业产品的相对价值）。森林通常具有多种服务功能，它可以用于纸张的生产，也可以用于木材和薪柴的生产及生物多样性的保护和固碳。因此，并不是所有的森林蒸散都用于纸张生产。一个相对公平的方式就是根据各种林产品的经济价值来分配蒸散量（Hoekstra *et al.*，2011）。而如何估算不同林产品的经济价值可以参照 Costanza 等（1997）的研究。关于水足迹的量化，我们将在本章之后详细讨论，我们假定纸张生产是林地生产木材的主要功能，同时木材每年的收获量等于树木的生长量。

表 10.1　不同制浆方法及纸张的树木-纸张平均转化率

产品	转化率/(m^3/t)
机械化制浆	2.50
半化学制浆	2.67
化学制浆	4.49
溶解制浆	5.65
新闻用纸	2.87
印刷与书写用纸	3.51
其他纸及纸板	3.29

资料来源：UNECE and FAO，2010。

最后一个因子是考虑在纸张生产过程中原浆纸所占的比重。回收的纸张再次用于纸张生产将对水足迹产生重要的影响，因为使用回收的纸张用于纸张生产避免了使用木材，因而不用考虑树木生产过程中的水足迹。使用的回收纸张越多，再生纸的水足迹就会下降越多。总体来看，大概 41% 的纸浆是由回收的纸张加工而成的（FAO and CEPI，2007；UNECE and FAO，2010），同时，不用回收纸的生产者与大量使用回收纸的生产者之间是有很大差别的。表 10.2 列出了主要纸浆生产国家回收纸利用率。这一比例定义为纸张和纸板中回收纸的数量占所有纸张和纸板产量的比重。回收纸制浆时损失量为 10%~20%（FAO and CEPI，2007）。有关再生纸水足迹的量化将在后面的章节中说明，我们假定各国再生纸制浆时的损失量均为 15%。

表 10.2　主要纸浆生产国的回收纸利用率及纸浆中回收所占比例

国家	回收纸利用率	纸浆中回收纸所占比例
美国	0.37	0.31
加拿大	0.24	0.20
中国	0.42	0.36
芬兰	0.05	0.04
瑞典	0.17	0.14
日本	0.61	0.52
巴西	0.40	0.34
俄罗斯	0.42	0.36
印度尼西亚	0.42	0.36
印度	0.42	0.36
智利	0.42	0.36
法国	0.60	0.51
德国	0.67	0.57

续表

国家	回收纸利用率	纸浆中回收纸所占比例
挪威	0.22	0.19
葡萄牙	0.21	0.18
西班牙	0.85	0.72
南非	0.42	0.36
奥地利	0.46	0.39
新西兰	0.25	0.21
澳大利亚	0.64	0.54
波兰	0.36	0.31
泰国	0.59	0.50
平均	0.42	0.36

资料来源：回收纸利用率来自 FAO and CEPI，2007。当缺乏某个国家的数据时，取全球平均值（42%）。制浆过程中，回收纸在纸浆过程中的利用率为 85%，损失率为 15%。

4. 森林的蒸散量

影响森林群落蒸散量的因素很多，包括气象条件、树木类型和森林管理。表 10.3 列出了主要纸浆生产国各种森林类型的年均蒸散量。这些国家在 1998 ~ 2007 年共生产了全球 95% 的纸浆。对于一些横跨几个气候带的国家而言，如美国，蒸散量可能会有很大的变化。对于不同森林类型的空间分布（Van Oel and Hoekstra，2012），我们参考全球森林数据库 2000（FAO，2001），这个数据库给出了分辨率为 1km 的全球森林生物群落的空间分布，包括五种森林类型：北方森林带（典型树木：松树、冷杉和云杉）、热带森林带（典型树木：桉树）、亚热带森林带、温带森林带（典型树木：橡树、山毛榉和枫树）和极地森林带。森林的年实际蒸散量可以从 FAO（2009）的数据库得到，该数据库包含了1961 ~ 1990 年分辨率为 5′的森林年均蒸散量。国家尺度森林年均实际蒸散量可以根据国家所覆盖的所有栅格数据的平均值得到。

表 10.3　主要纸浆生产国的全球份额、化学制浆比例和不同森林带年均蒸散量

国家	纸浆产量占全球份额/%	化学制浆比例/%	各森林类型年均蒸散量/(mm/a)			
			北方森林带	温带森林带	亚热带森林带	热带森林带
美国	29.5	85	278	516	635	1730
加拿大	13.5	52	358	360	—	—
中国	9.2	11	370	416	608	547
芬兰	6.5	60	355	293	—	—
瑞典	6.3	69	345	318	—	—

续表

国家	纸浆产量占全球份额/%	化学制浆比例/%	各森林类型年均蒸散量/(mm/a)			
			北方森林带	温带森林带	亚热带森林带	热带森林带
日本	5.9	87	—	637	725	—
巴西	4.8	93	—	—	965	1048
俄罗斯	3.3	74	310	362	—	—
印度尼西亚	2.4	93	—	—	—	1071
印度	1.7	37	—	—	455	551
智利	1.6	86	—	567	578	—
法国	1.3	67	—	401	386	—
德国	1.3	44	—	363	—	—
挪威	1.2	26	328	303	—	—
葡萄牙	1.0	100	—	512	502	—
西班牙	1.0	93	—	547	527	
南非	1.0	72	—	—	819	762
奥地利	0.9	76	—	344	—	—
新西兰	0.8	45	—	491	630	—
澳大利亚	0.6	50	—	768	775	818
波兰	0.6	76	—	377	—	—
泰国	0.5	86	—	—	—	636
总计	94.9					

资料来源：1996～2005年间纸浆产量占全球份额和化学制浆比例来自FAO，2012；各国森林蒸散量来自FAO，2001，各森林带蒸散量空间分布数据来自FAO，2009。

这里，我们将蓝水蒸散量和绿水蒸散量作为一个整体。蓝水和绿水使用之间的区分并不像其他农产品一样简单。这点主要是考虑到树木耗水过程的复杂性。成熟树木的根系活动区范围已远远超过了雨水储藏在土壤中的范围，树木同时从土壤及地下含水层吸取水分。特殊情况下要深入研究森林水文循环，对林地水足迹中蓝水—绿水构成进行估算。此外，有关森林蒸散量还需要注意两点。首先，气象因子的变化会造成森林蒸散量的年际波动。气候变化可能会使森林蒸散量在长时间尺度上呈现上升或下降趋势。表10.3列出了1961～1990年平均气候条件下森林蒸散量的估算值。其次，森林蒸散速率还与森林的成长阶段有关。表10.3中列出了较大空间尺度（各种树龄的树木）的森林年均蒸散量，因而可以得到不同林龄下的平均蒸散量。

5. 木材产量

在第一个全球研究中（Van Oel and Hoekstra，2012），我们假定用于制浆的木材产量收获速率与以木材生产为主要目的的商品林最大可持续年产量相一致。最大可持续年产量是一段时期内（通常为一年）一定森林面积所收获木材的最大数量。假定每个森林生物群落的最大可持续年产量来自该生物群落中的典型树种。我们对不同的森林群落的树种做了以下假定：北方森林带出产松树；温带森林带出产阔叶树和松树；亚热带森林带出产桉树。表 10.4 列出了不同国家不同树种的木材产量。

表 10.4　主要纸浆生产国的木材产量

国家	木材产量/［$m^3/(hm^2 \cdot a)$］		
	落叶林	桉树	松树
美国	7	16	6
加拿大	7	—	6
中国	6	6	4
芬兰	7	—	6
瑞典	7	—	8
日本	11	14	7
巴西	20	45	—
俄罗斯	7	—	8
印度尼西亚	—	19	—
印度	—	10	—
智利	22	26	19
法国	7	16	9
德国	7	—	8
挪威	7	—	8
葡萄牙	7	16	8
西班牙	7	16	8
南非	11	23	—
奥地利	7	—	8
新西兰	14	19	15
澳大利亚	14	19	12
波兰	8	—	7
泰国	—	14	—

资料来源：FAO，2006；对于一些国家参照 Van Oel and Hoekstra，2012 的假设。

通常情况下，大多数木材收获后会在当地被加工成纸浆，但也并非总是这样。例如，瑞典的造纸工厂所使用的木材 75% 来自本国，其他 25% 从拉脱维亚、爱沙尼亚和立陶宛进口（Gonzalez-Garcia *et al.*，2009）。

6. 印刷和手写用纸的水足迹

表 10. 5 列出了主要纸浆生产国单位体积制浆用木材的水足迹。手写和印刷用纸的水足迹如表 10. 6 所示，这些值考虑了各国纸质产品的回收率。其中，各国手写和印刷用纸水足迹中，最小的来自西班牙亚热带森林带的桉树制造的产品，其值为 321L/kg；而最大值来自由美国热带森林桉树制造的产品，其值为 2602L/kg。对于一张标准的 A4 打印纸（$80g/m^2$），其水足迹在 2 ~ 13L。如果在制浆过程中没有使用回收纸，手写和印刷用纸的水足迹最低来自由巴西亚热带的桉树林制造的产品，其值为 753L/kg。若在制浆过程中没有使用回收纸，对于一张标准的 A4 打印纸，其水足迹在 4 ~ 19L。

到目前为止，对于一个成品纸张，其水足迹中绝大部分来自树木生产过程中的耗水量。以美国为例，造纸业每年的纸张产量为 970 亿 kg，而制浆造纸业的年均水足迹为 5. 36 亿 m^3（包括纸张加工过程中的蒸发、进入固体残留物及纸张中的水量，见图 10. 1）。因而，对于美国而言，在工厂生产环节纸张产品的水足迹为 5. 5L/kg（一张标准 A4 纸的水足迹为 0. 03L）。这里需要说明的是，我们只分析了蓝水足迹，并没有分析灰水足迹。正如 UPM 案例分析的一样，水足迹的各个组成构成了纸张产品的总水足迹。

表 10. 5　主要纸浆生产国制浆用木材水足迹

国家	木材水足迹/（m^3/m^3）				
	北方森林带松树	温带森林带松树	温带森林带阔叶林	亚热带森林带桉树	热带森林带桉树
美国	463	860	752	397	1081
加拿大	597	600	525	—	—
中国	891	1001	693	1105	995
芬兰	592	488	451	—	—
瑞典	413	381	463	—	—
日本	—	859	571	527	—
巴西	—	—	—	214	233
俄罗斯	371	434	528	—	—
印度尼西亚	—	—	—	—	564
印度	—	—	—	455	551
智利	—	298	262	222	—
法国	—	446	584	241	—
德国	—	435	529	—	—
挪威	393	363	442	—	—
葡萄牙	—	613	746	314	—
西班牙	—	655	797	329	—
南非	—	—	—	356	331

续表

国家	木材水足迹/(m^3/m^3)				
	北方森林带松树	温带森林带松树	温带森林带阔叶林	亚热带森林带桉树	热带森林带桉树
奥地利	—	412	501	—	—
新西兰	—	335	351	338	—
澳大利亚	—	662	549	415	438
波兰	—	539	459	—	—
泰国	—	—	—	—	463

资料来源：Van Oel and Hoekstra，2012。

表10.6 各国印刷与手写用纸水足迹（考虑回收纸利用率）

国家	印刷及手写用纸水足迹/(L/kg)				
	北方森林带松树	温带森林带松树	温带森林带阔叶林	亚热带森林带桉树	热带森林带桉树
美国	1115	2069	1809	955	2602
加拿大	1667	1676	1466	—	—
中国	2015	2266	1568	2501	2250
芬兰	1988	1641	1515	—	—
瑞典	1241	1144	1392	—	—
日本	—	1452	965	891	—
巴西	—	—	—	497	540
俄罗斯	840	981	1193	—	—
印度尼西亚	—	—	—	—	1275
印度	—	—	—	1029	1246
智利	—	674	591	502	—
法国	—	766	1005	415	—
德国	—	657	799	—	—
挪威	1121	1036	1260	—	—
葡萄牙	—	1769	2151	905	—
西班牙	—	638	776	321	—
南非	—	—	—	806	749
奥地利	—	881	1072	—	—
新西兰	—	925	969	933	—
澳大利亚	—	1060	878	665	701
波兰	—	1312	1118	—	—
泰国	—	—	—	—	809

资料来源：Van Oel and Hoekstra，2012。

7. 荷兰纸张消费水足迹

很多国家消费的纸张产品都依赖于进口。对于这些国家，了解其所进口产品的生产地和水足迹数量是有必要的。我们以荷兰为案例进行研究，所用的数据包括荷兰纸浆和纸张产品的年均生产、进口、出口和消费量（表 10.7）。我们可以利用国际贸易中心（ITC，2006）的数据找出荷兰进口纸浆和纸张产品的原产地。我们假定荷兰消费的纸张产品是根据国内生产、进口和出口纸浆的数量决定的。荷兰回收纸的使用率为70%（FAO and CEPI，2007）。

荷兰年均纸张消费水足迹大约为32 亿～46 亿 m^3，其中只有1 亿 m^3左右的水资源消耗源自国内（Van Oel and Hoekstra，2012）。剩余的31 亿～45 亿 m^3的水资源消耗来自向荷兰出口纸浆与纸张的国家。荷兰绝大多数的纸浆从欧洲的其他一些国家进口（比例大约为85%），其次为北美洲（比例为12%）、亚洲（比例为2%）和南美洲（0.7%）。纸张消费水足迹之所以在一个范围内而不是确定的值，是因为进口纸浆、纸张产品的来源地（哪个森林地带）存在不确定性，同时树木的水足迹由于树木所处的森林地带不同而存在差异。如果我们将荷兰总体的纸张消费水足迹转化为单个消费者的水足迹，我们将发现，荷兰人均纸张产品消费水足迹为200～290m^3/a。如果荷兰进口纸浆、纸张的来源国没有使用回收纸，正如目前的情景一样（表 10.2），同时荷兰本国也未使用回收纸制造纸张，那么荷兰纸张的年均消费水足迹将达到49 亿～71 亿 m^3。由此可见，在造纸行业使用回收纸将会节约大约36%的水资源。

表 10.7　荷兰年均纸浆和纸张生产、进口、出口及消费情况

产品	纸浆	新闻用纸	印刷与书写用纸	其他纸品及纸板
产量/(t/a)	125350	387700	895400	1987200
进口/(t/a)	1132860	476540	1267890	1489200
出口/(t/a)	322340	259480	1143450	1417900
消费/(t/a)	935870	604760	1019840	2067500

资料来源：FAO，2012a；数据为 1996～2005 年的均值。

荷兰市场上的手写和印刷用纸的水足迹大约在 962～1349L/kg。当这些纸张是由荷兰生产的木材制造时，纸张产品的水足迹通常要比国外纸浆生产的纸张水足迹小 1/3～1/2（表 10.8）。荷兰市场上销售的一张 A4 纸（80g/m^2）的水足迹在 5～7L（如果没有使用回收纸，在 7～10L）。

表 10.8　荷兰纸张产品水足迹

来源	产品	水足迹/(L/kg)	
		最低值	最高值
荷兰本国树木生产的纸张产品	新闻用纸	369	410
	印刷及书写用纸	451	501
	其他	423	470

续表

来源	产品	水足迹/(L/kg)	
		最低值	最高值
荷兰进口纸张或进口纸浆生产的纸张	新闻用纸	829	1144
	印刷及书写用纸	994	1402
	其他	848	1267
荷兰市场纸张产品平均水足迹	新闻用纸	802	1101
	印刷及书写用纸	962	1349
	其他	823	1221

资料来源：Van Oel and Hoekstra，2012。荷兰市场纸张产品平均水足迹是假定生产纸张所使用的国内和进口纸浆的构成和荷兰市场两种纸浆的市场份额一致。荷兰市场进口纸浆的份额为94%。

8. 一张纸的水足迹（2～20L）

分析全球纸张产品的水足迹，如荷兰纸张消费水足迹和UPM公司对德国一家造纸厂的水足迹分析案例，我们发现全球尺度一张标准A4打印纸的水足迹在2～20L。如果我们考虑更多的变化因素和不确定性，这一范围肯定还会更大。此外，如果考虑工业化生产阶段纸张的灰水足迹，那么这个值也会更大。灰水足迹只在UPM研究案例中考虑。目前为止，还没对纸张生产过程中的间接水足迹（供应链中所使用的原材料和能源的水足迹）进行量化。在木材采伐、制浆和造纸过程中所使用的生产设备、原材料及所消耗的能源都有各自的水足迹，其运输过程中所用的材料和能源也会产生一定的水足迹。特别是在使用生物能源的情况下，原材料、产品在运输过程中的水足迹会很大（见第8章）。如果我们将纸张完全循环利用考虑在内，一张A4打印纸的水足迹会比之前估计的2L值还低。

影响纸张产品水足迹的两个主要因素是纸张回收率和排入环境的废水中化学物质的数量，而这两个因素也容易受外界影响。世界范围内通过提高废纸利用率可以大幅度的降低纸张产品生产对全球淡水资源的需求。一项可以减少水污染的重要措施是在纸浆漂白过程中不使用氯化物，即无氯漂白（total chlorine-free，TCF）。当然，减少纸张消耗量也可以减少水足迹。但公司、消费者和政府都应首先致力于提高废纸回收率、推广无纸化办公和污染物防控。

9. 其他木制产品水足迹

在最近的一项全球尺度的研究中（Schyns *et al.*，2017），我们研究了包括纸张产品在内的多种林业产品水足迹。与之前的研究相比，我们作了许多改进，诸如使用高空间分辨率、将森林的水足迹划分为不同的商品和服务。此外，我们还考虑了森林的生态系统服务价值，因此只有一小部分的森林蒸散发被分配到木材产品当中。主要圆木生产国的单位圆木生产平均水足迹在100～1000m^3水/m^3圆木。按产量加权得到全球圆木平均水足迹为

$293m^3/m^3$（非针叶树为 $231m^3/m^3$；针叶树为 $390m^3/m^3$）。其他木制品的水足迹见表10.9。与上述其他研究相比，全球尺度一张80g的A4打印纸的平均水足迹为5L，波动范围为在1~13L。

表10.9　木材产品的全球平均水足迹

圆木产品	转换率	水足迹
针叶树的锯木	$1.86m^3$ 圆木/m^3 锯木	$726m^3/m^3$ 锯木
非针叶树的锯木	$1.88m^3$ 圆木/m^3 锯木	$433m^3/m^3$ 锯木
层压板	$2.21m^3$ 圆木/m^3 板	$648m^3/m^3$ 板
胶合板	$2.07m^3$ 圆木/m^3 板	$607m^3/m^3$ 板
刨花板	$2.76m^3$ 圆木/m^3 板	$809m^3/m^3$ 板
硬纸板	$3.56m^3$ 圆木/m^3 板	$1044m^3/m^3$ 板
MDF	$2.95m^3$ 圆木/m^3 板	$865m^3/m^3$ 板
绝缘板	$1.46m^3$ 圆木/m^3 板	$428m^3/m^3$ 板
机械木浆	$2.50m^3$ 圆木/t 纸浆	$733m^3$/t 纸浆
化学木浆	$4.49m^3$ 圆木/t 纸浆	$1316m^3$/t 纸浆
新闻纸	$2.87m^3$ 圆木/t 纸	$841m^3$/t 纸
印刷纸和信纸	$3.51m^3$ 圆木/t 纸	$1029m^3$/t 纸
其他纸及纸板	$3.29m^3$ 圆木/t 纸	$965m^3$/t 纸
家用卫生纸	$4.35m^3$ 圆木/t 纸	$1275m^3$/t 纸
松柏科的柴火	$0.12m^3$ 圆木/GJ	$47m^3$/GJ
非针叶柴火	$0.09m^3$ 圆木/GJ	$21m^3$/GJ
木屑颗粒	$0.14m^3$ 圆木/GJ	$41m^3$/GJ
压制过的圆木和煤球	$0.23m^3$ 圆木/GJ	$67m^3$/GJ
树皮和碎屑燃料	$0.10m^3$ 圆木/GJ	$29m^3$/GJ
木基乙醇	$0.33m^3$ 圆木/GJ	$97m^3$/GJ
木炭	$0.20m^3$ 圆木/GJ	$59m^3$/GJ

资料来源：Schyns *et al.*，2017。

第十一章　可持续性：流域水足迹上限

人类不可避免地要在地球上留下“足迹”。人们利用土地、水、能源等自然资源从事各种活动，这也引起了环境污染。如第一章所述，人类活动的环境足迹是否是可持续的，取决于在当地、区域或全球范围内总环境足迹的大小。我们无法轻易地确定某一特定活动或生产过程的碳、土地、水或其他环境足迹的可持续性（Hoekstra，2015a），因为它取决于其所在区域或全球相应总环境足迹的大小。由于温室气体总量增加，人类活动导致的大气温室气体排放增加成为一个问题。一项活动的碳足迹可能不会产生影响，是人类整体碳足迹变得太大。众所周知，全球平均气温可能大幅上升，这对蒸发、降水模式和海平面产生二次影响，并进一步对生态系统和社会系统产生三次影响（IPCC，2014）。生态足迹或土地足迹也面临着类似的问题。2014 年，人类生态足迹超过地球生物容量约 70%（Lin *et al.*，2018），这意味着我们需要 1.7 个地球才能维持我们现在的生活方式。我们目前通过过度开发资源在这个星球上生存，但这不能长期维持下去。值得关注的不是与任何特定人类活动相关联的生态足迹，而是全球范围内的总环境足迹。对于水足迹，也有同样的问题。这里，可持续性评价的典型单元是涉及人类水资源消耗的地下含水层和流域。

1. 最大可持续蓝水和绿水足迹

在一个流域内，可利用水资源的多少受降水量的制约。流域中补充河流的降水将通过蒸发或径流流入海洋而离开流域。蒸发流（绿水）可以提高农田或林地的生产力。这样，蒸发的这部分流量得到了有效利用。通过从地下含水层、河流和湖泊中取水，并用于工业、生活或灌溉，也可以使径流量（蓝水）具有生产力。由此，径流并没有“流失”到海洋中，而是以有用的目的被消耗。乍一看，在一定时期内，我们似乎可以利用一个流域内所有可用的绿水和蓝水。短时期内，我们甚至可以通过消耗地下水和湖泊水库的水，来使用更多的水资源。但从长远来看，我们绝对不能以比水资源天然补给更快的速度用水。流域用水量的上限是流域内的降水量。不过，这仅仅是一个理论上限值。实际的上限要低得多，因为需要预留大量的绿水和蓝水资源满足自然生态系统的需求，并使其不受影响，而其他部分可用水量可能会在一年中减少并继续流失。前面提到的通过无效蒸发向大气“流失”的水和向海洋“流失”的水不是真正的损失，但这些流量对于生态系统，以及依赖于这些生态系统的社会系统的正常运转至关重要。

为每个水体确定人类活动的蓝、绿水足迹的阈值很有必要。因此，可为每个地下含水层或流域制订最大可持续蓝水足迹，也可为每个生物群落或生态区域制订最大可持续绿水足迹。根据全球水资源总量可以得到全球蓝、绿水资源的分配情况，如图 11.1 所示。图 11.1 中箭头的大小是有指示意义的，因为这一领域的研究仍在进行中。正如我们可以看到的那样，在全球范围内，人类的蓝水和绿水足迹仍处于最大可持续水平之下。但这并不能提供真实的情况，可能会被误解。在本章后面将会详细阐述，实际上，地球上的许多地方的水足迹都超过了其最大可持续水平。全球图景隐藏了人口最密集地区实际和最大可持续水足迹之间的矛盾，而提高最大可持续水足迹的潜力往往位于我们不居住、不需要水的地方。下面，首先从特定水体和生态区域的角度来讨论对蓝、绿水的需求。

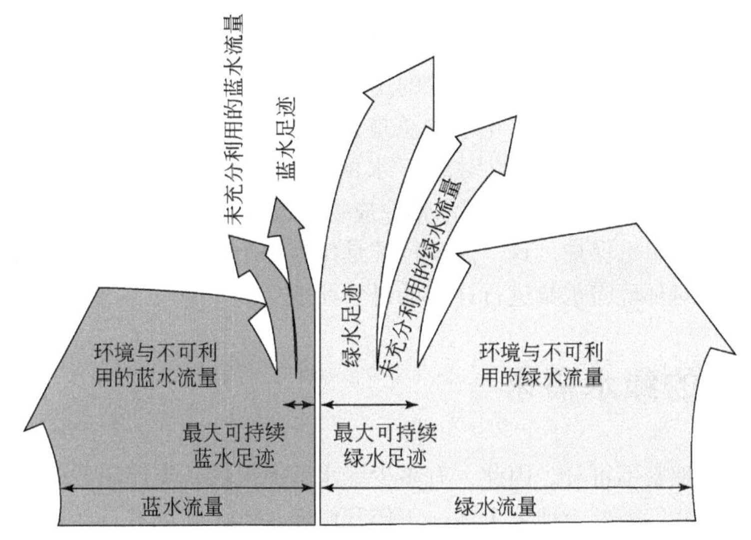

图 11.1　全球蓝、绿水资源配置

箭头的相对尺寸大小基于 Mekonnen 和 Hoekstra（2016）、Schyns 等（2019）的数据。大部分“未充分利用”的蓝、绿水资源分布在很少有人居住的地区；是否真的能够重新获得这些水资源以满足人类的需求还有待商榷，水资源短缺表现在特定的地区和一年中的某些时期，而这些并没有从全球水资源分配图中清晰地看到

2. 自然系统的蓝水需求

流域内蓝水足迹的上限是流域的总天然径流量减去环境需水量。环境需水量是维持淡水、河口生态系统及依赖这些生态系统的人类生计所需的河流径流量。那些认为所有径流都可以不用付出代价就消耗掉的想法是错误的。河流和河流三角洲的生物多样性显然要取决于河水的存在。粗略地估计，大约 80% 的天然河流径流量需要作为环境需水量的数量，以防止河流及其三角洲的自然结构和生态系统功能发生重大变化（Richter *et al.*，2012）。因此，根据经验法则，一个流域的“最大可持续蓝水足迹”（或可利用蓝水资源量）仅为该流域径流量的 20% 。考虑到当地生态系统的特点、动态和脆弱性，人们可以更精确地研究特定河流的环境需水量。但作为初步粗略的估计，我们可以假设 80% 的天然径流量可以更好地保持当地的生态系统不受影响（在非消耗的意义上）。此外，理论上的“可利用”实际上并不都是可利用的，也不可能在实践中被开发利用，因为当农业对水资源需求较低时，相当大的一部分水资源可能会流失在作物生长季节之外，或者是部分不易被储存的短期高峰流量。考虑到这些限制因素，各流域的蓝水资源可持续利用和实际获取量将有所不同。

保持一个不太偏离自然情况的河流环境需水量意味着也需要保护地下水资源。地下水流出形成河流的基流，这至少在很大程度上对维护下游河流沿线的人类和生态系统的稳定至关重要。人们可能认为从地下水中抽取的水能够达到自然补给的水平，但这是一个很大却又很常见的错误。原因是含水层（通过雨水补给的地下水层）是一个动态系统，在这个系统中，流出的水对流入的水有一个响应过程。在自然平衡状态下，含水层的流出量等于流入量。如果我们从含水层中取水，净流入量就会减少，这将影响流出量，从而影响河流的基流。因此，为了可持续发展，地下水的用水仅限于自然补给率的一小部分（Hoekstra，2018b）。另一个原因是，从含水层中取水总是会影响地下水位，取水越多，地下水位下降越大。取决于人类和陆地生态系统对地下水的依赖程度，这也限制了地下水的抽取。Gleeson 和 Richter（2018）建议，地下水抽取应在一段时间内减少不超过 10% 的月天然基流，以维持高水平的生态保护。这一假定标准是作为一个关键的内容提出的，在这个假定下，无法在短期内对环境需水量进行详细的科学评估。

3. 自然系统的绿水需求

绿水资源与土地密不可分。因此，有多少绿水资源可供人类使用的问题取决于哪些土地可供人类使用。我们需要土地来生活、工作和修建基础设施以进行产品运输，需要土地来开采和储存废弃物，需要耕地来生产食物、饲料、纤维和生物燃料，需要林地来生产木材和衍生产品，需要牧场来养牛等。把世界上所有的土地都用来满足人类的需要是不合理的。关于保护生物多样性和生态系统功能所需土地空间的大多数科学研究表明，必须保护 25% 至 75% 的区域或主要生态系统（Baillie and Zhang，2018）。基于全球生物多样性保护考虑，在全球一级提倡的一个更具体的数字是，将全球 50% 的土地面积留给自然系统（Wilson，2016）。人类最大可持续绿水足迹取决于尚未留给自然系统的那部分土地上可利用的绿水资源。科学家们为了绘制全球的生物多样性热点地图，并精准确定哪些土地最适合自然保护并做出了很多努力（Pouzols *et al.*，2014）。因此，可以在生物群落、生态区域、河流流域或国家一级确定可供人类使用的绿水资源。一个地区最大的可持续绿水足迹取决于该地区可利用的土地上的绿水资源数量，但并非所有可利用土地上的绿水资源都能有效地用于农业或林业生产。我们还需要土地来维持生活和基础设施，有些地区，如沙漠和陡峭的山脉，是不适合生产的，因此只有一小部分土地可以用于农业和林业。只有该地区的绿水才能有效地用于生产食物、饲料、纤维作物、木材、纸张等，而且只有生长季节的绿水才能被利用。因此，流域中的“最大可持续绿水足迹”（或称“绿水可利用量”）仅占可供人类使用土地总蒸发流量的一小部分（Hoekstra *et al.*，2011）。最近，我们在对留给自然的土地和不可利用的绿水做出非常保守的假设和估计（17%，遵循《生物多样性公约》的目标）的同时，估计全球绿水总量的约 25% 可供使用（Schyns *et al.*，2019）。因此，作为第一个粗略的估计，最大可持续的绿水足迹（或世界上的绿水可利用量）是世界绿水总量的 25%。

4. 最大可持续灰水足迹

灰水足迹是衡量水污染的一种体积指标，它表示将某一污染物负荷完全吸收自净所需的水量，因此某一地方灰水足迹的极限等于可用水量的大小。当灰水足迹的大小等于流域径流时，就是流域中的最大可持续灰水足迹。同样，当灰水足迹等于流经含水层的水流量时，含水层中的灰水足迹达到最大可持续性。一旦灰水足迹达到最大值，人类对河流或含水层的化学物质负荷就达到临界负荷，其定义为河流中化学物质的最大允许浓度与自然本底浓度乘以河流或含水层中的水流之间的差值（Hoekstra *et al.*，2011）。在美国，临界负荷的概念是在“最大日总负荷”这一术语下定义的。其实质是超过最大或临界水平的污染负荷会超过环境水质标准。当灰水足迹超过可用水流量时，废弃物自净能力也会达到极限。

5. 时空维度的重要性

最大的绿水、蓝水或灰水足迹将始终取决于特定的时间和空间。例如，某个蓝水足迹可能会导致一个流域的变化很小，而同样大小的水足迹可能会导致一个更干旱的流域的水枯竭。随着时间的推移，同样的差异也会出现：虽然某个蓝水足迹在潮湿的月份可能被认为很小，但在同一个流域，在干旱的月份可能被认为很大。当我们把世界上过去一年内所有河流流域的人类活动蓝水足迹加起来，我们就可以估算一年内的全球蓝水足迹，但将这一全球年度蓝水足迹与一年来全球蓝水总量进行比较是没有意义的。一个流域的缺水不能与另一个流域的缺水相矛盾；一个月的缺水不能与另一个月的缺水相矛盾。水资源短缺、水资源过度开发和水污染在特定的时期和地区才会表现出来。

6. 我们的蓝水足迹是否可持续？

在地球上的许多地方，地下含水层和河流蓝水资源的消耗已经超过了可持续水平。首先，讨论地下含水层的透支；其次，讨论由于地下水和地表水的消耗，整个流域的水被过度开采。

在大多数国家，地下水的使用在过去几十年里无论是绝对值还是相对值都有所增加，尽管在一些国家已经观察到这一数值逐渐趋于稳定。Wada 等（2014）估算得到，1979 ~ 2010 年间，全球地下水抽取量从 6500 亿 m^3/a 增加到 12000 亿 m^3/a，增幅为 85%，而同期全球地下水抽取量占总抽取量的比例从 32.5% 增加到 36.4%；在 1979 ~ 1990 年期间，全球地下水开采量每年增加约 1%，但在 1990 ~ 2010 年期间，地下水开采量每年增加约 3%。地下水日益重要的原因可以解释为，地表水日益匮乏，新建水坝和水库的建设速度放缓。在欧洲，地下水抽取量约占总抽取量的 30%，在过去几十年中没有大幅度增加。然而，在北美和中美洲，地下水开采量在 1979 ~ 2010 年间增加了 40% 以上，2010 年地下水抽取量占总抽取量达到60%左右。在西亚，地下水开采量增加了两倍，占2010年总开采量的70%左右。在南亚和东亚，地下水开采量在1979 ~ 2010年期间几乎翻了一番。在北非，地下水开采量约占总开采量的30%。其他如东南亚和南美地区，地下水开采量不到总量的20%。

Gleeson等（2012）估计全球20%含水层的地下水开采量超过了地下水可利用量。地下水可利用量在这里被定义为地下水补给量减去地下水对河流基流的分配量。大约17亿人生活在那些地下水可利用性和（或）依赖地下水的地表水和生态系统正处于危险之中的地区。地下水不可持续利用水平较高的地方是印度、巴基斯坦、沙特阿拉伯、伊朗、墨西哥、美国、北非和中东欧等。在印度—巴基斯坦的恒河上游和印度河下游含水层中，地下水抽取量与可利用量的平均比值分别为54和18。沙特阿拉伯北部和南部阿拉伯含水层这一比值分别为48和39，伊朗波斯和南部里海分别为20和98，墨西哥西部和中部含水层分别为27和9.1，在美国的高平原和中央山谷含水层中分别为9.0和6.4。埃及尼罗河三角洲含水层为32，而阿尔及利亚、突尼斯和利比亚共享的北非含水层为2.6。最后，在匈牙利、奥地利和罗马尼亚部分地区的多瑙河流域含水层中，这一比值为7.4。在早期的研究中，Wada等（2012）发现，2000年不可再生地下水开采量约占全球灌溉总供水量的20%，印度、巴基斯坦、美国、伊朗、墨西哥和沙特阿拉伯等的不可再生地下水开采量最大。他们进一步发现，在全球范围内，不可再生地下水的开采量在1960 ~ 2000年间翻了三倍多。

如Hoekstra和Mekonnen（2012a）的研究所示，地下水过度开采量最大的一些国家也是生产出口产品的最大用水国：美国、中国、印度和巴基斯坦被估计为世界上最大的净虚拟水出口国，美国排名第3，巴基斯坦和中国在净虚拟水出口国名单上也排名很高（分别排在第7位和第11位）。即使是净虚拟水进口的国家，如埃及和伊朗，仍然有大量的虚拟水出口（Karandish and Hoekstra，2017；Abdelkader *et al.*，2018）。

地下水抽取和补给率的估计值仍然存在不确定性，而且各估计值的来源各不相同。据Margat和Van der Gun（2013）基于世界粮农组织（2016）国家统计数据汇编的统计估计结果表明，2010年全球地下水总开采量为9820亿m^3/a，全球地下水开采量的70%用于农业灌溉，21%用于生活用水，9%用于工业生产。Wada等（2014）综述了基于模型的全球地下水的开采量估算结果，其范围从5450亿m^3/a（Siebert *et al.*，2010；仅考虑用于灌溉的地下水）到约17000亿m^3/a（Wisser *et al.*，2010）。统计估计的缺点是只能依赖于精度有限的国家统计数据；模型估计的缺点是依赖于各种简化假设和不确定的输入数据。因此，所提供的地下水抽取数据也存在较大的误差。地下水更新率也是如此。根据FAO（2016）估算表明，全球地下水的总开采量相当于全球地下水平均更新量的8%。然而，这个全球估算结果显然隐藏了Gleeson等（2012）、Margat和Van der Gun（2013）所显示的巨大区域差异。尽管许多含水层地下水透支的精确估计存在很大的不确定性，但从上述所有研究地点的结果中可以明显看出，地下水位正在迅速下降。

当我们考虑流域的总蓝水消耗量（地下水和地表水消耗量之和）并将其与蓝水可用量进行比较时，我们得到了同样的消极结果。在高空间分辨率的全球研究中，我们发现2000年全球三分之二的人口（当时为40亿人）生活在每年至少一个月面临严重缺水的地区

（Mekonnen and Hoekstra，2016）。每年生活在严重缺水地区至少4~6个月的人口为18亿~29亿。全世界有5亿人生活在常年严重缺水的地方。表11.1总结了每年特定月份内生活在低、中、高度和严重缺水地区的人数。对于每个地点和每个月，我们根据蓝水足迹与可利用蓝水资源量的比值，将水资源短缺从低到严重分类。蓝水可用性计算为自然径流减去环境需水量，后者假定为天然径流的80%。我们定义了如下四个程度的蓝水资源短缺：蓝水资源的低稀缺性意味着蓝水足迹不会超过蓝水资源的可利用量。因此，蓝水足迹低于蓝水可利用量的100%（低于天然径流的20%）。不违反假定的环境需水量，这些都是可持续的条件。中度的蓝水资源短缺意味着蓝水足迹占蓝水水资源可利用量的100%~150%（占天然径流的20%~30%），假定的环境流量要求不再满足。显著的蓝水资源短缺意味着蓝水足迹占蓝水资源可利用量的150%~200%（占天然径流的30%~40%）。严重缺水意味着蓝水足迹大于蓝水可利用量的200%（大于天然径流的40%）。

表11.1　1996~2005年期间平均每年特定月份面临低、中、高和严重缺水的人数

每年面临缺水的月份数（n）	每年有n个月面临低、中、高和严重缺水的人数/亿				每年至少n个月面临中度及以上缺水人数/亿	每年至少n个月面临严重缺水人数/亿
	低度缺水	中度缺水	高度缺水	严重缺水		
0	5.4	49.8	52.2	20.7	60.4	60.4
1	1.2	8.1	6.6	3.1	42.6	39.7
2	1.2	1.9	1.3	3.7	39.5	36.6
3	3.5	0.5	0.3	3.7	35.5	32.8
4	3.3	0.1	0.01	5.9	31.5	29.1
5	3.0	0	0	5.5	25.6	23.2
6	3.3	0	0	2.7	20.9	17.8
7	4.7	0	0	2.1	17.6	15.0
8	5.9	0	0	2.9	14.6	13.0
9	4.0	0	0	3.0	11.3	10.1
10	4.0	0	0	1.2	7.8	7.1
11	3.0	0	0	0.9	6.6	5.9
12	17.8	0	0	5.0	5.4	5.0
合计	60.4	60.4	60.4	60.4		

资料来源：Mekonnen and Hoekstra，2016。

在较早一项研究中，我们发现在全球405个大型流域中，每年至少有一个月的时间内，55%的流域内蓝水足迹是不可持续的（Hoekstra *et al.*，2012）。这意味着，至少在一年中的一部分时间里，这些流域通常不满足干旱期的环境需水量。所分析的流域水资源流量占全球径流量的69%，占世界灌溉面积的75%，占世界人口的65%。在考虑水资源短缺的社会、经济和环境影响时，水资源短缺的严重性和持续时间是非常重要的。这项研究所包括的12个流域在一年中的所有月份都经历了严重的缺水，其中最大的流域是澳大利亚的艾尔湖流域，它是世界上最大和最干旱的内陆流域之一，只有大约8.6万人，但覆盖了约120万km^2的土地。美国得克萨斯州的圣安东尼奥河流域和南非东开普的格罗特基河流域发生了每年11个月的严重缺水。印度南部的彭纳河流域处在一个干旱的热带季风气候流域（1090万人），这个人口密集的流域面临每年9个月的严重缺水。有四个流域面临每年8个月的严重缺水：印度河流域，主要分布在巴基斯坦和印度，人口2.12亿；印度的考维河流域，人口3500万；死海流域，包括约旦河，延伸至约旦、以色列的部分地区，黎巴嫩和埃及的西岸和小部分；美国加利福尼亚的萨利纳斯河流域。

7. 蓝水足迹上限

在第七章关于棉花的水足迹研究中认为中亚五国政府需要就咸海流域设定蓝水足迹上限达成一致。这样一个上限应该反映出该地区最大的可持续蓝水足迹。在关于切花的第九章中，我解释了在肯尼亚奈瓦沙湖流域设置蓝水足迹上限的必要性。因此，确定一个流域的蓝水足迹上限对世界上所有河流都是有益的，而且在那些当前的蓝水足迹已经超过最大可持续水平的流域显然是最紧迫的。在这些流域，在向可持续用水水平转变方面，就水足迹上限达成政治协议将是至关重要的。此外，也有必要制定特定区域的地下水足迹上限，以避免含水层的过度消耗。

无论含水层或河流流域属于一个国家，还是在不同国家之间共享，就蓝水足迹上限达成一致是一件政治化的事件。据此可以预期，上限的设定水平将取决于不同的利益谈判和权衡结果。对于目前蓝水资源被过度开采的含水层和流域，最现实的做法是商定一个蓝水足迹上限，从目前的蓝水足迹水平逐步下降到可以被视为可持续的水平。随着时间的推移，可以采取必要的措施来提高水的利用效率，以便在较小的蓝水足迹下实现相同的生产水平。其他一些必要的措施可能包括调整种植结构，如果不可能实现减少蓝水足迹的目标，可考虑适当降低生产规模。

在制定某一流域的水足迹上限时，人们将面临水资源可利用量的自然变化问题，这在如何设定上限方面造成一定程度的不确定性，因为人们无法预测未来一年的水资源可利用量。根据流域自然径流变化数据和全年环境流量要求，可以根据不同程序制定蓝水足迹上限。首先，很重要的一点是对环境需水量的水量达成一致。蓝水可利用量将定义为自然径流减去这些环境需水量。接下来，我们可以就某些月上限值达成一致，例如，蓝水足迹上限等于某个历史时期内每月平均蓝水可利用量。或者，更为谨慎的做法是，可以选择将每个月的上限设置为给定月份中若干年内蓝水可利用量的25%。或者，更为严格的是，每个月的上限可以选择在某个历史时期内该月出现的最低蓝水可利用量水平。显然，在流域中设置了更严格的蓝水足迹上限后，实际的蓝水足迹将会下降，在制定上限的基础上，如果一个时期比过去的平均水平更湿润，就会经常出现这种情况。在最后一个方案中，月蓝水足迹上限等于过去一个月的最低可用水量，可以确保环境需水量充分满足，但未充分利用的水量可能非常大。根据优先满足环境需水量的原则，基于过去蓝水可用性的月平均值的月蓝水足迹上限，在相对干燥的时期通常不满足环境需水量。因此，在选择如何设置上限时，不可避免地必须在某些违反环境需水量的频率（在干旱期）和某些未利用流量的频率（在潮湿期）之间取得平衡。当未来流量可以在某种程度上预测时，这些预测可用于制定动态的蓝水足迹上限。

随着时间的推移，河流中人工水库的存在改变了流域的蓝水足迹上限制定原则。沿河的水库通常能缓和径流的变化，从而提高旱季的水资源利用率和蓝水足迹上限。以中国黄河流域为例，Zhuo 等（2019）评估了大型水库随着时间的变化如何影响流域的蓝水足迹上限。研究表明，随着时间的推移，水库基本上重新分配了蓝水足迹上限，从而允许在干旱期消耗更多的水。每月的蓝水足迹上限通常在汛期（7 月至 10 月）因水库蓄水而降低，在作物需求量最高的时期（3 月至 6 月）因水库放水而提高。作为一个显著且有意义的副作用，水库蓄水量在大多数雨季超过天然径流的 20%，导致“雨季缺水”，这被理解为一种与天然洪峰流量相关的环境需水量不再被满足的情形。

制定用水上限的观点很早就存在了。例如，在澳大利亚的墨累-达令流域，为了应对水资源使用量的增加和河流健康水平下降的挑战，采用了地表水分流上限（MDBC，2004），大家一致认为该上限应定义为“在 1993 年、1994 年开发水平下分流的最大水量”。问题是该上限是否对水的使用有足够的限制，使水的使用在长期内真正可持续发展。墨累-达令流域用水上限的一个缺点在于它不包括地下水抽取，因此，地表水分流上限管理，使得该流域地下水的使用量增加。在我看来，另一个不足之处是，用水上限管理的是水资源的转移而不是水资源的消费。

8. 我们的绿水足迹是否可持续？

在最近一项高空间分辨率的研究中，我们发现人类的绿水足迹占全球最大可持续水平的 56%，并在一些地方大于这一数值，如在欧洲、中美洲、中东和南亚国家（Schyns *et al.*, 2019）。这些国家可持续利用的绿水流量大多或全部用于人类活动（主要是农业和林业），有时甚至还会消耗专门用于自然保护的绿水资源。据估计，人类 18% 的绿水足迹位于需要保护的地区，相当于实现联合国《生物多样性公约》规定的 17% 的土地保护目标。总的来说，一半的过度绿水消耗发生在 10 个国家：美国、巴西、印度尼西亚、印度、中国、哥伦比亚、菲律宾、墨西哥、德国和马来西亚。这个估计是非常保守的，因为它是基于政治上商定的保护全球 17% 土地的目标，而科学家认为，为保护生物多样性而保护的土地比例相当于 50%。如果一个以科学为基础的保护阈值，那么可供人类使用的土地和相关的绿水资源将会减少，因此，过度消费的发生率和总的百分比将远远超过 18%。

有趣的是，在许多地方，绿水似乎和蓝水一样稀少，在许多地方甚至更为稀缺。以德国为例，所有可用的绿水资源都已经被占用，而部分绿水资源应该分配给大自然。考虑到德国是一个气候温和的湿润国家，谈论绿水资源短缺听起来可能有悖常理，但它的意思是所有的绿水资源都被利用了，而不是说它是一个干旱的国家。另一方面，德国的蓝水资源匮乏程度较低，因为大部分河流径流量未受影响。

对于绿水足迹，水务工作者的普遍态度是，无须担心，因为雨水蒸发无论如何都会发生，无论是来自天然植被、农田还是生产林。用农田代替天然林可以减少全年的总蒸散量，从而增加年径流量，但在干旱期可能会减少基流（因为森林较农田相比会推迟产流），然而，这些影响通常不易在流域尺度上测量。因此，从流域水文的角度来看，用雨养农田代替自然植被或用另一种作物代替人工灌溉的作物通常被认为没有什么相关性。因此，围绕绿水足迹可持续性的问题不应仅侧重于流域内的水文过程。相反，应该围绕着水的分配问题。值得注意的是雨水充足、生物量增长良好的生产性土地非常稀缺。当我们将土地及其相关的绿水资源用于某一用途时，就不能将这些资源用于另一用途，如分配给农田或生产林的土地和绿水将不可再用于自然植被；将土地和绿水分配给玉米，这些玉米将喂给农场动物，这意味着这些资源将无法用于生产面包小麦。用于生产生物柴油的油菜的土地和绿水将不再用于生产食物作物。尽管雨水是免费的，而且无论如何都会蒸发，但一个相关的问题是，如何科学分配绿水资源并做到可持续利用。

9. 绿水足迹上限

绿水资源短缺几乎不是科学研究的主题（Schyns，2015b），也没有任何关于绿水资源短缺的政策辩论。随着土地特定利用类型的分配，相关的绿水资源也会自动分配用于这些用途。我不主张为某些地理区域设定绿水足迹上限，如流域或国家，因为更为直接的做法是为自然保留一定面积的土地，通过间接的方式将这些土地上的绿水资源保护起来，而不能用于作物生产或林业。事实上，通过确定哪些土地可以用于农业和林业，也就同时分配了流域内的绿水资源。

10. 我们的灰水足迹是否可持续？

据估计，2000 年全世界大约三分之二的流域出现了与氮或磷污染有关的不可持续的灰水足迹（Liu *et al.*，2012）。在这些流域中，废弃物的自净能力已经完全消耗殆尽，其浓度超过了有关氮和（或）磷的环境水质标准。在专门针对氮污染的全球研究中，我们估计，与氮相关的灰水足迹超过流域自净能力的流域覆盖全球土地面积的约 17%，占全球河流径流量的约 9%，同时覆盖了全球 48% 的人口（Mekonnen and Hoekstra，2015）。亚洲占人类总氮污染达到惊人的 64%。世界上约 23% 的与氮有关的灰水足迹与生活废水有关，通过在世界各地安装或改进废水处理，生活废水显然可以减少。第二个最大的灰水足迹来源（18%）是作为肥料从主粮作物中淋溶出的氮。从蔬菜地中淋溶出的氮肥是人类氮相关灰水足迹的第三大贡献因子。农业的这种面源污染可以通过采取一系列措施来减少，这些措施包括减少肥料施用量、使用有机肥料替代合成肥料、减少或免耕土壤和灌溉等方式，从而使氮不易随灌溉过剩的水排出（Chukalla *et al.*，2018a）。在另一项以磷为重点的研究中，我们发现，与磷相关的灰水足迹超过流域自净能力的所有土地总共覆盖了全球约 38% 的土地面积，占全球河流径流量的 37%，为全球约 90% 的人口提供了生存空间

(Mekonnen and Hoekstra，2018)。生活污水是与磷相关的灰水足迹的最大来源，亚洲是最大的污染源。

目前还没有包括各种水质参数的关于全球河流水质的全面报告，但很明显，水质恶化是世界性趋势，世界上没有一个流域能成为例外（Meybeck，2003，2004）。世界上几乎没有多少河流可以使水质达到全年所有常规水质标准。过量的氮和磷只是两种最为主要的污染类型。其他更广泛的污染形式是杀虫剂、金属和病原体。一个新出现的问题是许多河流中出现了大量的人类和兽医废弃药物。

11. 灰水足迹上限

流域中的灰水足迹也需要上限。这较制定蓝水足迹上限达成协议要容易得多，因为大多数国家已经在现有立法中制定了环境水质标准。加上自然浓度和水流的大小，这意味着每种化学品都有一定的临界负荷。当化学品的总负荷等于临界负荷时，流域内的最大可持续灰水足迹达到上限，此时，灰水足迹等于河流径流的大小。在此方面，我们面临的挑战是将每种化学品的环境水质标准合理地转化为临界负荷，并制定确保不超过临界负荷的有效机制，因此不应忽视面源污染的贡献。在世界上的大多数流域，普遍的做法仍然是，对面源污染（如农业中使用的化肥和农药造成的污染）没有适当的管制。对于点源污染，由于追求污水处理许可证发放数量，污水处理标准往往不够严格，或者发生了非法的污水排放。因此，很容易超过河流的临界载荷。现行排放标准的另一个问题是，它们通常调节废水的浓度，而不是单位时间内污染物质量的总负荷。

12. 降尺度到各用水户水足迹上限

就蓝水足迹上限和每个水体（含水层、流域）每种污染物的临界负荷达成协议，将是在明智地管理淡水资源方面向前迈出的巨大一步。含水层和河流透支，以及水污染的问题是，通常缺乏适当的机制来设定上限。明确设定上限是朝着更好的监管迈出的一步。下一步挑战是将最大耗水量和临界负荷转换为对个人用户的限制，这可以通过发放水足迹许可证或配额来实现。在国际河流管理中，这将是将流域界限转换为该流域国家界限的中间步骤。

水足迹上限需要按流域在空间上（如按子流域）确定，也需要在时间上（如按月份）明确。需要特别注意年际变化的问题，因为一个潜在的陷阱是，水足迹上限是为平均年份设定的，这将不可避免地导致在干旱年份出现问题。例如，我们可以在澳大利亚的墨累-达令流域看到这一点，那里的水资源过度开采被部分归因于对蓝水可用量的评估过于乐观，从而向农民发放用水许可证，最终透支了水资源。一旦确定了一个流域的蓝水水足迹上限，就需要进行定期监测，以评估在气候等环境条件不断变化，或环境需水量得到改善的情况下，水足迹上限的水平是否仍然合适。

13. 从地理到生产或消费角度

在此之前，我已经从地理角度讨论了可持续性。通过这个角度，我们分析了一个界限明确的地理区域（如河流流域、子流域或含水层）内的总绿、蓝和灰水足迹。然后将绿水足迹与可用绿水资源量、蓝水足迹与可用蓝水资源量及灰水足迹与可用于吸收废弃物的河流径流量进行比较。从这些比较中，我们可以发现一些热点地区，如特定的流域或流域内较小的子流域，那里的总绿、蓝、灰水足迹是不可持续的，这种地理方法可以让我们判断某个流域中的水足迹是否可持续。然而，我们常常想知道一种特定的生产或消费方式是否可持续，以及我们如何调整生产和消费模式，使之更加可持续（表 11.2）。严格地说，我们不能将某一生产过程或产品或个人的消费模式定性为可持续或不可持续，因为正如本章开头所述，可持续性是在系统层面上理解的。为了说明可持续性，我们需要将某一地区所有水足迹的总和与该地区的流域能承载的上限进行比较。然而，我们可以通过研究生产或消费如何在总体水平上促进可持续性，来谈论生产或消费的可持续性。如果生产或消费的产品来源于过度开采地下水的集水区，则该产品会导致不可持续性。或者，不管其来源如何，水密集型产品的生产对世界总需水量做出了贡献，并以这种方式至少间接地导致了水资源短缺问题。

表 11.2　可持续用水的三个视角

视角	问题	典型的解决方案
地理	我们怎么保证环境需水量及水消耗和污染不超过环境可持续水平？	制订每个水系统的水足迹上限，以及向用户发放的水足迹许可证不得超过约定的最大值
生产	怎样调整生产过程和空间生产模式以减少总体的水需求，尤其是在缺水地区？	提高生产过程中的水分利用效率及在富水地区生产水密集型产品以减少在缺水地区生产这些产品的水需求
消费	怎么通过改变消费模式减少水需求和水污染，尤其在缺水地区？	调整消费模式以实现区域（间接）水需求更小，以及减少来自于缺水地区的产品的消费量

14. 什么是可持续生产

在热点地区生产、消耗或污染大量水的产品，造成了不可持续的状况也可以称为不可持续。很容易将产品分为两类：完全或部分在超过最大可持续水足迹水平的地区（热点地区）生产的不可持续产品，以及完全在未超过最大可持续水足迹水平的地理区域生产的可持续产品。然而，后一类是值得怀疑的。下面将会用一个简单的例子来解释这一点。

假设两个流域具有相同的面积（表 11.3）。流域 A 相对干燥，每年最大的可持续水足迹为 50 个水单位。然而，该流域的农民每年消耗 100 个单位的水来生产 100 个单位的作物，消耗的水足迹超过了上限 1 倍。流域 B 有更多的可用水，每年最大的可持续水足迹为 250 个水单位。较第一个流域水资源更丰富，水的利用效率也更低。流域内的农民每年消耗200个单位的水，生产100个单位的作物，与第一个流域的水量相同，但每作物单位用水量是第一个流域的两倍。地理分析表明，在B流域，消耗的水足迹（200）仍低于水足迹上限（250），因此这是可持续的。同时，在流域A，水足迹（100）远远超过最大可持续水平（50），因此这显然是不可持续的。现在的问题是：我们是否应该将源自A流域的作物归类为不可持续，而将源自B流域的作物归类为可持续？从地理角度看，答案是肯定的。在流域A，作物生产的水足迹需要减少。然而，当我们从产品的角度来看时，我们发现B流域的每一作物单产水足迹是A流域的两倍。如果B流域的农民能够更有效地利用当地水资源，达到与A流域相同的水生产力，他们将生产两倍多的作物，而不会增加A流域的总水足迹消耗。很可能，A流域的农民无法轻易地进一步提高其水资源生产力，因此，如果目标是保持全球生产水平不变，唯一的解决办法是通过缩小一半的生产规模，同时将B流域的水分生产效率扩大一倍，从而将A流域的水足迹降到可持续水平。如果流域B设法达到与流域A相同的水生产力水平，那么这两个流域甚至可以增加全球作物产量，同时将流域A的总水足迹减半，以及提高流域B的生产效率。

表11.3　如何通过提高富水流域（B）的水生产力来解决缺水流域（A）的过度开发的示例

参数	单位	现状		可能的解决方案	
		流域A	流域B	流域A	流域B
最大可持续水足迹	单位时间的水单位	50	250	50	250
水足迹	单位时间的水单位	100	200	50	200
生产	单位时间的水单位	100	100	50	200
单产水足迹	单位产品的水单位	1	2	1	1
水分生产力	每水单位的产品单位	1	0.5	1	1

资料来源：Hoekstra，2014a。

这个例子不仅是理论上的。在现实世界中，我们可以看到许多半干旱地区尽管相对高效地利用水资源，但仍存在过度开发问题。相反，水资源丰富的地区，那里没有过度开发，但水的生产力相对较低。从地理角度看，整个系统的薄弱环节在于水资源过度开发区域，总的水足迹过大。从生产的角度来看，该系统的薄弱环节在于水生产力较低的地区，那里单位生产力水足迹很大。为了使整个系统朝着可持续的方向发展，需要同时发生两件事：在超过最高可持续水平的地理区域，需要减少总的水足迹；在最容易实现这一目标的区域，需要减少单位生产的水足迹。从全球角度看，可持续性要求所有具体的地理区域内的水足迹总量不超过其最大水足迹上限水平，但为了实现这一点，需要在任何可行的地方提高单位产品用水效率，在水资源丰富的区域通常具有更大的潜力。不能仅仅因为产品是在最大水足迹水平以下的地区生产的，就认为它是可持续的。考虑到全球对各种产品的某些需求，以及全球对水供应的限制，单位产品的水足迹需要保持在某些限制范围内。合理地制定每种产品的水足迹上限并非易事，但在下一章中，将再次探讨水的利用效率和水足迹基准。

15. 什么是可持续消费

个体消费模式只有在消费的所有产品都不会造成任何水系统中不可持续的情况下才能持续。因此，首先我们需要知道产品的来源（第一个标准）。然而，还有两个额外的标准。第二个标准是上文在可持续生产下讨论的内容。消费的产品还应符合用水效率的一些最低标准，因为非生产性用水造成的需水量大于必要的需水量，从而间接造成整个系统的不可持续状况。富水地区的水需要得到有效利用，以便能够降低过度开发的贫水地区的生产规模。第三个标准必须适用于所有消费产品的总和。现在的问题是，个体消费者在整个人类的水足迹中所占份额是多少。如果总足迹过大，那么对个人来说，问题是他或她对总足迹的贡献有多大，份额是否合理。这将是第十三章关于水足迹公平性的主题。

第十二章　资源利用高效性：产品水足迹基准

正如前一章所提到的，水资源高效利用有助于实现用水更加可持续。在这一章节，我们将研究不同视角的“高效用水”。首先，从用水者的角度来说，提高水分生产力，也就是提高单位用水量的产出，是很有意义的。例如，使每滴水的作物产量更高或者使每滴水的经济价值更高。因此，提高水分生产力（单位用水量的产出）与减少水足迹（单位产出的用水量）是具有相同意义的。从生产视角考虑之后，我将从另外两个角度来讨论水资源利用效率：地理角度和消费角度。从地理角度来看，我们需要考虑生产地点及产品类型，进而实现节约用水，缓解水资源短缺；从消费角度来看，我们需要解决如何使用更少的水来更好地满足特定的消费需求。综合考虑提高水资源利用效率的不同方式后，我们将讨论通过提高生产效率来解决众多水资源问题的可能性。

1. 生产角度的水资源利用效率

“水资源利用效率”通常被定义为生产单位产品所使用或消耗的水资源数量，和“水分生产力”基本是同一概念。农作物的水分生产力可以用经济产品的收获量除以农作物生长过程消耗的水量，后者一般是指作物生育期的农田蒸散量（绿水和蓝水）。农作物生产的水分生产力（t/m^3）等于单产（t/hm^2）除以单位面积农田的蒸散量（m^3/hm^2）。农作物的水分生产力与作物消耗的水足迹互为倒数。综上可知，降低单位作物产品“水足迹”（m^3/t）即提高作物的“水分生产力”（t/m^3）。雨养农业只消耗绿水，因此农作物的水分生产力即为绿水生产力；灌溉农业既消耗绿水，也消耗蓝水，总的水分生产力等于作物产量除以蓝水和绿水的总消耗量。这种情况下，蓝水生产力可定义为灌溉增加的产量与消耗的蓝水数量的比值。

一般认为，作物生长消耗的水量与根系吸收的水量大致相等，约等于作物的蒸腾量，但这并不是农田的总蒸散量。虽然作物只从总蒸散量中的蒸腾量受益，但其余部分也应该视为蒸散损失予以考虑。

工业的水资源利用效率或水分生产力一般用工业品生产总量除以总取水量。因为需要用水许可，并要为取用的每立方米水付费，站在公司或企业的角度，它们关心的是直接取水量。而从环境角度考虑，消耗性用水（或者说蓝水足迹）则更有意义。本书中所讨论的工业蓝水资源利用效率或蓝水生产力，其内涵是用某种行业的总蓝水足迹除以该行业的工业品生产总量，即生产单位产品的蓝水消耗量，而不是单位产品的取水量。

虽然污染因子与水资源利用效率或水分生产力无关，但亦不能忽视。水资源污染也是一种水资源占用形式，因为被污染的水可能无法再作其他用途。因此，也需要提高这一领域的用水效率，即降低生产单位产品的灰水足迹。

2. 零水足迹工业

用同样的水资源生产更多的产品或用较少的水资源生产同样数量的产品，都可以提高水资源的利用效率，在这两种情况下，生产单位产品的水足迹都将减小。工业通常关注在一定的生产水平下持续减少水足迹，并努力实现“零水足迹”。通过避免水的蒸发损失，多数工业蓝水足迹可以降低到零。如果所有从流域水体中抽取的水都能得到重复使用，一个工厂或行业将没有蓝水足迹。避免污染扩散或通过污水处理使污染物的排放浓度等于或者低于所用水体的天然浓度，灰水足迹也将不复存在。在排放污水前回收其中的热量，可避免水体热污染，并消除其灰水足迹。

工业“零水足迹”符合循环经济理念，不仅没有资源浪费，而且得到了循环或回收利用。循环经济将没有水污染或灰水足迹。因为污染是指有价值的化学品尚未做到完全循环利用，且被分散到环境中，未被捕获并重新利用。循环经济中也没有蓝水足迹，因为循环经济要实现完全循环用水，水资源消耗则意味着生产部门还未完全做到封闭的循环用水，还在干扰和改变流域水文过程。只有一种例外会突破“零水足迹”，就是某些行业需要将水作为原料，纳入自己的产品中，例如饮料行业，需要将水作为一种原料添加到饮料中，但是超出耗水量的水资源使用也是不必要的。世界上许多灌装工厂生产过程水足迹已不再高出作为原料被注入瓶中的水，如可口可乐公司在荷兰的工厂（TCCC and TNC，2010）。

“零水足迹”并不意味着“完全不用水”。从本质上讲，水足迹的定义是消耗性用水和污染。只要抽取的水可以完全返回原处，并保持相同甚至更好的水质，那么用水本身就没有问题。在实现完全循环用水的情况下，生产需水全部来自回收利用的污水时，工业用水甚至可以完全不再对流域产生干扰。在技术上，任何行业走向“零水足迹”（或只允许必要的作为原料进入产品的消耗性用水）都没有任何障碍，所面临的主要挑战将是如何动员人们愿意花费金钱去实现它。

3. 提高农业水分生产力

农业“零水足迹”是不切实际的。植物生长离不开蒸腾作用，减少农业水足迹的方法应着眼于抑制农田蒸散量中的无效部分，例如采取特殊的土壤耕作措施、地表覆盖等（Jalota and Prihar，1998；Nouri *et al.*，2019）。此外，另一个重要的方法是加强农业管理，提高农作物单位蒸散量的产量。农业单产往往非常低，但通常不是因气候、土壤或其他环境因素的影响，而是农业管理措施（Molden，2007）。由于水分生产力等于产量除以蒸散量，所以不仅可以通过减少水分蒸发，而且也可以通过增加产量来提高水分生产力。农民可以采取很多措施增加产量，包括改善土壤结构和肥力，选择合适的作物品种和种植模式等。当然这需要了解大量农业管理的知识，既包括一般性知识，又包括适合当地情况的具体举措，而且一般需要采用多种有效手段的组合，而非单一措施。

施肥可以显著提高产量，从而提高水分生产力，但是过度施肥容易导致营养元素流失造成水污染。在低施肥量的情况下，随着施肥量的增加，单位产量作物的灰水足迹几乎保持不变，因为单位面积水污染增加的同时单位面积的产量同样在增加。产量增加导致水分生产力提高，这意味着单位产量作物消耗的水足迹更小。然而，在较高施肥量下，随着施肥量的增加，作物产量和水分生产力的边际效益下降，作物单位产量灰水足迹开始呈指数增长。因此，单位产量作物的蓝水足迹、绿水足迹和灰水足迹之间存在一种权衡关系，在一定的施肥量下可以达到最佳水平（Chukalla *et al.*，2018b）。

灌溉也是提高产量的一种方法，但如果蒸散量上升的幅度超过产量增加的幅度，反而会降低水分生产力。第五章中对小麦的案例分析指出，虽然灌溉农田的小麦单产高出雨养农田三分之一，但是单位产品的水足迹反而要稍微大一些，而不是减小了，显然这是灌溉导致的总体水分生产率降低。这听起来有点违反常识，通常降雨是不规律的，而灌溉可以根据农作物需水要求在必要时补充土壤水分，但为什么雨养农业的水分生产力要比灌溉农业更高？从水资源管理角度出发，其原因可能是现有的灌溉措施并不是最优模式。

4. 作物生长过程中的土地生产力与水分生产力

传统意义上，农业关注的重点集中在提高产量进而提高土地生产力。低产量是不可取的，这需要克服阻碍植物生长的干旱（降水不足）和土壤贫瘠等不利因素，如通过灌溉和施肥改善环境条件。然而，一般很少关注增加灌溉和化肥投入的边际收益和成本。当灌溉和施肥都达到进一步增加灌溉水或肥料投入，而产量却不再增加的投入量阈值时，农民从土地获得了最大的农产品产量。但问题是，从水资源利用的视角考虑看，这是否是最高效的？在这里，我首先分析充分灌溉的低效率问题，随后再讨论化肥利用问题。

作为一种灌溉策略，“充分灌溉”旨在最大限度地提高单位面积产量（土地生产力）。当然在水资源丰富而土地资源稀缺的前提下，这是可取的。然而，在水资源短缺而土地丰富的干旱和半干旱地区，这并不是明智的选择，“非充分灌溉”或“补充灌溉”则是更好的选择（Pereira *et al.*，2002；Geerts and Raes，2009）。“非充分灌溉”策略旨在最大限度地提高每一滴水的生产能力，这时灌溉用水量低于充分灌溉，但水分生产力达到最佳水平。如果继续增加灌溉用水，农作物单产仍会增加（直到达到一定的水平），但水分生产力（单位体积灌溉水生产的农产品）会下降。根据 Fereres 和 Soriano（2007）的研究，“非充分灌溉”的蒸散量一般相当于充分灌溉条件下的60%～100%，从而节省大量的灌溉用水。例如，在某一地区某种作物产量最高时，其蒸散量为750mm，但蒸散量为500mm时水分生产率最高。如果降水足以满足250mm的蒸散，则充分灌溉的需水量为500mm，而非充分灌溉只需要充分灌溉的50%。非充分灌溉时获得的作物单产可能会低于充分灌溉，如减产10%～25%，但节约的水（500mm可以节约出250mm）可以用于灌溉其他的土地，从而增加一倍的产量。与其为了提高单产而过度灌溉，还不如更好地节约用水，灌溉更多的土地。或者，从流域的角度来看，不用于扩大灌溉面积时产生的节水，可以被视为真实节水。这尤其适用于目前灌溉用水已处于不可持续状态的流域。

通过非充分灌溉，作物水分生产力可以实现最大化，每一滴水生产作物产品的潜力都被充分利用。但不是所有情况下，农民都有足够的蓝水资源用于灌溉。此时，补充灌溉将成为可供决策的选项，农民甚至可以用比非充分灌溉更少的水浇灌作物。补充灌溉是在长时间干旱季节为雨养作物补充少量的灌溉水，以保全或提高产量的灌溉方式。虽然作物生长条件远未达到最佳水平，但当没有足够的灌溉用水时，补充灌溉也是可以接受的，而且具有很高的收益，因为干旱可以使作物产量受到严重损失甚至可能会颗粒无收（Oweis and Hachum，2012）。

非充分灌溉可大幅度减少灌溉作物的蓝水足迹，更合理施用化肥和农药也可使灰水足迹显著减少，如在有机农业或精准农业中，尽量减少甚至完全避免化肥、农药和其他化学品的使用。

5. 灌溉效率与水资源利用效率

人们时常混淆“灌溉效率”与“水资源利用效率”两个概念，认为灌溉效率提高，水资源利用效率也必然随之提高。然而，并不一定都是这种情况。灌溉效率指的是从河流、湖泊及地下含水层提取的灌溉水最终能被植物吸收利用的比例（Perry，2007）。它可以被定义为作物蓝水产生的蒸腾量与灌溉水量的比值（Zhuo and Hoekstra，2017）。工程师们努力通过减少灌溉过程中的水量损失以提高灌溉效率。灌溉水损失发生在蓄水、输水、配水及灌水的整个过程中。灌溉效率等于渠系输水效率和田间灌水效率的乘积。其中，输水效率反映了灌溉水从水源到田间的输送效率；灌水效率反映了进入田间的灌溉水最终被农作物吸收利用的比例。输水效率主要取决于渠道长度、渠床土壤类型及其渗透性、渠道状况及温度（影响蒸发）。维护良好的渠系输水效率可以达到60% ~95%（Brouwer *et al.*，1989），但如果维护不良，渠系输水效率甚至可降低一半。田间灌水效率一般可从60%（沟灌）变化到75%（喷灌）甚至90%（滴灌）。总的来说，灌溉效率变化幅度大约在20% ~85%，如果是水泵加压、管网输水，且田间采用滴灌系统，其灌溉效率甚至可达到95%。就全球而言，平均灌溉效率约为35%（Wallace and Gregory，2002）。灌溉水在输水过程和植物利用过程中的损失包括无效蒸发（水库、沟渠等水面蒸发或农田土壤蒸发）、渗漏（在任何阶段）和农田末端产生的排水。减少灌溉损失并不等同于降低灌溉农业的蓝水足迹，因为蓝水足迹是指蒸散量，只有涉及蒸散量时，减少灌溉水损失才相当于降低蓝水足迹。回归到流域中的渗漏和农田末端的排水还可被重复使用，因此这部分损失量在流域尺度并不是水资源的真实损失。设计灌溉方案的工程师和关注消耗性用水（蓝水足迹）的流域管理者，由于其出发点和考虑问题角度不同，对“水资源损失”的定义也是大相径庭的。水分利用效率（或水分生产力）等于产量与总耗水量的比值。一般情况下，通过减少无效蒸发损失进而提高灌溉效率，有助于提高水资源利用效率；而减少渗漏损失提高灌溉效率，则不会影响水资源利用效率。

尽管灌溉效率与水资源利用效率存在显著差异，但高效的灌溉技术和应用策略也将大大降低蓝水足迹。如使用滴灌取代喷灌、沟灌并实现精准用水，不仅可以显著减少蒸发，而且还可以提高产量。

6. 水足迹基准

本书第五章关于小麦的研究中指出，单位质量小麦生产水足迹的全球平均值约为1620L/kg，其中全球约有20%的小麦产量，其水足迹小于1000L/kg。本书第七章对棉花的研究也指出，单产水平最高的20%的籽棉产量中，其水足迹为1820L/kg，甚至更少。类似的情况也发生在其他作物身上（Mekonnen and Hoekstra，2014a）。对于每一种作物，根据不同地区和同一地区不同农田间生产单位产品水足迹的差异，都可建立一个具体的水足迹基准，这一基准可以作为所有实际生产水足迹高于基准值时，农民的参考和所需达到的目标。对某种作物，可以选择其水分生产力最高的10%或20%生产者的产品水足迹作为其水足迹基准。这可以在区域尺度进行，综合考虑区域的环境条件（气候、土壤）和发展水平的差异，也可以在全球尺度进行，考虑每种作物水分生产力（水足迹）的合理水平，确定不同区域是否适合种植该种作物（Mekonnen and Hoekstra，2014a）。Zhuo等（2016c）关于中国小麦的研究指出，如果考虑作物生产水足迹基准的地理差异，那么不同气候区域的划分是最重要的影响因素。

另一种确定各用水活动水足迹基准的方法是定义“最优技术”，并将采用该技术时的水足迹作为基准（Chukalla *et al.*，2015）。在农业灌溉方面，可以实现精准灌溉的微灌技术远比喷灌先进，可以选择采用微灌技术的产品水足迹作为基准。在工业上，封闭（循环）式水冷系统比开放式水冷系统蓝水足迹要小得多（甚至可能为零），由于回收了废水中的热量，其灰水足迹也较小，因此也可以将该模式下的灰水足迹作为水足迹基准。

不同用水过程中的水足迹基准可以作为农民和企业节水努力的目标，也可以为政府向不同用户分配水足迹许可时提供参考。不同领域内的行业协会可以制定自己的区域或全球尺度的水足迹基准，政府也可以在这方面采取举措，包括制定法规或立法，并淘汰落后的用水技术。

可以将产品供应链上各用水过程的水足迹基准放在一起，为终端产品制定一个水足迹基准。终端产品与生产商、零售商和消费者相关性很大，虽然他们未直接涉及供应链中生产、销售、消费这些早期的用水过程，但如果将供应链作为一个整体，他们也会关注产品最终消耗或占用了多少水资源。

当采用更好的技术时，可以节约大量的水。我们发现，如果将作物生产水足迹降低到全球作物生产水分生产力最高的25%的生产者的产品水足迹，会产生39%的节水，降低到水分生产力最高的10%的生产者的产品水足迹，会产生52%的节水。如果作物生产中与氮相关的灰水足迹，降低到全球作物生产水分生产力最高的25%的生产者的产品水足迹，则水污染将降低54%。如果每吨作物的灰水足迹进一步降低到水分生产力最高的10%的生产者的产品水足迹，那么与目前的水平相比，水污染将减少79%（Mekonnen and Hoekstra，2014a）。以伊朗为例，我们研究了地下水可能产生的节水及与氮相关的可能减少的地下水污染（Karandish *et al.*，2018），结果表明，减少作物的水足迹到25百分位的水足迹基准水平，可以节省32%的地下水（与2010年相比），降低与氮相关的灰水足迹23%。此外，在伊朗它将提高谷物20%、坚果59%的地下水平均经济生产力。

7. 水足迹减少的边际成本曲线

水足迹的减少可能伴随产生经济节约。例如，农民采用非充分灌溉，提高水分生产率，从而实现每滴水产量最大，每公斤作物水足迹最小，由于比充分灌溉用水量少，而作物产量又几乎不受影响，这项措施就节省了资金。有的措施，如用有机材料覆盖土壤以减少土壤的非生产性蒸发，可能要付出一些代价。也有其他措施可能需要大量投资和维护成本，如安装和运行先进的滴灌系统，以取代传统的喷灌或沟灌。不同的措施可以根据其在减少水足迹方面的成本和效果进行排名，通过这种方式，我们可以构建所谓的边际成本曲线，也就是根据减少水足迹的成本效益对其措施进行排序（Chukalla *et al.*, 2017）。边际成本曲线可以用来估计与某个水足迹减少目标相关的成本，如达到某个基准水平（m^3/t）时相关的成本。如果政府决定限制用户水足迹［$m^3/(hm^2$·季)］，他们将不得不降低当前的水足迹直到允许的水平，而且需要运用边际成本曲线来确定最优惠的措施及其相关成本。

8. 水资源利用效率的广义框架

全世界对水资源利用效率的关注是极高的，但几乎所有的焦点都集中在从生产角度讨论水资源利用效率，这就很可能导致有效地做错误的事情。有很多这样的例子：加利福尼亚州高效地、大规模地生产杏仁和苜蓿，智利生产牛油果，秘鲁生产芦笋，埃及生产青豆，所有这些都是为了出口而在高度缺水地区种植需水作物，这些做法可能会被质疑是否明智。我们可以通过每滴水的热量和每滴水的能量生产力来解决整个食物和能源系统的用水效率问题。通过合理地选择饮食、能量组合，可以大大减少我们对水的需求。

表 12.1 总结了关于水资源利用效率的三个观点。生产角度解决了如何用更少的水生产特定产品的问题；地理角度提出了这样一个问题：从水资源视角考虑，如何确定区域最佳适宜生产布局；最后，从消费观点提出了如何以更少的水高质量地满足消费需求的问题。消费的观点解决了需求的问题，并对实际生产产生的效应提出更深刻的问题。

表 12.1　水资源利用效率的三个观点

视角	问题	典型解决方案
生产角度	如何用更少的水生产特定的产品	激励用水者减小水足迹直到水足迹基准，如利用水价、推广最佳技术
地理角度	基于水资源可持续利用的区域生产布局	各地区合理配置水资源，水密集型产品由富水地区或水分生产力高的地区向缺水地区或水分生产力低的地区贸易
消费角度	如何用更少的水高质量地满足消费需求	通过调整饮食减少每千卡消耗的平均水足迹；通过调整能源结构，减少能源部门每 kW·h 的水足迹

9. 地理角度的水资源利用效率

当从地理角度考虑水资源利用效率时，会提出这样一个问题：结合水资源状况，如何确定区域最佳适宜生产布局一般情况下，大部分水密集型产品在水资源丰富或者水分生产力高的地区生产地最好。根据国际贸易理论，高效的水资源利用模式应是不同国家根据自身的比较优势或劣势选择生产或不生产相应的产品。当一些国家用它们的相对优势出口水密集型产品，而另一些国家由于其相对劣势不使用本国的水资源，全球水资源利用效率可能提高。许多研究关注用水者的用水效率，对全球用水效率的研究甚少。当然全球尺度的水资源利用效率是一个非常复杂的问题，因为全球最佳的生产模式取决于许多因素，淡水资源只是其中的一个生产要素，此外，全球生产和贸易格局还受到国家政策的影响，如粮食自给、贸易壁垒，以及税收和补贴政策。

唯一关于全球用水效率的研究是从物理角度进行的。当水足迹高的产品集中在水分生产力相当高的地区进行生产，那么相比于在水分生产力有时非常低的产品消费当地进行生产，全球用水需求会降低。一些研究量化了全球贸易产生的实际节水量，结果表明当前的农产品国际贸易模式可以产生全球节水（De Fraiture *et al.*，2004；Oki and Kanae，2004；Yang *et al.*，2006；Chapagain *et al.*，2006a；Mekonnen and Hoekstra，2011b）。根据最新的综合研究结果，全球生产出口农产品的水足迹（1996～2005 年期间）平均每年达到 15970 亿 m^3/a。如果进口国家在国内生产这些进口的农产品，则每年需要 19660 亿 m^3/a。这意味着全球农产品贸易每年可以产生 3690 亿 m^3 的节水量，节水比例达到 19%（=3690÷19660）。全球农业生产的水足迹年均总量为 83630 亿 m^3/a（Mekonnen and Hoekstra，2011b）。如果没有贸易，假设所有国家都必须在国内生产这些产品，那么每年全世界的农业用水将达到 87320 亿 m^3/a（=83630+3690）。因此，当前的国际贸易模式已经使全球农业用水减少了 4%（=3690÷87320）。

由于水分生产力的国别差异，国际贸易减少了 4% 的全球农业耗水量。如果水密集型产品的国际贸易进一步适应水分生产力差异的空间格局，水密集型产品进一步向高水分生产力国家和地区集中将会节约更多的水资源。但是，如果全世界的水分生产力开始趋于稳定，特别是如果目前水分生产力较低的、依赖进口的地区的水分生产力提高，那么目前由贸易带来的全球节水效益将会消失。水密集型产品贸易的节水效益部分源于水分生产力的区域差异，因此，如果目前水分生产力很低的地区提高水分生产力将导致这些差异消失，那么贸易带来的节水效益也会随之减少。然而，事实上，不同国家间的水资源禀赋差异很大，如中东、北非及墨西哥，这些地区根本没有足够的水资源来实现粮食自给，因此它们不得不依赖粮食进口。

我们可以不去关注水密集型产品是否由水分生产力高的地区向水分生产力低的地区进行贸易，而去关注贸易是否由水资源短缺程度低的地区到水资源短缺程度高的地区，由此我们发现了不同的结果。Yang 等（2003）和 Chouchane 等（2018）发现，世界上最缺水的国家，它们确实有主要粮食作物的净进口，而且水资源越稀缺，进口越多。另一方面，Ma 等（2006）和 Zhuo 等（2016a）研究发现，中国北方缺水地区到南方富水地区存在净粮食出口，而且Kampman等（2008）、Katyaini和Barua（2017）发现印度的食物贸易也存在类似现象。Dalin等（2017）的研究表明，全球用于灌溉的不可再生地下水中约有11%是与国际粮食贸易有关，其中三分之二由巴基斯坦、美国和印度出口。在国际虚拟水贸易研究中，Lenzen等（2013）研究发现，国际贸易商品中大约25%的虚拟水来自缺水地区，按总用水量比例来说，缺水地区比富水地区使用更多的水来生产出口产品。在另一项全球研究中，Wang和Zimmerman（2016）发现，国际虚拟水贸易既可以加剧水资源压力，也可以缓解水资源压力。在中东和北非几个自然干旱的国家以及印度、巴基斯坦的印度河、恒河流域内，虚拟水进口显著缓解了水资源压力；但在北美的密西西比河、哥伦比亚河和科罗拉多河的缺水流域，虚拟水出口导致额外的水的取用。所有这些研究都展示出目前好坏参半的局面，我们既可以看到水密集型产品由缺水程度低到缺水程度高的地区进行贸易，也可以看到水密集型产品从缺水程度高到缺水程度低的地区进行贸易。

缓解缺水流域水资源短缺状况的一种方法是更好地规划作物的种植地点和种植时间。例如，低价值的作物可以被高价值的作物所取代，即具有更高的营养或经济水分生产力，这样人们就可以用更少的水获得同样的产量。有些地方，即使水分生产力很高，进行作物生产也可能不是一个好的选择。沙漠中高效的作物灌溉，并不是一种罕见的现象，如果只看生产力，可能会觉得很好，但是如果水的抽取超过了可持续的水平，那么随着地下水位的持续下降，将不得不就多少农民和哪些农民仍能获得用水许可而做出选择。一些国家尺度的研究考虑了在保持产量的同时，改变种植模式进而节约用水的潜在好处。以摩洛哥为例，Schyns和Hoekstra（2014）发现，通过将部分作物转移种植到该国用水量较少的流域，可以显著的节水。Wang等（2014）在一项关于中国的研究中，评估了粮食在实际种植模式下和替代种植模式下的水足迹，认为通过改变种植模式可以产生节水。Davis等（2017a）以美国为例，在保留作物多样性、经济价值、固氮和食物蛋白产量的前提下，研究用更合适的作物取代现有作物可以产生多大程度的节水，结果表明，作物的重新配置可以增加46%的热量生产，34%的蛋白质生产，208%的经济生产，以及可以节省5%的水资源。有趣的是，在美国水资源紧张的农业地区，如加利福尼亚（节水56%）和其他西部州，作物重新配置可以实现更大的节水。Davis等（2017b）在一项全球研究中建议，与技术投资相比，作物重新配置可以作为一种增加粮食产量、减少用水的可持续的方法。同时这项研究表明，通过在全球范围内重新分布作物种植，我们可以再养活8.25亿人，这将使全球营养生产力增加10%，所推荐的种植模式分别可以减少13.6%的绿水消耗和12.1%的蓝水消耗。

10. 消费角度的水资源利用效率

当我们从消费的角度来看待用水效率时，我们会问自己：如何才能用更少的水来最好地满足消费者的需求？例如，我们可以从整体上看食物系统的水资源利用效率，从每滴水的热量来看营养水分生产力。在关于肉类和奶制品的第六章中，已经说明通过动物性产品获取能量和蛋白质，其用水效率低下，但通过用营养价值相同的植物产品来取代动物性产品，用水效率可以提高。对于能源行业，也存在同样的问题。在第八章中已经指出，提高生物能的比例将极大地提高能源行业的水足迹，而提高太阳能、风能和地热能的比例将产生相反的效果。因此，能源行业整体的平均足迹（L/MJ）是一个重要的评价指标。通过做出明智的选择，食物和能源组合的整体水资源利用效率可以大大提高。此外，减少食物和能源的浪费，会使食物和能源的生产减少，将大大有助于节约用水。改变我们的消费模式比改进生产（如何生产及在哪里生产）要困难得多。原因在于，我们被新古典主义经济思想所洗脑，认为消费是既定的，需要解决的问题是如何能最有效地满足我们的欲望。然而，消费的增长是有极限的，就像水的消耗是有极限的一样，总消费是有上限的。现在的问题是如何分配消费比例，我们将在下一章讨论。

11. 提高水资源利用效率的局限性

提高水资源利用效率是全世界公认的未来几十年的一项重要挑战。在生产实践中，往往是从生产的角度来关注水资源利用效率。目前，全球范围内越来越多的国家政府逐渐认识到提高“资源利用效率”是一个重要的议题。例如，在欧洲，欧盟委员会将“能效欧洲”作为其七个“旗舰计划”之一（EC，2011），旗舰计划是欧盟委员会于2010年启动的旨在促进经济增长和就业的十年发展战略的一部分。但这一战略存在一个矛盾：实现增长目标，与实现可持续发展之间的矛盾。“资源利用效率”和“绿色增长”等概念似乎为这一难题提供了答案。资源利用高效性，意味着减少单位产品生产和消费对自然资源消耗和环境的影响。经济增长则意味着更多的生产和消费。那么，提高资源利用效率会导致经济增长与自然资源使用的脱钩。然而现实中，资源利用效率提高是否可以抵消资源需求的自然增加所带来的影响十分值得怀疑。

很多实际情况已经证明了提高资源利用效率的局限性。一个典型的案例就发生在农业用水领域，农业用水占用了92%的人类水足迹。尽管目前在许多地方仍有很大的潜力可减少水资源的消耗和污染，以降低生产粮食、棉花及生物燃料等农产品的水足迹，但因为农作物用水本质上是作物蒸腾，因此，减少农业用水量总是存在着一个极限。在过去一个世纪里，全球用水量不断增加，在未来数十年内预计也会依然如此（Molden，2007；FAO，2011）。究其原因，不仅是人口增长，引起的更多食物和水资源的需求，而且也因为与过去相比，人类的消费模式增加了水资源消耗 。特别是更多的肉类、奶制品消费，以及生物能源需求将加剧人类的水资源消耗。在过去几十年里，水分生产力已经显著提高，但效率的提高不足以使水资源消耗总量下降。而且正相反，尽管效率在提高，水资源消耗却仍在持续增长。所以，认为未来几十年水分生产率的提高可以抵消水密集型产品需求日益增长带来的影响，是毫无根据的乐观。这已经造成了严重的问题。据估计，全球平均蓝水短缺即全球蓝水足迹占可利用蓝水资源量的比例已经达到了133%（Hoekstra and Mekonnen，2011）。正如前一章所述，有40亿人生活在每年至少有一个月蓝水足迹超过可利用蓝水资源量两倍或两倍以上的流域。为了缓解水资源短缺，提高水分生产力是必不可少的，但也是远远不够的。根据一项研究，全球所有行业蓝水利用效率平均可以提高25%（EC and PBL，2011），但同时该项研究也表明，水资源利用效率的提高并不足以抵消人口增长的影响。

对效率的强调使我们关注如何使用更少的水生产单位产品。持续进行的关于淡水短缺的辩论中，有一个著名的口号："让每滴水收获更多"。虽然这听起来很好，但它让我们忘记了，最终是总用水量决定了对环境的影响。世界上有越来越多的地方以非常有效的方式利用水资源，每滴水的产量都很高，但同时水资源却很快被耗尽。产品生产对淡水资源的总影响取决于两个因素：单位产品生产用水量和总产量。我们处处都可以看到企业单位产品生产用水量在减少，但总产量的增长往往更快，进而使得企业的总用水量还是增长的。我们还可以发现，在许多流域，单位产品的水足迹有所下降，但总产量增长较快，因此流域的总水足迹实际上还是变大了。因此，考虑水密集型产品的总产量与考虑单位产品生产用水量同等重要。

因此，提高"效率"（降低单位产品水足迹）是不够的，我们还应该致力于减少水足迹总量。提高效率只是实现降低水足迹总量目标的措施之一，同时需要其他措施限制总需求的持续增长，特别是要关注肉类，乳制品和生物能源需求等对全球总需水量有重要影响的领域。当然，也要关注其他领域的发展，如矿产开发的新技术，包括采用注水压裂法开采页岩气或从沥青砂中提取重油。矿产开发造成的用水和污染在很大程度上仍受到政策制定者的严格监管，可能部分原因是缺乏适当的统计，但也因为采矿活动和日常消费品之间没有真正、直接的可见关系。

12. 反弹效应

另外需要警惕的是提高水资源利用效率对环境效益影响过分乐观的预期。在能源研究中，有一种现象被称为"反弹效应"（Binswanger，2001；Sorrell *et al.*，2009；Terry *et al.*，2009）。反弹，是指在市场采用新技术以提高资源利用效率，但节约的资源反过来又扩大生产，因此，效率提高的环境效益被部分或完全抵消。有时候，由于效率提高，消费甚至随之增加（而不是减小）。这种特殊情况被称为"杰文斯悖论"（Polimeni *et al.*，2008）。

越来越多的证据表明，反弹效应也存在于淡水资源利用中，尤其是灌溉农业中（Ward and Pulido-Velazquez，2008；Crase and O'keefe，2009；Scott *et al.*，2014；Berbel *et al.*，2015；Sears *et al.*，2018）。想象一下，世界上有大片土地是现成的，但水资源却不是。如果一个农民灌溉自己的土地，发现可以用更少的水资源获得同样的产量，他可能决定在同样用水量下，采用更有效的灌溉技术灌溉更多的土地，从而提高农产品总产量和收入。这是无法想象的，但它确实发生了，并被称为"灌溉效率悖论"（Grafton *et al.*，2018）。可以毫不牵强地假设，粮食供应中水分生产力的提高将促进肉类消费增长，并加快水资源向生物燃料生产的转变。为了实现可持续发展，仅仅提高效率是不够的；我们还需要改变消费模式（下一章进行讨论）。我们已经讨论了水资源利用的环境可持续性和资源利用高效性，但如果涉及消费增长的限制，就会出现水资源公平分配问题。

第十三章　水足迹社会公平性

阐明水资源的利用效率和环境可持续性是很重要的，但是这并不足以说明水资源该如何公平的进行分配。在考虑环境可持续性时，我们主要从水资源利用的地理角度出发，而在考虑水资源利用效率时，我们主要关注的是生产的特点。而当我们谈论公平时，我们主要是从消费的角度出发。现在的问题是：哪些社区最终能从用水中受益？如果墨西哥的水被用来生产出口到美国的玉米，在那里它将被用来生产生物乙醇来驱动大尺寸车辆的能源消耗。人们可能会怀疑利用贫穷国家的稀缺的水资源为另一个国家的富人服务是否公平。通常情况下在一个国家往往是富裕的农民大量使用水资源，以工业化规模生产出口作物，从而剥夺了为国内市场生产的当地农民的份额，导致地下水位下降。经济逻辑清楚地表明：一方面，大农场比小农农场更能高效地利用水资源，它们生产的产品更多，质量更好，价值更高，并且可以通过出口赚取外汇。另一方面，稀缺的水资源被有效地用于为其他地方的消费者服务，这些地方的消费者有能力支付，而不是为贫穷的当地消费者生产食物。因此，在考虑水资源配置时，用水的公平性是一个必要的附加标准。这里需要解释的是，我并不是说为出口而生产本身就是不公平或不道德的，而是说我们需要考虑谁最终会从特定的水资源分配模式中受益，而这应该是水资源分配决策的一部分。

本章我们将首先探讨人均消费水足迹在不同国家内部和不同国家之间是如何变化的。显然，如果我们想满足每个人的基本需要，就需要减少那些消费水足迹很大的个体水足迹。我将提出三条更公平地分配水资源的途径：分配水资源以满足所有人的基本需求，这意味着我们中的许多人都需要将消费方式转向低水密集型模式；提高生产用水效率，使一定的水资源量尽可能供给更多的用户；并且把水资源密集型商品从富水地区贸易到缺水地区，从而支持水资源紧张地区的民众。我认为，向低水密集型消费模式转变意味着，我们将不得不特别减少肉类消费、食物浪费和生物燃料的使用。在本章的后半部分，我将讨论公平的水足迹份额的概念及就国家减少水足迹目标达成国际协定的必要性。

1. 社区间的水足迹差异

21 世纪初，世界居民的人均消费水足迹为 1385m^3/a（Hoekstra and Mekonnen, 2012a）。然而，我们发现不同国家间及国家内部不同区域间，人均水足迹有很大差异。美国的人均消费水足迹为 2842m^3/a，是全球平均水平的两倍，中国和印度则分别为 1071m^3/a 和 1089m^3/a（图 13.1）。这让我们认识到现在的处境：全球较大流域中近一半处于蓝水资源过度开发状态，至少 18% 的绿水消耗位于自然保护区，至少三分之二的流域的污染已经超过了河流的稀释能力（见第十一章）。我们可以尝试一定程度上将压力从已经过度开发的流域转移到尚未过度开发的流域，以此来寻求水资源消耗、可用水资源、水资源污染和废水稀释能力，以及人类需求和生物多样性保护之间更好的区域平衡。通过这种方式，我们可以更好地调整全球水足迹的大小。很难想象，在现有模式下，全球水足迹的增加是可持续的。这就是为什么在考虑到人口增长的情况下，减少人均消费水足迹应列入世界决策者议程的原因。

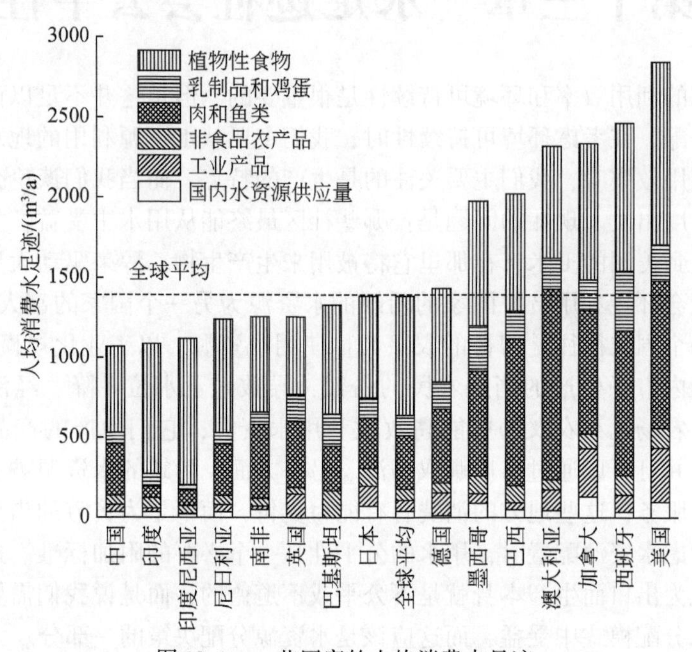

图 13.1　一些国家的人均消费水足迹

资料来源：Hoekstra and Mekonnen，2012a 中 1996～2005 年平均值

2. 缩减水足迹的需要

根据联合国中等人口预测情景，2000 年世界人口为 61 亿，至 2050 年将增长至 98 亿，20 世纪末，将达到 112 亿（UN，2017）。这意味着，如果我们想保证下个世纪，全人类水足迹不再继续增长，人均水足迹必须从 2000 年的 1385m³ 减少至 2050 年的 870m³，到 2100 年减小为 760m³。在最乐观的情况下，即联合国的低生育率情景下，到 2050 年全球人口仍将达到 88 亿，如果我们不希望人类的总水足迹超过 2000 年的水平，那么全球公民人均水足迹将为 970m³。在最坏的情况下，即联合国的高生育率情景下，到 2100 年世界人口将达到 165 亿，在这种情况下，人均水足迹每年只剩下 515m³。目前世界上没有一个国家的水足迹如此之小，人均水足迹最小的国家是刚果民主共和国，为 550m³/a，这不是一个很有吸引力的参考。刚果民主共和国是个特例，其次水足迹较少的国家是布隆迪，人均水足迹已经达到 720m³/a（Hoekstra and Mekonnen，2012a）。当今水足迹最小的高收入国家是英国，人均年水足迹为 1260m³。

纯素食为不含任何的动物产品，植物性食物的平均水足迹为 0.7L/kcal（见第六章），按照每人每天需要 2500kcal 计算，一个人一天将产生 1750L 的水足迹，一年就是 640m³。然而我们仍然需要在这一数字上增加生活和工业用水量，目前高收入国家的人均用水量在

140～150m^3/a。如果我们假设每人每年至少需要120m^3水（假设采取严厉的节约措施），那么每人每年的最低需水量为760m^3，这恰好是联合国中等人口情景下2100年的人均可用水量。

除非我们不考虑世界范围内日益恶化的水资源问题和巨大的差距，否则我们就需要降低国民的消费水足迹。假设全球居民人均水足迹份额相等，像中国和印度这样的国家在未来的一个世纪必须将人均水足迹在2000年的基础上降低30%。像美国这样的国家，则意味着人均水足迹减少73%（图13.2）。

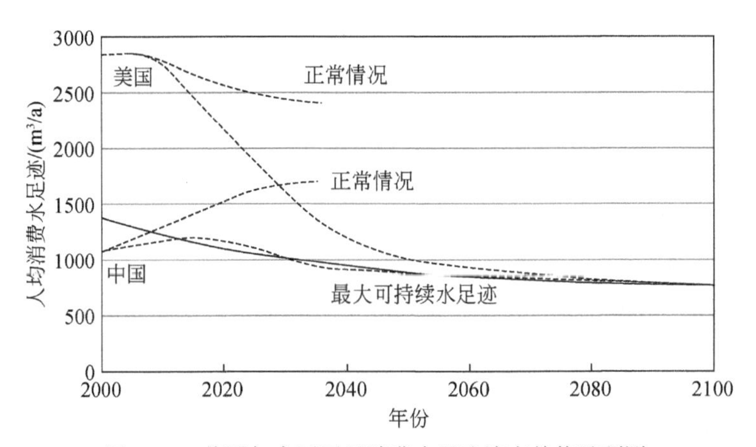

图13.2　美国与中国国民消费水足迹演变趋势及预测

假设世界上两个最大经济体的国民消费水足迹在全球最大可持续水足迹中的份额相等。由于人口增长，全球人均最大可持续水足迹将下降（联合国中等情景）。水分利用效率需要提高，超出正常情景下的预期，而消费模式需要与星球承载极限内淡水供应的可能的情况相一致。2000年的数据来源于Hoekstra and Mekonnen，2012a

3. 实现更公平的水资源分配的三个途径

实现世界淡水资源更加公平的共享，有三个互补的途径：①根据人们的基本需求分配水资源，从而激励较大的水足迹消费者调整消费模式；②以更高效用水的方式生产产品，这样在一定的水资源量下就有了充足的水资源生产其他食物和水密集型商品；③与水资源紧张地区的人民合作，将水密集型商品从富水地区贸易到缺水地区（表13.1）。最后两点在前两章中已经详细讨论过了，尽管在水资源丰富的国家和水资源匮乏的国家之间，通过更高效的生产和明智的贸易来节约用水的机会很大，但最终节约的水资源还是有限制的。前一章中讨论了提高生产用水效率的局限性，以及通过提高生产效率节约用水的陷阱，即将节省下来的水被用来生产更多的产品，从而抵消了初始收益。在缺水国家进口水资源密集型商品可能会产生类似的效果：如果人们能够支付得起，这并不能起到缓解水消耗的目的。例如，沙特阿拉伯是一个水资源严重紧张的国家，人们将三分之二的水足迹外化到其他国家，但在减少人均水足迹方面做得很少，人均消费水足迹比全球平均水平高出1.34倍（Hoekstra and Mekonnen，2012a）。因此，我们当然应该努力提高水资源效率并促进明智的贸易，但我们也应该批判性的审视我们的消费模式。

表 13.1 关于公平用水的三个观点

角度	问题	解决方案
消费	怎样才能公平地共享世界上有限的淡水资源?	就每个社区的公平水足迹份额达成一致，并促进消费模式的变化，从而将消费水足迹降低到公平份额水平
生产	如何才能增加水资源密集型商品的市场份额?	提高生产用水效率，水资源分配时优先满足所有人的基本需求
地理	鉴于各国人均水资源可用量存在较大差异，我们如何才能公平地共享水资源?	与水资源紧张国家的人民进行水资源密集型产品贸易

4. “节水”消费模式转变

人类约 92% 的水足迹与农业有关（Hoekstra and Mekonnen，2012a），食物生产是淡水短缺的关键因素（Mekonnen and Hoekstra，2016）。动物产品水足迹约占全球农业部门水足迹的 30%（Mekonnen and Hoekstra，2012a）。早期的研究表明素食的饮食习惯预计将使工业化国家和发展中国家与食物有关的水足迹分别减少 36% 和 15%（Hoekstra，2010a）。第六章中提到在工业化国家奉行素食主义甚至可以将我们与食物相关的水足迹减少近一半。

更详细的研究也得出了类似的结果。Vanham 等（2013b）研究表明通过将饮食习惯转向素食主义，南欧和西欧的水足迹可能减少 41%，东欧和北欧的水足迹可能分别减少 27% 和 32%。Jalava 等（2014）考虑了从当前饮食（2007 ~ 2009 年）到推荐饮食（遵循世界卫生组织的饮食指南）的全球转变，即用营养相当的当地作物产品替代所有动物产品，研究结果表明，素食的饮食方式可以减少 23% 的绿水足迹和 16% 的蓝水足迹，该比例在各国的差异很大，这取决于各国当前的肉类和奶制品消费水平。例如，在南亚、东南亚和撒哈拉以南非洲，通过改变饮食结构来节约水资源的潜力有限，因为这些地区的人们（平均而言）饮食中的动物蛋白含量本省就比世界上许多其他地区低得多。

我们需要仔细考虑和选择哪些作物产品作为动物产品的替代品，以便在遵循饮食指南的前提下与典型的当地饮食保持接近，从而使饮食转变更加现实。然而成为素食主义或纯素食者的可能性因国家而异，这取决于一个国家目前的主要饮食。显然，在目前人均肉类消费量很高的国家，如美国和澳大利亚，通过改变饮食结构减少水足迹的效果最为显著。

我们可以具体研究在哪些地区可以实现哪种类型的水足迹减少：当蓝水足迹减少出现在缺水地区，当灰水足迹减少出现在最易受水污染影响的地区时，直接的环境效益是最大的。人们常说，在水资源丰富的地方节约用水根本无关紧要。然而，这是一种误解，与人们最初的想法相比，究竟在哪里节约用水并不重要，重要的是减少生产食物对全球土地和水资源的总需求。确保世界食物生产在最佳的地方是一个单独的问题，在这个地方，土地和水资源分配对食物生产的环境影响最小。只要总需水量过高，势必会导致很多地方过度开采。因此，减少总的水分需求是一个方面，确保水分需求位于水资源充足的地方是另一个方面。

在谈到需要重新考虑动物产品的消费时，我们对于有限淡水资源相对较高的需求只是一个具体的切入点。因为食用的动物产品不仅和水资源有很大联系，而且动物产品消费从土地、能源、气候变化、生物多样性保护和动物福利的角度都具有重大意义（Smil，2013）。Gephart 等（2016）确定了在营养限制下尽量减少土地、水、碳和氮足迹的饮食。研究发现四个足迹结果相似，家畜产品很少出现在低足迹饮食中，因为从环境角度来看，这些食物往往资源利用效率较低，即使考虑到它们的营养成分也是如此。最近，来自可持续食物体系提供的健康膳食的 EAT-柳叶刀（Lancet）报告再次证实了这些结果（Willett *et al.*，2019）。有趣的是，研究一致表明，健康目标与环境足迹减少目标相一致。

另一个减少我们消费水足迹的明显方法是减少浪费，特别是食物和棉花的浪费。不生产食物也就不需要水，再生棉减少了对新鲜棉纤维的需求。通过尽量减少食物浪费来节约用水已经成为最近的一个研究课题。Lundqvist 等（2008）首次指出食物浪费就是水资源的浪费。食物在其供应链的各个阶段都会产生浪费，如收获后、储存和分配、加工、销售和家庭消费过程中。根据 Gustavsson 等（2011）的研究，每年全球生产的用于人类食用的食物中约有三分之一即 13 亿吨食物丢失或被浪费掉。全球约有 24% 的蓝水资源会被用于生产将要流失和浪费的食物，即每年有 1740 亿 m^3 的水资源被浪费了（Kummu *et al.*，2012）。联合国粮农组织（FAO）估计，全世界的食物垃圾的“蓝水足迹”甚至达到 2500 亿 m^3/a，相当于美国消费总蓝水足迹的 3.6 倍（FAO，2013）。

在考虑我们的消费模式时，第三个问题是生物能源使用的快速增长。由于种种原因，大多数形式的生物能源都是比较糟糕的选择，这一点无论怎样强调都不过分。生物能源的生产需要消耗大量的能源，也会加大对肥沃土地的需求，从而直接或间接导致森林砍伐。生物能源还会与食物作物争夺有限的土地和水资源。同时生物能源在减少温室气体排放方面的有效性也受到了争论（因为燃烧直接向大气排放二氧化碳，而通过新的生物量增长捕捉这些排放的碳需要数年时间）。同时生物量的种植需要大量的水。如果按照国际能源署（International Energy Agency，IEA）最新的“可持续发展情景”计算，即假设 2040 年生物能源占最终消费能源组合的 9.8%（IEA，2017），全球将需要 11% ~14% 的耕地和相当于当前人类水足迹的 17% ~25% 的水资源（Holmatov *et al.*，2019）。这些估计是基于效率最优的假设，即使用最有效的第一代原料甜菜和甘蔗。当然，更好的方法是从有机“剩余流”中获取生物能源，但由于可自由获取的有机废弃物并不丰富，这种剩余流是有限的；有机剩余流通常被用于其他目的，如动物饲料或土壤施肥。在现有能源情景下，对生物能源的关注主要是由对液体燃料的探索推动的。然而，如果运输是由电气化驱动，在可能的范围内，太阳能和风能将是比生物能源更具吸引力的能源，单位生产太阳能和风能水足迹要小得多（见第八章）。

总而言之，未来明智的水资源政策肯定需要包括肉类、食物浪费和能源方面的内容。使农业、能源和以消费导向的政策适应有限土地和水资源的现实，将是遏制日益增长的水消耗的关键。

5. 公平水足迹份额的理念

我们可以谈论改变消费模式的必要性，但由谁来实现这一问题迟早会出现。我们所有人都是平等的，还是只有一部分人是平等的？公平水足迹份额的理念是，在解决这个问题时，“公平”应该是一个指导原则。它把问题集中在什么是公平上。考虑到欧洲南部国家面临更严重的缺水问题，同时欧洲南部国家的人均水足迹要高得多，那么指望北欧和南欧的消费者做出同样的努力，这公平吗？与美国相比，中国和印度的消费者的水足迹要小得多，要求他们的消费者减少的幅度和美国一样多，这公平吗？美国是水资源密集型商品的净出口国，但消费者的水足迹却大得惊人，美国比欧洲消费者减少的水足迹要多，后者的水足迹较小，但却严重依赖从欧洲以外进口水资源密集型商品，这公平吗？

在实践中形成每个社区公平水足迹份额理念的最合理方法是将基本需求或人权转化为最低水需求。这样，我们就能自下而上地解决问题。敦促一些社区减少对有限资源需求的最重要的原因是尊重其他社区体面生活的权利。联合国正式确立了用水权，但这项权利仅限于个人和家庭用水（UNCESCR，2002）。认识到“食物用水权”也很重要（Hoekstra and Chapreagain，2008）。考虑到联合国明确承认食物的人权，这并不牵强。《世界人权宣言》承认食物权是享有适当生活水平的权利的一部分（UN，1948）。随着时间的推移，这一食物权在随后的一系列宣言中得到了重申和加强。由于生产食物不可避免地需要水，食物权意味着对水的某种形式的间接要求。世界粮食安全委员会粮食安全和营养问题高级别专家小组（HLPE，2015）认可了以人权方式处理食物安全用水问题的做法。他们提议利用“粮食安全和营养用水”的概念来确定水对食物安全和营养的直接和间接贡献，包括用于生产、转化和准备食物的水。

6. 用水权

当我们谈到“食物用水的人权”时，我们实际上要谈论多少水？当我们按照 EAT-柳叶刀报告的假设（Willett *et al.*，2019），每天平均所需热量为2500kcal 时，然后将其乘以植物性食物的平均水足迹 0.7L/kcal，该值是基于全球不同作物产品水足迹计算得到的（Mekonnen and Hoekstra，2011a），最后我们可以计算出食物的最小水足迹份额为 1750L/d，即 640m^3/a。除此之外，我们还可以增加每天 50L 水的基本直接需水量，用于供水和卫生，包括 5.1L 饮用水、10L 烹饪水、20L 卫生和清洁用水及 15L 洗澡用水（Gleick，1999），50L/d 等于 18m^3/a。因此，我们得到的最小水足迹份额（四舍五入）为 660m^3/a。

在全球有限的水资源中，每人每年 660m^3的“人权”可被视为绝对最低份额，这与公平份额不同。什么是公平，需要公开讨论，最好是民主决定。在国际背景下，在全球一级缺乏“民主”机构的情况下，这意味着各国之间需要谈判。目前缺乏全球讨论和国际谈判意味着水资源共享的方式实际上是由经济和军事力量决定的。

7. 关于国家水足迹缩减目标的国际协定

为了就保持或减少每个国家的水足迹达成国际协议，从政治角度讲，我们需要通过两个步骤来实现这一目标。首先，各国政府需要对控制人类水足迹持续增长的必要性达成共识。最好的情况是将人类水足迹保持在2000年水平或者低于2000年水平。这并不意味着现在的水足迹是可持续的，只是从一定程度来说，现在的水足迹可以归结于不合理的空间分配和低效的耗水模式。实现水足迹的空间再分配仍具有一定可能，即将水足迹从过度开发的流域转移到尚可以支撑水足迹增长的流域。相对糟糕的情况是各国政府允许水足迹在现有水平上进一步增加，同时就全球水足迹的最大值达成协议。最坏的情况是各国政府就保持现有水足迹水平的必要性，无法达成一致。我们假定至少能达成部分一致，这种情况下，在国际政策水平上，下一步我们应该就每个国家的水足迹的减小目标或最大的增长水平达成共识。

世界可利用淡水资源的有限性意味着人类水足迹有一个上限水平。对整个地球村而言，现在的问题是怎样将这个全球最大值转化到国家甚至个人水平。换句话来说，每个国家甚至是每个人的全球水资源占有份额的合理份额是多少？为实现世界淡水资源可持续管理，水资源消耗和污染的最大水平可以通过制定关于每个具体国家“水足迹上限”的国际协定来制度化。这样一个“水足迹上限”指的是一个国家的消费者在国际协定要求下能拥有的最大水足迹总量。这个上限能反映一个国家的消费者的水足迹在水足迹总量中所占的比例。每个国家的上限大小需要通过各国商讨确定，因此该上限很可能介于国家现有水足迹和基于人口数量与相对合理比重确定的水足迹之间。如上文所述，底线是每个国家都得到了最低的（基于人权的）水足迹份额，即每人每年660m^3。

与绝对意义上建立各国水足迹上限的想法相似，某一特定参考年份，每个国家水足迹减小目标需要达成共识。如果国际社会能成功制定这一协定，每个国家都有责任将水足迹减小目标纳入国家政策，以实现这一目标。当难以实现协定目标时，可通过惩罚的形式来强制执行。水足迹减小的目标需要进行细化，例如，可以根据水足迹构成（绿水、蓝水和灰水足迹）细化，也可以根据部门或者产品类别进行细化。显然，水足迹上限或是缩减目标会随着时间而变化，而且需要定期调整，如每十年。很明显，这和国际碳足迹减排协议是相似的。

8. 向京都和巴黎学习?

国际水足迹上限协议，或者各国的水足迹缩减目标可能在某种程度上类似于为缓解气候变化而正在进行的关于减少温室气体排放的谈判是相似的。全球减少碳足迹和水足迹的需求之间有某种程度的相似。第一，每个国家都或多或少的对许多地方日益严重的水资源短缺做出贡献，同样各国对大气中温室气体积累的贡献也是如此。第二，每个国家都将直接在本国或通过依赖从缺水国家进口食物而间接地受到世界范围内日益严重的水短缺的影响。然而，有一些国家将受到比其他国家更严重的打击。气候变化对不同国家的影响也是如此。第三，各国减少水足迹的成本不同。第四，各国影响其他国家的能力也不同。同样，减少碳足迹的情况也是如此。

对于减少水足迹的国际协定，《京都议定书》和《巴黎协定》（UN，1998，2015b）可以作为参考和学习。《京都议定书》于1997年起草，2005年正式实施，主要是为了在全球尺度上，对人类活动排放温室气体设定最大值，防止人类活动引起气候变化。这一协议包含各国温室气体排放的具体减排目标。该协议的总目标是至2012年，温室气体的排放量较参考年（1990年）减少5.2%。《巴黎协定》继承了《京都议定书》。在这项协议中，各国同意将全球平均气温增幅保持在远低于工业化前水平即2℃以内，同时努力将增幅限制在1.5℃以内，从而大大降低气候变化的风险和影响。关于各国具体的国家目标不再包含在内。

过去和正在进行的气候谈判的经验既充满希望，又令人沮丧。从好的方面来说，这一经验说明全球能实现合作，并向着共同利益努力，从不好的方面来说，我们并未实现既定目标，各国的合作也并不高效，到目前人类的碳足迹一直在增长（Olivier and Peters，2018）。在强调全球水足迹的时候，如果能从《京都议定书》中吸取经验将是非常好的（Ercin and Hoekstra，2012）。如果单纯采用同样的形式，建立可贸易的排放配额，并不是一个好的思路，因为这种交易有可能成为逃避缩减水足迹的一个途径。我们不得不承认，毕竟从开始，碳排放权交易就不是一个很好的建议。我们绝对不应该走“水抵消”这条既不平稳又有问题的道路。我们最好立即查明哪些地方必须减少用水和污染，查明谁参与其中并采取适当行动。《京都议定书》的成果是建立了各国具体的足迹减排目标。然而，通过长期实践和思考，我们得出结论，为实现这些减排目标而建立的机制是有一定缺陷的。此外，《巴黎协定》已经放弃了各国商定的具体减排目标，剩下一个共同的全球目标，各国在如何为这一共同目标做出贡献方面还有很大的可操作空间。

值得注意的是，迄今为止，关于减缓气候变化的国际谈判一直侧重于减少生产的碳足迹，而不是消费的碳足迹。从全球层面这是一样的，但是在国家水平两者是有区别的，特别是对于贸易量大于生产量的国家。事实上，各国可以在国内减少温室气体排放（生产方面），同时增加与消费相关的温室气体排放，这样可以通过将国民消费的碳足迹外部化到其他国家来实现减小碳足迹的目标。减少国家生产足迹可能主要通过提高生态效率，其次才是消费方式的转换，而减少国家消费足迹的目标可能主要通过推动消费方式的转变，其次才是生态效率的提高。

除了上述的共性之外，水和碳之间也有很多方面的差异，这将导致不同的动态。最显著的区别应该是气候变化的挑战在本质上无疑是全球性的，而水资源挑战具有地区和全球的混合特征。如果一个国家想避免气候变化可能带来的麻烦，就需要与其他国家合作减少温室气体排放。同样，对于那些希望避免世界各地大规模缺水可能给它们带来麻烦的国家来说，国家间的合作是一个先决条件，而难民流动将使合作受阻。但就水资源而言，富水国家总认为水资源问题的起因和影响都发生在其他地方，因而他们不关心并不愿意参与其中，他们认为只要关闭边境，水资源丰富的国家就会有足够的水和食物。世界上缺水地区的人们可能会挨饿，但这可能被认为是由于他们自已管理不善造成的。在气候变化的情况下，各国也可以同样关闭边境以阻止难民的涌入，但它们不能通过关闭边界阻止气候变化对本国的直接影响。世界水资源短缺问题的全球性是有争议的，这将使所有国家更难在谈判桌上讨论共同解决办法。另一方面，另一个显著的区别是，与气候变化相比，水资源短缺更容易直观地感受到。几十年来，经历水资源短缺问题的人数远远超过长期遭受气候变化影响的人数。虽然气候变化在很大程度上是一种尚未发生的厄运，但水资源短缺及其对社会经济影响的例子如今已经比比皆是。这就使人们意识到水资源短缺问题的紧迫性，因此各国都愿意参加国际会谈。

9. 何为公平？

水足迹谈判的一个重要问题是：什么是公正或公平？一些国家（可能是目前水足迹较小的国家）最终会主张水足迹水平相等是公平的，而其他国家（水足迹较大的国家）可能会主张所有国家的减少比例平等才是合理的。图 13.2 中展示了世界上最大的两个经济体向相同的人均水足迹水平发展的情景。该案例关注的是消费水足迹，在这种情况下，每个国家减少的比例是不同的。如果所有国家平均减少 45% 的水足迹，到 2100 年全球每年人均水足迹将实现从 1385m^3/a（2000 年水平）减少到 760m^3/a（从而在中等人口增长情景下保持人类总水足迹不变）。这意味着中国和印度必须将人均水足迹降低到 600m^3/a 左右，而美国须降到 1560m^3/a 左右。在中国和印度看来，这肯定是不合理的。

在国际水资源谈判种有一个论点是，减少水足迹的任务主要落在水资源匮乏的国家身上，因为水资源丰富的国家有足够的水来供应自己的食物和其他需求。像巴西这样的国家可能根本不愿意参加任何谈判，因为他们的人均水足迹比世界平均水平高出近 50%，而且拥有丰富的土地和水资源。加拿大也是如此，其水足迹比全球平均水平高出近 70%，而且还有相当多的自然资源（尽管由于北方生长季节较短，只能部分利用）。对于水资源丰富的国家来说，国家主权原则可以成为将节水的主要责任推给其他国家的一个重要论据。我在前面已经解释过，这将使解决问题更加困难，因为在水资源丰富的国家高效用水和消费者有限的水足迹是解决全球水资源问题的一个关键因素，但在水资源丰富的国家，这仍然是一个很难实现的事实。这类似于说服石油大国减少石油使用量一样，是不可行的问题。

展望未来，我们可以从国际谈判理论中学习一些东西。决定一个国家地位的两个重要因素是利益和权力。可以将国家安排在一个权力利益网中，一个轴上的国家按其权力水平排序，另一个轴上的国家按其利益水平排序，以便参加国际谈判。关于参与国际环境谈判的兴趣，Mitchell（2010）指出，易受影响程度高、降低成本低的国家将是谈判努力的“推动者”和“领导者”。另一方面，易受影响程度低、降低成本高的国家将成为“拖后腿者”或“落后者”，抵制国际努力。易受影响程度高但降低成本高的国家可以被描述为“中间国家”，它们将支持国际协议，但在谈判过程中，它们将努力使自己承担的成本最小化。最后，易受影响程度低、降低成本低的国家可以被称为“旁观者”。他们对是否谈判达成协议漠不关心。

如上所述，巴西和加拿大对于参加关于减少水足迹的国际谈判兴趣有限，因为它们可能需要大量减少水足迹，但并不能真正从中获益。他们可能是 Mitchell 计划中的拖后腿者。一方面，推动者可能包括中国、印度、南非和东非各国，因为它们都面临严重的水资源短缺，同时水足迹相对较小（至少与世界平均水平相比）。支持者可能包括澳大利亚、西班牙、意大利、希腊、墨西哥和中东国家等缺水国家，因为这些国家面临严重的水问题，需要采取行动。但另一方面，它们的水足迹与它们的消费模式有关。旁观者可能是北欧国家、俄罗斯、中非和印度尼西亚，因为这些国家都没有面临严重的水资源短缺（他们在局部地区偶尔面临水资源短缺，但并非全部），此外，他们的人均水足迹没有美国、澳大利亚和南欧国家那么大。然而，值得注意的是，北欧国家并没有直接遭受严重的缺水问题，但由于他们对从其他缺水国家进口食物的强烈依赖，它们仍然是脆弱的。因此，北欧国家可能是一个推动者，而不是旁观者。美国水资源禀赋在区域间差异明显，西部和中西部大部分地区缺水，而东部地区相对富裕，因此其地位不明确。这可能也适用于中国，因为中国北方尤其缺水，而不是南方。

从各国的角度来看，一个重要的因素取决于它们的贸易地位，特别是它们是虚拟水（以水密集型商品形式）的进口国还是出口国。美国、澳大利亚、印度、巴基斯坦和南美洲国家（特别是巴西、阿根廷、乌拉圭和巴拉圭）是主要的虚拟水出口国（Hoekstra and Mekonnen，2012a）。而欧洲、北非、中东国家和墨西哥、日本是虚拟水进口大国。中国基本上实现了自给自足，是虚拟水的净出口国，但相对于其总用水量而言，这一比例并不高。虚拟水进口国对其来源地区的水资源短缺非常敏感，称之为“进口水风险”（Hoekstra and Mekonnen，2016），这为国际参与提供了强有力的刺激。假设世界上一些目前的虚拟水出口国将优先考虑本国人口，那么它们未来可供出口的水可能会减少，这可能会损害它们从食物出口中获得的外汇收入，但这并不是与其他国家合作减少消费水足迹的直接原因。另一方面，如果贸易伙伴愿意合作，甚至投资于提高本国的用水效率，那么使用大量水生产出口产品的国家可能会从国际协定中获益。例如，欧洲对帮助解决印度和巴基斯坦的缺水问题有一定的兴趣，因为欧洲从这两个国家获得了大量的水密集型产品（如甘蔗和棉花）。

为这些转变买单的能力也将影响各国的地位，尽管需要指出的是，并非所有的变化实际上都会付出代价，许多变化在经济上是有益的。例如，少吃肉类就不需要花多少钱。在一些食用大量不健康肉类的国家，少吃肉甚至可以给健康带来好处，从而降低医疗成本。从畜牧业向种植业的转变需要农业的变革，同时也需要缓和这种转变，但归根结底，用更少的资源来满足食物需求，效率更高，因而在经济上更有吸引力。如果人类向素食主义发展，那绝对是人类历史上在扩大食物供应效率方面的一次重大飞跃。其他措施，如地表覆盖和亏缺灌溉，而不是充分灌溉，将提供净效益或改变成本。然而，提高产量需要知识和投资，包括更好的作物品种、农业实践和精准耕作技术，其中一些可能需要支付费用。例如，安装滴灌系统的成本很高。因此，任何关于减少水足迹的国际协定都应包括一种机制，使各方能够采取必要的措施。

10. 继续推动

一篮子消费产品的水足迹取决于篮子中的产品种类和篮子中每一种产品的单位水足迹，因此我们可以通过改变我们的消费模式从而达到减少我们的消费水足迹的目的。中国和印度等发展中国家面临的一个问题是：如何在不增加甚至减小人均水足迹的前提下发展经济？印度的肉类消费水平相当低，政府应该尝试保持这种状态。现在面临的主要挑战是减少食物生产的水资源消耗。在中国，首先应该考虑的就是肉类消费问题。这两个国家都应该致力于减少食物浪费，应用目前已有的技术来发展工业，避免工业发展带来工业水足迹的同步增长，就像我们在工业化国家看到的那样。大多数发展中国家面临三重挑战：提高农业水分生产力；在现有技术基础上，保证工业发展；保持或促进低水平肉类饮食消费。

工业化国家所面临的挑战可能要大于发展中国家，但更多的是从改变习惯的角度，而不是从经济角度。根据联合国中等人口增长情景，假定所有国家的水足迹在全球水足迹总量中所占的份额日趋均等，像美国、加拿大、澳大利亚、西班牙、葡萄牙、意大利和希腊这样的国家，在2000~2050年间，大约需要将他们的人均水足迹降低2.5倍。要实现这一目标只有将生产和消费相关的措施相结合，一方面，各国应该提高农业的水分生产能力；另一方面，它们应该减少肉类消费和生物燃料。

如果水资源充足且人均水足迹较大的国家拒绝向公平水足迹份额的方向发展，毫无疑问人类的水足迹会增加，因为很难想象发展中国家减小的水足迹能够平衡发达国家的增加量。对于那些目前还没有直接面对严重缺水问题的国家来说，有关减少水足迹的国际谈判的想法可能过于牵强，而对于人均水足迹大于全球平均水平的国家而言，公平份额的想法很可能是难以接受的。但最终，我们共享一个水资源不足的世界，使我们能够继续目前的生产和消费做法。

第十四章　世界有限淡水资源的分配

在本章中，我将结合前面三章中讨论的用水可持续性、高效性和公平性原则，进一步讨论共同解决如何将水分配给竞争用户的问题。我将增加关于用水的第四个原则：安全性，即降低用水风险。要做到这一点，可以努力实现一个区域供水的某种程度的自给自足，以及在严重依赖水资源投入（特别是食物）的事物上实现某种程度的自给自足，并从可持续利用其水资源的国家采购进口水资源密集型商品。首先，从描述三个水资源配置的视角：生产者视角、贸易视角和消费者视角。当前的水分配原则以生产者观点为主（水是根据生产者的需求分配的），有时第二个关注的是贸易观点（当水被明确分配给为生产用于出口的商品并因此受益的农民时），但对消费者观点完全没有兴趣（最终谁会从水中受益）。接下来，讨论上述四个用水原则的互补性及水资源分配在地方与全球层面的互补性。在当今水资源配置的实践中，通常是从区域尺度或者国家尺度考虑，关于全球尺度的水资源配置几乎是没有的。然后，我将把这四项发展原则转化为有助于实现智能配水的相关政策工具，再阐述这四个发展原则之间的协同作用，但也不可避免地需要权衡取舍。接下来，讨论如何将水意识纳入其他政策领域，因为水需求模式基本上是由除水部门以外的其他部门的决策所驱动的。在本章结束时，将回顾如何利用水足迹来衡量实现联合国可持续发展目标的进展情况，这些目标明确涉及可持续和高效的用水和分配问题。

1. 水资源分配：生产者、贸易和消费者视角

区分水资源分配的三种不同视角可能会有所帮助（表 14.1）。从生产者的角度出发：如何将水足迹配额分配给互相竞争的用水者？从贸易的角度来看问题是：水密集型产品将如何通过贸易和在何种贸易制度下在全世界重新分配？从消费者角度出发：如何将总水足迹分配给最终的消费者。第一种情况是水资源的直接分配；第二种情况和第三种情况是水资源的间接分配。当水资源管理者提到水资源分配的时候，他们通常指的是第一种类型的分配，也就是水资源在不同的使用者（生产者）之间的直接分配。本书中，我们会清楚认识到，了解水资源的间接分配也是有意义的。食物生产需要消耗生产国大量的水资源，食物贸易的产生主要是由贸易国的发展水平所驱动的，而不是因为国家间的水资源短缺差异（Lenzen *et al.*, 2013），也不是因为对水资源紧张国家的团结和援助（Seekell *et al.*, 2011; Suweis *et al.*, 2011）。一般来说，我们对水资源最终流向何处知之甚少，但这很重要。如果水资源分配给种植大豆的农民，他将大豆作为动物饲料出口，那么水资源就间接分配给了国外食肉者。问题是在种植大豆的国家，进行水资源分配时，是否应该给种植大豆农户分水的优先权。如果水资源分配给一个种植玉米的农民，而他生产的玉米用于燃料市场，我们也可以提出同样的问题。这样的问题并没有明确的答案，但是我们仍需要强调有关间接分配的问题。一个流域内不同用途间的水资源分配需要在一个更大的尺度，如国家和全

球背景下考虑。同时我们提出一个问题：谁最终会从这些水资源中受益？

表 14.1　水资源分配的三种视角

视角	问题	政策工具
可持续和高效的生产	如何将水分配给互相竞争的用水者？	基于人均用水户上限和作物生产水足迹基准的用户水足迹许可系统
可持续、公平和稳健的贸易	水密集型产品将如何通过贸易和在何种贸易制度下在全世界重新分配？	目标是分配满足当地基本需求的最低水量，并从可持续用水的地方获得剩余的食物进口
可持续、公平的消费	如何将总水足迹分配给最终的消费者？	公平水足迹份额制度

2. 指导水资源合理分配的四个发展原则

环境可持续性、资源利用高效性、社会公平性和资源安全性是指导水资源合理配置的四个相辅相成的原则。每一项原则都增加了独特的基本内涵。图 14.1 在一张简化图中总结了与四项发展原则有关的一些内容。这幅图展示了土地和水资源是如何被用来生产食物和能源的，而土地和水资源往往是联系在一起并被有效共同利用。土地和水的用途远不止生产食物和能源，但这两种商品对我们来说绝对是最重要的。尽管食物和能源不仅依赖于土地和水资源，但是他们在很大程度上依赖于土地和水的投入。如图 14.1 所示，自然资源的可持续利用问题位于左侧，它涉及人类对土地和水的占用规模与可持续水平。效率是指土地和水在生产食物和能源方面的利用效率，即我们每单位面积的土地和单位体积的水生产多少食物和能源。水资源公平问题在图 14.1 右边，它是关于谁最终消耗了有限的土地和水所产生的食物和能源。事实上，美国消费者的人均水足迹是中国和印度居民的 2.6 倍，这为公平分配淡水资源的辩论提供了理由。最后，资源安全是一个系统性的问题，它解决了地理依赖性和风险问题。分布在世界上不同地点的淡水资源可以通过水密集型商品贸易从任何地方获得。水的普遍低效利用、过度开发和污染必须成为所有具有水密集型消费模式的人所关注的问题，而不仅仅是那些直接依赖水资源和对环境影响最大的地区的人们。

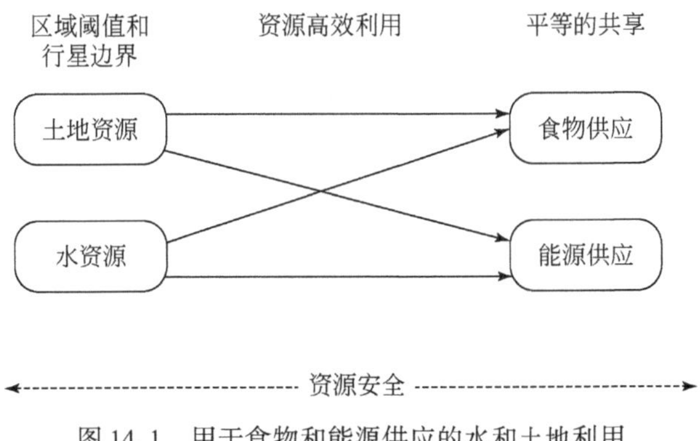

图 14.1　用于食物和能源供应的水和土地利用

考虑到世界可利用的淡水资源是有限的，这些资源如何进行定量分配是非常重要的：多少用于生产特定产品，多少用于特定群体。由于水密集型产品可以进行全球贸易，因此在全球尺度上如何将淡水资源合理分配到不同用途，就成为一个需要解决的问题。丰水地区的水资源生产力（kg/L）通常较低，因此单位质量产品的水足迹（L/kg）较大。在制定水资源政策时，将这些水资源使用对环境影响较小的区域排除在外是错误的（Hoekstra and Mekonnen，2012b）。

解决水资源紧缺流域蓝水资源过度开发问题的重要方法之一就是提高富水地区的水资源生产力（减少单位产品水足迹）。一些学者认为（Ridoutt and Huang，2012），只关注水资源紧缺流域作物水足迹的减小，是仅从有限角度回答了什么是可持续的、有效的全球水资源利用问题。

我们应该优先考虑减小环境压力较大流域的水足迹。考虑到全球淡水资源的竞争共享，提高水资源压力较小流域的水资源生产力（降低单位产品的水足迹）是实现这一目标的有效工具。尤其是对于不存在水资源短缺问题的流域，雨养农业绿水生产力的提高（降低单位产品的绿水足迹）能够有效缓解世界其他地区的水资源危机（Aldaya *et al.*，2010a）。这一措施可增加水资源丰富地区的产量，因此不需要过度开发水资源，就可以满足水资源严重短缺地区作物生产用水需求。

3. 合理分配水资源的政策工具

在前几章中，我们已经讨论了一些可能有用的政策工具。为了保证世界各地的可持续水资源利用，政府可以考虑为每个流域设置水足迹上限（第十一章）。为了促进高效用水，我们可以为生产过程和产品制定水足迹基准，根据现有最佳实践和技术，确定合理的耗水量或污染水平（第十二章）。如果我们就什么是公平的水足迹份额达成一致，就可以实现公平的水资源共享（第十三章）。在水资源允许的范围内，通过促进当地基本需求（如饮用水和食物）的水资源分配达到一定的最低水平，并通过确保进口食物来源于可持续用水的地区，可加强水安全。

某个流域或含水层的水足迹上限拆分成一定数量的水足迹许可证，然后发给用户。这类用户水足迹许可证与传统的“取水许可证”不同，因为它和每个用水者的消耗性用水及水污染密切相关，而不是和取水总量相关。在授予水足迹许可证时，政府可以在给定用户生产的产品和该类型产品的特定水足迹基准的情况下，确定每个用户的合理水足迹是多少。各国政府也可以选择授予某些类型的用水许可证，而不授予其他类型的用水许可证，因为地方或国家在如何分配有限和共有的水资源方面具有优先权。政府可以在一定程度上优先考虑工业和农业用水之上的家庭用水，饲料或燃料作物用水之上的作物用水，出口作物用水之上的当地作物用水。在农业部门内，饲料、燃料及纤维用水之间存在竞争，正如我们在肯尼亚奈瓦沙湖的案例中所看到的，生产燃料也可能需要大量的水。使用水资源经济生产率（美元/m^3）作为水分配的标准只能作为部分参考，因为可能有重要的论据表明单纯依靠水资源经济原则的弊端。例如，食物安全——就偏离纯粹的经济分配，用于饲料或生物燃料作物的水资源经济生产效率可能相对较高，但如果考虑到其他更基本的需求

——如谷物、豆类、糖、淀粉、油料作物、蔬菜和水果等作物生产，将大量的水资源分配到饲料或生物燃料的作物生产是否合理将是一个问题。

基于每个生产过程的当地水足迹上限和基准的水足迹许可证制度是为了服务于可持续和高效的生产模式。构建公平的水足迹份额制度将促进可持续和公平的消费方式。分配一定数量的最低限度的水资源来满足当地基本需求，并从可持续用水的地方获得剩余的食物进口，这些措施有助于建立促进可持续、公平和稳健的贸易模式。这些想法可以为水资源分配指明方向，但并没有给出确切的答案。没有一个方法能够在用水者和最终用户之间实现可持续、高效和公平的水分配，并且能实现最大程度的水安全。因为没有一个概念被严格定义，这可能还需要权衡取舍。

4. 发展原则之间的协同和权衡

我们需要可持续、高效、公平地利用有限的土地和水资源。此外，我们还需要资源安全。这四个发展原则是相辅相成的，但也有取舍。我将简要介绍协同效应，因为它们相当明显，不需要太多讨论，因为当我们希望事情很好地结合在一起时，我们可以简单地向前推进。然而，当重要的原则之间出现矛盾时，权衡取舍这些原则就变得非常困难。

首先，关于协同作用。通过考虑可持续用水的地域，生产-消费角度（表 11.2）、高效用水的三个角度（表 12.1）和公平用水的三个角度（表 13.1）之间的重叠，它们就变得很清楚。提高生产用水效率，优化空间生产方式以减少用水和水资源短缺，直接有助于减少用水量，从而可持续地用水。相反，将流域或含水层总水足迹上限制度化也可以推动创新和更高的用水效率。因此，追求可持续性和效率可以相互促进。制定能适当反映水资源短缺的水价计划，推广节水和清洁技术，以及减少食物和水的浪费，这些措施都是有益于用水效率和可持续性的手段。更高效率的用水还意味着用一定的水可以生产更多的产品，从而可以共享更多的水。减少肉类消费将使整个食物系统更加高效，并有助于减少用水需求，提高用水的可持续性和最终消费者之间更公平的用水共享。此外，努力提高用水效率和可持续性可减少短缺风险，从而加强水安全。

但是，现在让我们谈谈更为棘手的问题，即四项发展原则也可能在某种程度上相互冲突。第一个最典型的冲突是反弹效应——已经在关于用水效率的第十二章中讨论过。利用通过提高效率而节约的灌溉水再去灌溉更多的农田，抵消了最初的环境收益。更糟糕的是，干旱地区相对较高的用水效率可以吸引更多的投资，使农业和总灌溉量实际增长，从而加剧水资源的过度开发，生产更多的食物产品，通常用于出口。我们称之为“水资源短缺出口悖论”，我将在下一章举例说明。因此，提高效率会对可持续性产生反作用。世界上许多缺水问题都与集约灌溉密切相关，灌溉是农业绿色革命的一个重要内容，人们普遍认为这是农业效率的重大飞跃。效率可以是可持续性的驱动力，但更多的时候是增长的驱动力，直至达到不可持续的程度。提高效率本身并没有错，但我们需要重点关注这种更高的效率导致的后果。

第二个最著名的冲突是出于政治动机的资源分配的抑制效应。例如，政治动机可以是促进可持续性、平等性或安全性。经济学家普遍关注的是对资源配置的政治干预，因为他们认为，将资源配置留给市场将导致资源的最有效利用。尽管人们可以质疑这一信念，但事实上，无干预农业将使农民认真考虑如何利用有限的资源获得最佳利润。许多国家，包括中国、印度、印度尼西亚和埃及，都有促进食物自给自足的政策，包括向主要作物分配水资源的各种措施。在许多情况下，农民本可以通过生产出口经济作物来更有利地利用水资源，从而实现更高的水分生产率。因此，“人人享有食物安全”的目标（包括仅次于安全性的平等性概念）不一定与资源利用效率最大化的目标相匹配；需要做出权衡。

第三个例子涉及将水作为稀缺经济产品来处理，并建立更好的水价结构，使水的稀缺性在价格中适当得到反映。这将提高水的利用效率，减少水的消耗，从而有助于减少水的稀缺性和更可持续的用水。自国际水科学团体将水视为经济商品的原则（ICWE，1992）以来，这一原则引起了许多讨论。反对的基本论点是，水是一种共同的商品，如果按市场价格定价，穷人将无法获得水，这是不公平的。将水分配到其经济价值最高的地方的想法，确实与将水分配给无力支付的贫困家庭和贫困农民的想法相悖，但这并不意味着就不能有好的理由进行水的合理分配。实际上，在将大量水分配给相对较少的大型农场或工业（这些农场或工业的生产能力相当高，可用于种植经济作物或其他商业产品供该地区出口）与将水分配给当地家庭和种植食物作物供自己使用的小农之间，确实经常存在一种紧张关系。

不同发展原则之间冲突的第四个例子是关于粗放农业与集约农业的激烈辩论。就单位作物或动物产品的土地和水的使用而言，集约（高投入）农业通常具有更高的资源效率。但是，由于集约农业的规模和强度，单位面积土地上水的需求量和污染往往要大得多，与粗放农业相比，这更可能导致当地水资源系统的过度开发。由于粗放型（低投入）农业效率较低，除非粗放型农业消耗更少，特别是与更少的肉类相结合，否则我们需要更大面积的粗放型农业来生产同样数量的食物。不足为奇的是，支持粗放型农业的人往往和那些指出需要改变我们消费模式的人一样。精耕细作的倡导者通常默默地认为，消费模式将朝着高肉类摄入量的方向发展，正如我们在许多发达国家发现的那样，这是对历史趋势的推断。这里的辩论是关于发展的一个基本选择：侧重于更有效率和专业化的生产，结合密集的贸易、增长和更多的共享，还是侧重于当地市场的多样化生产和以牺牲某种效率和少共享的现实为代价的公平消费。第一种观点的支持者通常将第二种观点描述为不切实际和不可行，而第二种观点的支持者则将第一种观点描述为不负责任。这两种观点的未来都是可以想象的，但它们在价值选择、权衡和承担风险方面有着根本的不同。集约农业面临的风险是反弹效应和由此产生的不可持续性。粗放农业的风险在于食物短缺。在工业化耕作的情况下，必须严格限制持续增长以降低环境风险；在粗放耕作的情况下，必须采取严格的政策以降低食物短缺的风险，例如，从目前的饮食模式过渡到肉类较少或没有肉类的饮食模式。显然，人们可以尝试找到折中的途径。

在考虑资源配置时，经济学家习惯于考虑可以实现的替代利用：在某一时刻，流域中的一定水量只能被消耗（蒸发或嵌入产品中）一次。因此，问题是我们如何才能最好地利用这些水资源来获得最大的价值。但关于水资源分配的一个更为根本的问题是，我们如何在相互冲突的发展原则之间做出选择并确定优先次序。不可避免地，必须在不同的原则之间做出权衡，尽管每一个原则似乎都是不可妥协的。从根本上讲，水的分配不仅仅是一个经济问题，水的分配本质上是具有政治性的。因此，现在是该让政治家们把水资源稀缺和水资源分配问题提上议事日程的时候了。

5. 将水意识纳入其他政策领域

实际上，到目前为止，向竞争用户分配水资源并不是一项明确的活动。水需求和水分配是由与水管理无关的过程驱动的。总需水量的最终驱动力是人口增长、富裕程度的提高和日益增长的消费用水强度。空间需水模式的最终驱动力是空间规划、城市化和对某些地方农业的投资。如果各种用水需求都大量提高，那么“更好的水资源配置”将是一个类似于“末日”的解决方案。

人们逐渐认识到水不仅在促进社会和经济发展方面发挥着关键作用，而且在制约发展方面也同样至关重要。这对合理的水治理有着重要的启示。这不仅仅是“保证供水”需要的时候，它还意味着“管理水需求”，以使需求不超过供应。然而，从供应管理向更平衡的供需管理结合转变也不够。水需求管理侧重于在生产中更高效地利用水，但从根本上并不涉及水需求本身。许多特大城市位于水资源短缺严重短缺并限制进一步增长用水的地方（Varis *et al.*，2006）；真正的解决办法是将水问题纳入城市规划。同样，世界上许多粮仓都位于缺水威胁可持续生产的地区，如中国北方（Ma *et al.*，2006）。要解决这些挑战，就需要采取措施，不仅要通过提高生产用水效率来改善供水和减少需求。水资源问题和制约因素需要在农业和其他政策中发挥作用。

我们需要从水资源规划和管理的“内部整合”转向“外部整合”（Savenije *et al.*，2014）。内部一体化是所谓的“水资源综合管理”的核心，旨在实现不同水政策之间的一致性，如地下水和地表水管理之间、水流调节和水质管理之间及供水和用水需求政策之间的一致性。外部一体化是指将水挑战纳入其他政策领域。有了良好的空间规划和农业政策，可以将明智的水管理所面临的挑战内部化，那么大部分水问题就可以得到解决。而且，将水因素反映到其他政策领域也很重要，例如在能源领域。目前刺激生物燃料生产的政策加剧了世界上许多现有的水问题，仅仅因为种植用于生物能源的作物需要大量的水。将水资源问题纳入能源政策将导致对未来最佳能源结构和能源模式（如投资于电力运输模式）做出更明智的选择。贸易与水资源短缺之间的关系也会使贸易政策受益。此外，鉴于人类约 30% 的水足迹与动物产品的消费有关，通过转变消费模式来节约用水具有巨大的潜力，这是个人消费者的责任，但政府可借此发挥重要作用，例如，通过帮助增强意识和产品透明度，以及通过税收政策来发挥作用。

为促进人类与地球的平衡而在各个政策领域进行整合和协调一致，这也是联合国 2030 年可持续发展议程（2015 年大会通过的《人类与地球繁荣行动计划》）背后的一个重要思想。水资源在该计划中发挥着重要作用，因为它对人和自然具有直接的重要性，并在产生多种社会和生态价值方面发挥着重要作用。

6. 联合国可持续发展目标

联合国可持续发展目标（Sustainable Development Goals，SDGs）2030 年议程包括 17 项 SDGs，其中包含 169 项具体子目标（UN，2015a）。良好的水治理是实现许多目标的先决条件。例如，关于食物的 SDG 2、关于能源的 SDG 7、关于公平共享的 SDG 10、关于负责任的生产和消费的 SDG 12、关于气候行动的 SDG 13 和关于生物多样性的 SDG 14 ~ 15。其中 SDG 6，是专门针对水资源领域的。SDG 6 的前两个子目标是改善饮用水和卫生条件目标的后续目标，这些目标已经是联合国早期千年发展目标的一部分。SDG 6 的新内容包括：改善水质、减少水污染、提高用水效率、改善水管理、保护生态系统、加强国际合作和让地方社区参与的其他子目标。另一个新的内容是，SDG 明确提到世界上所有国家，而千年发展目标则侧重于发展中国家。对水而言，这一点很重要，因为工业化国家的消费者和生产者也对水污染和水的过度开采做出了重大贡献。

让我解释一下水足迹评估如何在衡量水资源相关的 SDG 6 进展方面发挥重要作用（Hoekstra *et al.*，2017；Vanham *et al.*，2018）。水足迹核算尤其与 SDG 6.3 和 SDG 6.4 有关（图 14.2）。关于水质和污染的具体 SDG 6.3 是“通过减少污染、消除倾倒和最大程度减少危险化学品和材料的排放、将未经处理的废水的比例减半及在全球范围内大幅度增加回收利用和安全再利用，以改善水质”。关于用水效率和缺水的具体 SDG 6.4 是“大幅度提高所有部门的用水效率，确保可持续地抽取和供应淡水，以解决缺水问题，并大幅度减少缺水人数”。SDG 6.3 和 SDG 6.4 都包含效率部分和可持续性部分。水足迹可以用来表示两种效率（每单位工艺或产品的耗水量或污染是多少?）及可持续性（总耗水量是否超过水的可利用性，或总水污染物负荷是否超过当地淡水系统的自净能力?）。灰水足迹可以作为衡量指标 SDG 6.3 进展情况的相关指标，同时，蓝水足迹则是衡量指标 SDG 6.4 进展情况的重要指标。

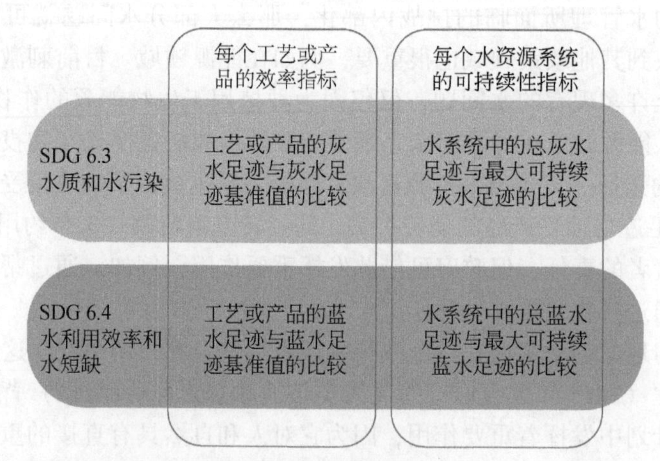

图 14.2 使用水足迹指标监测联合国可持续发展具体目标 SDG 6.3 和 SDG 6.4 的进度

基于 Hoekstra *et al.*，2017

SDG 6 的一个主要缺陷是，它缺乏有效利用绿水的任何目标。这是一个疏忽，因为有效利用绿水资源将是增加雨养农业食物产量的一个关键因素。如果忽略了绿水资源的利用，就会使目前那些以不可持续的速度使用蓝水流域的灌溉区食物产量减少。Pradhan 等（2015）在一项关于全球雨养和灌溉农田产量增长潜力的研究表明，通过缩小现有雨养农田潜在的和实际作物产量之间的差距，可以生产出大约 80% 以上的全球人类作物需求热量（与 2000 年的人类作物总热量需求相比）。此外，作者还估计了灌溉农田作物产量增长潜力，结果表明灌溉农田仅有 24%。因此，更有效地利用绿水资源（雨水）的潜力远远大于更有效地利用蓝水资源（灌溉水）的潜力。

SDG 6 中的另一个缺陷是，虽然它包括了关于用水效率和可持续用水的明确目标，但缺乏公平用水的目标。这也是一个在研究中很少受到关注的话题。水资源利用效率的研究是最容易进行的，因为有各种成熟的指标。尽管如此，大多数研究和政策报告的主要重点是从生产角度看水的使用效率，而从贸易和消费角度看水的使用效率的研究则少得多。可持续用水的研究正在迅速兴起，这得益于每个水体最大可持续水足迹的概念和水足迹上限的概念。公平用水的研究受到以下事实的阻碍：公平显然是一个比效率和可持续性更规范的概念。只要我们对指导水资源分配的不同原则的关注重心是存在偏颇的，我们对水问题的理解就可能保持不平衡，我们提出的解决办法可能仍然是偏向于提高生产用水效率的措施。

第十五章 贸易合理化

近来，贸易专家和水资源专家越来越关注国际贸易和淡水短缺之间的关系。但是直到今天，水务部门专家去了解一个地区的水资源使用和该地区进出口之间的关系并不常见。传统意义上来讲，他们认为，一个地区的水资源需求是该区域用水户的数量和水需求量的函数。经济学家通常并不考虑国际贸易对水务部门的意义，因为水资源投入通常很难影响贸易商品的总价格。这似乎证实了“水资源并不是影响生产和贸易模式的主要因素”这一结论。通常政府对水资源投入进行大幅补贴这一事实就此被忽略了。贸易专家也倾向于忽视水资源使用的外部影响，尽管这种影响是非常显著的，但是从未包含在水价之中。尽管有时水资源的确很缺乏，但没有一个国家对水资源投入收取稀缺租金。只看贸易商品的价格，我们会感觉水资源稀缺并不是国际贸易的驱动力或者限制性因素。

通常水资源并不被认为是一种全球性的资源。大多数国家的能源部门都含有国际机构，而水资源部门则没有。跨境河流的案例体现了水资源的国际特性，但国际贸易和水资源管理的关系并不是水务部门官员所认为的那样。水资源本身并不参与国际贸易，这可能与水资源体积巨大有关。而且，水资源并不具有私有性，因此不能在市场上进行贸易（Savenije，2002）。水务部门专家忽视了水资源以虚拟形式（蕴含于农产品和工业产品之中）进行贸易这一事实（Hoekstra and Hung，2005；Chapagain and Hoekstra，2008）。尽管不可见，“虚拟水”的进口却是水资源短缺国家保护本国水资源的有效措施（Allan，2003）。

水资源管理中普遍认可的一项原则就是辅助性原则，即水资源问题应该尽可能在最低层次的单元解决（GWP，2000）。当上游的水资源使用影响下游的水资源使用时，需要将流域作为一个整体，认为水是一种流域资源。将水资源作为一种全球性的资源并不普遍。全球水伙伴写道：

> 为了实现有效、公平和可持续的水资源管理……必须进行重要的制度改变。应该积极促进利益相关者对自上而下或自下而上方法的参与——从国家到村庄或自治区，从小流域或集水区到整个流域。在最小的可行性单元开展的辅助性原则其效果有待观察（GWP，2000）。

该文对全球尺度的水资源管理只字未提。

但是，仅从地区、国家或者流域等尺度考虑水资源管理是不够的。许多水资源问题和国际贸易紧密相关（Hoekstra and Chapagain，2008）。就像我们在第七章提到的，乌兹别克斯坦有用水补贴，但这部分被补贴的水资源大都被用于生产出口的棉花。第九章阐述了肯尼亚过度开发奈瓦沙湖的水资源，用于生产出口至欧洲的鲜花。我们也可以举出很多其他的例子：泰国由于出口需要进行大量灌溉的水稻而引发本地的水资源问题（Chapagian and Hoekstra，2011）；中国的河流由于工厂排放的废水而被严重污染，而这些工厂是为西方市场生产廉价商品的（Economy，2004）。不只是水资源问题本身，水资源问题的解决方案也具有国际贸易要素。例如，中东的很多国家通过从海外进口粮食来满足他们的粮食需求，同时节约他们本国稀有的可用水资源（Hoekstra and Chapagain，2008）；由于气候变化，地中海国家将面临更加严重的水资源短缺，迫使他们增加水密集型产品的进口。显然，看似地区或国家水平的水资源问题，其实它们和国际贸易间的联系比我们之前所认为的更多。

在这一章中，我会从水资源短缺和贸易之间关系的思考出发，同时强调两个问题：国际贸易对国内水资源的影响是什么？相对地，水资源可利用量对国际贸易的影响是什么？之后我会描述水资源稀缺-出口悖论，这是和一般认识相悖的现象，即世界上水资源极度短缺的地区生产用于出口的水密集型产品。然后，讨论建立国际合理水价协议的必要性。之后，给出产品透明度（旨在保证人们能区分可持续产品和非可持续产品）和非歧视原则（国际贸易协议基石之一）之间的冲突。分析国际贸易协议存在的问题，国际协议中缺少关于可持续水资源利用的内容，因此基于双方认可的可持续标准来限制贸易的法律基础，仍然是很缺乏的。探讨为水密集型产品建立国际水资源标签。最后，我会讨论世界贸易组织（WTO）现有的贸易谈判，以及国际水密集型产品贸易增多带来的挑战与机遇。

1. 国际贸易对本国水资源的影响

国际水密集型产品贸易最显著的作用是为产品进口国家节约大量的水资源，这一作用在20世纪90年代中期就被讨论过（Allan，2003；Hoekstra，2003）。进口带来的节水量等于进口产品数量乘以国内生产该产品所需要的水资源量。国际水密集型产品贸易带来的负面影响是出口国家不能将这些水资源用于国内其他用途。同时，水资源使用带来的社会和环境成本仍然留在出口国家，且这些成本并没有包含在进口国家消费者所支付的价格中。

对许多国家而言，国际农产品和工业产品贸易能有效减少国内水资源需求（表15.1）。这些国家进口水密集型产品，出口非水密集型产品。1996~2005年，世界最大的水密集型产品进口国日本，通过贸易年均节约1340亿 m^3 水资源（Mekonnen and Hoekstra，2011b）。这些水资源是日本内部水足迹（420亿 m^3/a）的三倍还多。如果日本所有的进口产品都在国内生产，那么其内部水足迹将会居于世界前列。同样，马耳他通过贸易每年节约了9亿 m^3 水资源，是本国内部水足迹的10倍还多。

表15.1　1996~2005年因国际贸易而产生净水资源节约的国家

国家	国家内部水足迹/(亿 m^3/a)	国际贸易产生的净水资源节约量/(亿 m^3/a)				净水资源节约量占国家内部水足迹的比例/%
		作物产品	动物产品	工业产品	总量	
马耳他	0.9	6	3	0.05	9	1059
利比亚	53	100	290	-1	390	745

续表

国家	国家内部水足迹/(亿 m^3/a)	国际贸易产生的净水资源节约量/(亿 m^3/a)				净水资源节约量占国家内部水足迹的比例/%
		作物产品	动物产品	工业产品	总量	
科威特	5.7	23	9.4	-0.9	32	563
约旦	14	60	9	1.5	71	492
也门	77	110	160	-0.3	270	354
以色列	40	110	24	0.4	130	337
日本	420	1230	140	-25	1350	317
韩国	200	430	58	-5.3	480	248
塞浦路斯	9	16	1	0.8	18	182
黎巴嫩	40	23	24	2	49	138
沙特阿拉伯	150	170	33	-6.6	200	129
意大利	700	350	190	-3.6	540	76
摩洛哥	370	270	3	1	270	74
墨西哥	1490	640	190	1.3	830	56
秘鲁	260	110	5	0.2	120	46
西班牙	820	290	0	9.1	300	37
希腊	180	5	52	8.4	65	37
伊拉克	360	130	11	-35	110	30
伊朗	1130	230	6	-2.6	240	21
智利	160	29	1	-0.9	29	19
埃及	690	120	-5	3.6	120	17

资料来源：Mekonnen and Hoekstra，2011b。

马耳他，还有一些其他国家，如利比亚、科威特、约旦、也门和以色列的居民，他们的水足迹很大程度上来自世界其他地区。合理的贸易在一定程度上解决了这些国家的水资源短缺：即单位外汇出口产品的生产所需要的水资源较少，而单位价值进口产品的生产所需要的水资源较多。通过虚拟水进口（进口水密集型产品）来节约本国的水资源，对水资源相对短缺的国家是非常有吸引力的。然而我们也必须考虑其中的一些缺陷。第一，通过进口来实现国内水资源的节约应该在有足够的外汇交换能力进口粮食的背景下，否则就需要在国内生产。世界上一些水资源稀缺国家有丰富的石油资源，所以他们能很容易地进口水密集型产品。然而，还有许多水资源稀缺国家没有能力通过出口能源、服务或者水密集型工业产品来支付水密集型农产品的进口。第二，粮食进口带来了粮食自给率降低的风险。像中国、印度和埃及这样的国家，粮食自给率从政治角度考虑是非常重要的（Roth and Warner，2007）。第三，粮食进口将会对国内农业生产部门带来不利影响，农业部门就业机会的减少将会促进城镇化，同时也会导致经济下滑，农村地区土地管理恶化。第四，在许多水资源短缺的发展中国家，农业补贴是农业的重要组成部分，促进粮食进口可能会威胁依靠补贴生活的农民的生计，减少穷人获得粮食的机会。最后，通过增加虚拟水调运来优化全球水资源使用可以减轻水资源稀缺地区的环境压力，但是可能给生产水密集型产品用于出口的国家增加额外压力。

水密集型产品的出口明显增加了出口国国内的水资源需求。1996～2005年，世界上19%的水资源并不是用于生产供本国国内消费的产品，而是用于生产出口产品（Mekonnen and Hoekstra，2011b）。最大的虚拟水出口区域集中在南北美（美国、加拿大、巴西和阿根廷）、南亚（印度、巴基斯坦、印度尼西亚和泰国）和澳大利亚。假定出口产品的生产与本国消费产品的生产相比，二者引发的水资源问题（如水资源消耗或者污染）不会有明显差异，那世界上大约五分之一的水资源问题可以归结为与出口相关的生产活动。消费和生产区域间的距离使消费者看不到自身消费行为对水资源的影响。消费者属于受益的一方，由于水资源的价格总是被低估，成本仍然由生产地区承担。出口带来的外汇收入通常不足以抵消国内水资源使用的大部分成本，在这种背景下，从水资源角度来说，出口国家应该反思他们的出口用水，然后决定在多大程度上进行出口活动是一项好的政策，这样才是明智的。大坝和灌溉设施的建设、运行和维护费用通常都是由国家或地方政府支付的。对下游的负面影响，以及涉及社会和环境的成本也没有包含在出口产品的价格之中。

国际贸易同时带来了另一种现象：养分，如氮和磷的自然循环被一些地区土壤消耗、肥料的过度使用、食物和动物饲料的长距离运输、人口稠密区域富养废弃物的集中分解等（Grote *et al.*，2005），已经造成一些地区土壤的枯竭（Sanchez，2002；Stocking，2003）和水体富营养化（McIsaac *et al.*，2001；Tilman *et al.*，2001），并且这种状况未来有可能加剧。例如，荷兰的土壤富营养化间接取决于其大豆饲料的供应大户巴西的森林砍伐导致的土壤侵蚀和退化。这意味着荷兰土壤富营养化不能单纯理解为荷兰当地问题，荷兰的水污染也成为世界经济的一部分。

对养分自然循环的干扰不是国际贸易影响水资源质量的唯一方式。Meybeck（2004）阐述了其他物质是怎样被分散到全球环境中，同时改变世界河流水质的。Nriagu 和 Pacyna（1988）分析了微量金属元素在全球经济系统中对世界水资源的具体影响。世界水污染新报告的定期出版表明，这种现象本身不再是什么新闻了；现在逐渐浮出水面，因而相对新的是以下事实：污染不单单是“全球的”，因为污染是如此“广泛”，它和世界经济的运作互相联系，因此是一个真正的全球问题。水污染和全球经济系统紧密交织，以至于不能脱离全球经济而独立处理。实际上，污染可以通过在污染发生地或者附近利用末端措施进行处理，但一个更专业的做法是重塑全球经济秩序，实现可持续的封闭物质循环。

2. 水资源可利用量对国际贸易的影响

有大量关于国际贸易的文献，然而只有少数学者强调了区域间水资源可利用量或者水资源生产力的差异能在一定程度上影响国际贸易。国际贸易通常从劳动生产率、可耕地面积、国内农业补贴、进口关税、生产盈余和相关的出口补贴等方面进行解释。

根据 Ricardo 在 1821 年提出的国际贸易原理，如果一个国家生产具有相对优势的产品和服务，同时进口具有相对劣势的产品和服务，那么这个国家就能从贸易中获益。根据 Ricardo 国际贸易模型，各国应该优先选择生产具有相对较高生产力的产品。更准确地，用经济学家的专业术语来说就是：如果一个国家生产的某一特定产品有相对高的“全要素生产率”，那这一产品的生产就具有相对优势。全要素生产率是将产出和所有的投入因素（如劳动力、土地和水资源）联系起来的一个指标。另一个比较优势模型是赫克歇尔-俄林（Heckscher-Ohlin）模型，该模型于 19 世纪前半叶提出。这个模型不考虑国家间各要素生产率的差异，而是考虑商品要素丰度和密度的不同。根据赫克歇尔-俄林模型，国家可以通过相对丰度要素和相对密度要素来优化产品生产。但是这两个模型均不全面：赫克歇尔-俄林模型强调一个国家可以使用最丰富的要素来细化生产和出口；Ricardo 原理表明一个国家最好集中生产拥有较高生产率（单位投入的产出）的产品。但无论如何，一种明确的观点是各国生产环境不同，这使得一些国家能有机会生产某些产品，同时另一些国家能有机会生产另外一些产品，因此使得贸易能互惠互利。从水资源角度来说，水资源相对丰富或拥有较高水分生产力（单位水资源投入的产出值），或者是二者兼备的国家，在生产和出口水密集型产品上都具有相对优势。

举一个简单的例子来说明相对优势。我们考虑两个国家和两种作物，假设不同作物在不同国家的水分生产力不同。为了便于解释，我们假设水资源是唯一的生产投入要素。假设国家 A $1m^3$ 水资源能生产 0.3kg 籽棉，国家 B 用同样数量的水资源只能生产 0.1kg 籽棉。同样，两国可以生产水稻，假定国家 A 和 B $1m^3$ 水资源分别能生产 0.6kg 和 0.5kg 水稻。从生产率角度出发，我们发现国家 A 的棉花和水稻都拥有较高的水分生产力，所以我们说国家 A 在棉花和水稻生产中拥有“绝对优势”。和贸易机会更相关的是各国的“相对优势”，因此我们必须考虑水资源使用的机会成本。如果国家 A 将 $1m^3$ 的水资源用于棉花生产，能生产 0.3kg 籽棉，如果这些水资源用于水稻生产，能生产 0.6kg 水稻。因此我们认为，对国家 A 而言，生产 1kg 籽棉的机会成本是 2kg 水稻。同样，我们计算得到国家 B 生产 1kg 籽棉的机会成本是 5kg 水稻。由于籽棉的机会成本在国家 A 更低，因此这个国家最好进行棉花生产，然后出口到国家 B。相对的，国家 B 最好进行水稻生产，因为国家 B 生产 1kg 水稻的机会成本只有 0.2kg 籽棉，而对国家 A 而言，是 0.5kg 籽棉。我们认为国家 A 在棉花生产中具有比较优势，而国家 B 在水稻生产中具有比较优势。贸易的可能性并不仅仅取决于水资源生产率的差异，也取决于各国水资源可利用量。而且，当国家数量不再是两个而是许多时，同时有很多种产品可以生产而不再是两种时，许多生产要素均要考虑，且投入品不仅仅是水资源的时候，情况就会变得更加复杂。水资源可利用量和水资源生产率的重要性体现在哪种贸易能实现最大的经济意义，这取决于和其他生产要素相比较，以及水资源的稀缺程度。

有证据表明水资源稀缺影响国际贸易。Yang 等（2003，2007）提出粮食进口在弥补缺水国家的水资源不足上，起到了非常重要的作用。他们的研究表明，当水资源可利用量低于一定阈值时，国家的粮食进口和人均可更新水资源量呈负相关关系。20 世纪 80 年代早期，这一阈值约为2000m^3/（人·a）。20世纪90年代末，该值下降为1500m^3/（人·a）。水资源可利用量低于阈值的国家，只能进口粮食。水分生产率的提高和灌溉面积的扩大使得这一阈值在过去的几十年中有所降低。在最近的研究中，Chouchane等（2018）发现，当人均水资源占有量下降到一定水平以下时，主要农作物进口呈指数增长。他们预计，为满足全球42个最缺水国家的主要粮食需求，仅仅随着这些国家人口的增长，到2050年全球主要作物的国际贸易量预计将增加1.4～1.8倍（与2001～2010年间的平均水平相比）。

值得注意的是，水资源稀缺差异性影响国际贸易流动的机制并不是价格机制。缺水地区的水价通常并不比丰水地区高。世界上的水资源基本是免费的，至少价格要明显低于实际价值，这是因为水资源稀缺性并没有作为影响产品价格的因素。影响机制并不是通过价格而是通过物理约束：一个国家的可用水资源不足以生产生存所需的粮食，粮食进口便是必然的。

国际水密集型产品贸易的驱动力可以是进口国家的水资源稀缺性，但是其他因素通常起了决定性作用（Yang *et al.*，2003；De Fraiture *et al.*，2004）。除了贸易国的水资源可利用量的差异，国际农产品贸易还取决于很多其他因素，包括可耕地量、劳动力、知识、资本及各部门经济生产力的差异（Wichelns，2010）。另外，贸易国国内补贴、出口补贴或进口关税的存在都会影响贸易模式。因此，国际虚拟水流动通常不能，或者只能部分解释为是基于水资源可利用量和水资源生产率的差异。

3. 水资源稀缺-出口悖论

水资源和贸易之间的关系有可能与常识不同。例如，印度北部的旁遮普、北方邦和哈里亚纳邦的水资源相对短缺，然而，这些邦将大量的水资源用于粮食生产后，调出到东部的水资源更为丰富的比哈尔、贾坎德、奥里萨邦（Kampman *et al.*，2008；Verma *et al.*，2009）。1997～2001年，印度北部到东部的年均净虚拟水流动量为220亿m^3。任何一个单一的理由都不足以解释印度区域间这种有违常识的情况，因为许多因素都起了作用，包括历史、政治和经济因素。另一个可能起作用的因素是水资源稀缺地区提高水资源生产力的动机更大一些。为提高生产力所做的投资使得水资源稀缺地区的生产变得更有吸引力，但这同时加剧了该地区的水资源紧缺情况。印度北部的水分生产力要高于东部，这使得北部的生产具有相对优势，尽管绝对意义上北部地区的水资源可利用量要少于东部。

国际贸易模式将如何发展的预测通常忽略了水资源可能是生产限制要素这一情况。因此，一些预测情景高估了水资源高度短缺甚至是过度开发地区的未来农业产量。Liao等（2008）通过研究2001年中国进入世界贸易组织之后贸易自由化对中国的影响说明了这个问题。他们的研究表明现有的农业生产和贸易预测并没有将水资源作为生产要素，因此是不可靠的。将水资源作为限制性因素，将会使得中国的谷物进口量比之前预计的要多。

4. 水价

要实现合理的水资源管理和国际贸易，一个亟待解决的问题就是国际农产品市场已经出现严重的价格扭曲。全球农业生产消耗的蓝水资源量占到总蓝水消耗量的 92%（Mekonnen and Hoekstra，2011b），这对水资源管理而言是非常重要的。这种扭曲与世界各国农业领域各种直接和间接的补贴相关，尽管各国补贴的形式不一。这个问题是众所周知的，但是目前大部分讨论是关于对农民的直接补贴、出口补贴和进口关税，很少有人关注水价过低这一事实，尽管水资源是重要的农业投入要素。这导致水资源在制定生产和贸易模式的时候，并未作为一个重要因素加以考虑。也导致了不合理的贸易流动，即水密集型作物大规模的从水资源高度紧缺同时过度开发的地区出口到其他地区。从水资源角度考虑，如果继续保持这种过低的水价，自由贸易是不能优化生产和贸易成果的。

建立全球水价体系协议是非常必要的，这一体系应该包含用水的全成本，包括投资成本、运行和维护成本、水资源稀缺租金及水资源使用负外部性成本（Hoekstra and Chapagain，2008；Hoekstra，2011a）。没有国际合理水价协议，高效可持续的全球水资源利用模式很难实现。自 1992 年都柏林会议之后，国际社会对建立全成本水价的必要性达成共识（ICWE，1992）。尽管全球部长论坛在世界水论坛上就这一确实存在的问题达成协议（马拉喀什，1997 年；海牙，2000 年；京都，2003 年；墨西哥，2006 年；伊斯坦布尔，2009 年；马赛，2012 年；大邱，2015 年；巴西利亚，2018 年），但是世界水论坛并未就将水资源作为一种稀缺的经济商品原则的实施达成国际协议。世界水论坛并不是在联合国组织的支持下进行的，联合国水资源或者可持续发展委员会的任何论坛都可以发起或者商议国际水价协议。

仅仅将"水是一种经济商品的原则"留给国家政府去实施，而不建立任何国际协议是不够的，因为单方面的实施很可能是以国家发展为代价的。一方面，严格水价政策的实施会对国家内部水密集型产品生产商的竞争力造成不利影响。另一方面，国内消费者对价格较高的本地产品的自然抵触，也会降低严格水价战略从单方面实施的可行性。国际全成本水价协议将有利于世界水资源的可持续利用，即便是消费者住在离生产地很远的区域，水资源稀缺性也会转化为稀缺成本，进而影响消费者决定。而且，让生产者和消费者为他们造成的水资源消耗和污染付费也是公平的。合理水价将负外部性和机会成本都考虑在内，有助于正确评估实行大规模跨流域调水计划的经济可行性。就像在都柏林会议上（ICWE，1992）认可的那样，全成本水价应该和最低水权结合起来，以保障穷人的基本用水需求（Gleick，1999；Mehta and La Cour Madsen，2005）。

5. 产品透明度和非歧视贸易

制订更合理的水价是很重要的，但这并不够（见第三章）。就像将要在第十六章详细讲述的一样，消息灵通的消费者行为、政府政策和公司策略的基础就是产品透明度。"产品透明度原则”要求公众可以获得产品所有的相关信息，包括从产品出现开始的信息，也包括产品的生产信息。当我们仅关注产品是如何和淡水资源的使用相联系时，相关的信息可能包括以下这些问题的答案：在产品供应链的不同阶段消耗了多少水资源？污染了多少水资源？是何种形式的污染？水资源消耗和污染是否发生在水资源相对短缺或者污染已经超过了可接受水平的区域？下游的使用者或者生态系统是否受到了负面影响？消耗的水资源能否用于其他可获得更高社会收益的领域？通常产品看上去都是相似的——同样的颜色、气味、触感、口感和质量，然而他们可能差异很大。每件产品都有一段独特的历史。原材料的来源可能不同，生产环境可能也不同。饮料如可乐，包含的糖分可能来自甜菜、甘蔗或者玉米（高果糖玉米糖浆）；作物可能是使用美国大平原（Great Plains）奥加拉拉地下含水层过度开采的灌溉水，或者生长在欧洲水资源丰富地区的雨养环境下。换句话说，一瓶可乐并不简单的等同于另一瓶。各国之间的生产环境不同，即使是一个国家内部也可能不同；不同品牌之间存在不同，同一品牌甚至是同样产品的不同批次之间都会存在不同。从水足迹角度来说，我们可能要根据这些看上去相似的产品对淡水资源的不同影响，进行区别对待。在第七章中，我指出英国消费棉花的蓝水足迹可以位于世界不同的区域（图7.1）。英国消费的灌溉棉花的主要生产区域，包括土耳其、印度、意大利、巴基斯坦和摩洛哥。其中一些来源地，如巴基斯坦的印度河流域，水资源消耗水平远远超过了可持续发展水平。在这些区域中，一些棉农做得远远比另一些棉农要好。因此，在贸易过程中，不区别对待可持续和不可持续的棉花贸易是有问题的。

国际贸易协议背景下，一项重要原则是“非歧视原则”。这项原则表明国际贸易系统中不应该存在歧视，也就是一个国家不应该对他的贸易伙伴进行区别对待，或者是对本国产品和外国产品进行区别对待（WTO，2008）。这种背景下，一个关键的问题就是评价两件商品是否相似的标准是什么。根据非歧视原则，我们不能对来自不同国家的棉花或牛肉区别对待。但是如果这项原则所说的两件看上去相似的产品，实际上并不相似呢？当产品是相似的时候，区别对待被认为是不公平的，但是当产品不同的时候，区别对待是很自然的。

公平的国际贸易规则应该包含这样的条款，即允许消费者通过当地政府提高贸易壁垒来抵制他们认为不可持续的产品。实际上，这意味着非歧视原则只有在产品相似时才成立，相似也要考虑在产品的生命周期中存在的影响。这意味着当产品的水足迹并不位于超过环境需水量或者不满足周围水质标准的流域时，一个国家可能愿意从另一个国家进口该产品。根据非歧视原则，所有能够做出可持续保证的国家都可以拥有贸易优先权。对一些不能提供这种保证的国家，无须给予其优先权。很明显，只有当实现产品的透明度这一目标被很好地实施后，可持续发展才能得到保证。

当特定国家进行产品透明度操作的时候，来自这个国家的同一批次产品有可能可以满足一套具体化的可持续标准，而另一批次却不满足。在这种情况下，另一个国家可能愿意和第一批次产品进行自由贸易，但是对另一批次设立贸易壁垒。国际贸易规则允许这样的安排，这看上去是合理的。各国可以选择同意共享可持续标准，然后写入国际贸易协议之中，或者他们可以让各个国家单独制订相关规则。第一种情况可能更好，因为它为市场创造了公平和安全，但它是以牺牲国家主权为代价来快速应对新的发展和适应标准，此外，各国可能对应该选择何种指标存在高度分歧。但无论如何，试图对表示产品可持续性的共享指标达成一致，是国际谈判的一部分。这应该在和世界贸易组织不同的背景下进行，因为世界贸易组织仅限于贸易谈判而避免环境保护方面的谈判。对于环境保护，世界贸易组织指的是在其他国际环境保护政策框架下制定的多国环境协议。根据世界贸易组织规定，两个冲突国家的贸易争论如果不能在两国签署的多国环境协议下解决，应该使用环境协议解决。

6. 国际可持续水资源利用协议的缺失

从世界贸易组织角度来说，“自由贸易”并不等同于“绿色贸易”。各国政府间可以自由协商世界贸易组织规定。同样，各国政府也可以协商并通过国际环境协议。如果对某一贸易行为产生争端，同时矛盾双方签署了环境协议，那么他们应该尝试使用环境协议来解决争端。如果争端的一方并没有签署环境协议，世界贸易组织会提供法庭来裁决，这也是解决这一争端唯一可行的途径（WTO，2008）。同时，国际协议是否包含相关的贸易规定是很必要的。Neumayer（2004）发现，大部分区域或者国际环境协议并没有包含贸易限制措施。因此，这些环境协议在解决贸易争端的时候是不相关的，也就是可以忽略的。在国际环境协议缺失，同时由于国家环境法规造成了贸易壁垒的情况下，世界贸易组织将会解决这一争端。历史证据表明世界贸易组织背景下的国际自由贸易协议高于国家政府制定的环境保护规则，或者是争端的一方没有签署的国际环境协议。根据世界贸易组织规定：

> 如果贸易壁垒仅仅是由于出口国和本国拥有不同的环境、健康和社会政策，那么任何国家都能取消从另一国家进口产品。这会为所有的国家创造一条实质上的开放路径来申请单方面贸易限制，但这样不仅是执行本国法律，也是将自己的标准强加于其他国家（WTO，2008）。

关于可持续水资源利用，更具体些是关于“商品和服务生产过程中可持续的水资源利用”的国际约束协议并不存在。原因可能是淡水资源主要被当作一种当地资源，通常是在国家或者流域水平上进行管理。因此，水资源管理政策总是以国家法规的形式存在，通过关于跨界河流的国际协议和区域水平协议（类似于欧盟协议）来进行补充完善。这意味着当发生和淡水资源保护相关的贸易争端时，世界贸易组织将会根据非歧视原则来解决，结果将会有利于自由贸易而非淡水资源保护。

根据环境保护标准，国际贸易中的歧视是没有法律依据的。这是国际协议领域存在的基础性的不平衡。在世界贸易组织中，国际贸易协议并没有必要超越国际环境协议，但是由于后者的缺失，国际非歧视贸易规定成为决定性原则。世界贸易组织协议说明了两条重要的原则：“第一，贸易限制不能单纯由于产品的生产方式而提出；第二，一个国家不能越过本国边界而将自己的标准施加于另一个国家”（WTO，2008）。国际市场上的许多产品对淡水系统有着重要影响，他们的生产不符合当地环境需水量或者周边的水质标准，我们期待越来越多消费者开始要求实现产品透明度，同时一些国家的消费者要求政府禁止这些明显不能满足出口国国内可持续标准产品的进口。国家考虑可持续水资源利用标准而禁止产品进口的行为不一定会成功，然而，在未来更大程度地实现产品透明度是可能的。

7. 为水密集型产品建立国际水标签

我们将要在第十六章讨论产品水标签将会有利于实现产品透明度。“水标签”可以是一个直接系在产品上的标签，也可以是关于特定产品的电子信息，这些电子信息可以利用网络在商店或者家里通过扫描条形码获得。而且，它可以是一个简单的质量证明，说明这件产品是否满足一定的可持续标准（一个表明“是或者否”的标签），它同时也可以是一种更高级的标签，记录了关于很多相关标准的详细量化信息，引进这样一种标签和水密集型产品关系最相关。这种标签首先应引进并用于一些对水资源系统有很大影响的产品，如棉花、水稻和蔗糖。鉴于棉花、水稻和蔗糖市场的全球化特点，国际合作是建立这种水标签标准并进行实际应用的前提。我们可以考虑将水标签和更广泛的环境或者自由贸易标签整合，但是这有可能在全球实施中遇到新的瓶颈，所以，第一步需要对单独的水标签达成共识。

如果一个或者一些国家同意某种水标签体系，当争端发生时，现有的世界贸易组织规定将会如何解释，我们还不是很清楚。考虑这样一种情况，一个国家对不满足水标签体系要求的所有国家都设立贸易壁垒。考虑在之前争端中所做的裁决（如在美国和墨西哥之间的所谓金枪鱼–海豚争端），如果一个国家并没有签署标签协议，那么世界贸易组织的规定，通常不会对来自该国家的没有满足一定的标签要求的产品进行区别对待。世界贸易组织规定一个国家不能将自己的环境规定强加于另一个国家。然而，一些评论家认为在一些条件下，世界贸易组织的成员国是可能将自己的环境规定强加于另一些成员国的（Charnovitz，2002）。同时，与加工过程、生产方法相关的国际环境标准在限制国际贸易中的作用还有一些不确定的地方，这凸显了建立更广泛的国际水标签体系协议的必要性。如果没有国际协议，标签体系只能用于国内产品，而不能有效地限制贸易。如果各国同意国际水标签，这种标签体系很可能会纳入世界贸易组织的贸易技术壁垒协议中，这一协议用于保证法规、标准、检测和认证过程不会给贸易带来不必要的障碍。这意味着标签体系应该满足世界贸易组织设立的一系列条件。

距离实现国际协议下更广泛的水标签还很遥远。当一些国家认为来自另一些国家的水密集型产品要么缺乏透明度，要么具有透明度但是不满足某些国内定义的可持续标准，因而是不合理的时候，世界贸易组织规则下的自由贸易就会使这些产品的抵制变得非常困难。当相似产品不能满足生产标准时，国家只能依据现有的世界贸易组织规定，让这些产品进入本国。剩下的唯一选择是消费者可以在商店里对这些商品进行选择。然而，由于国家不可能将标签体系应用于进口产品，消费者缺乏相应信息，选择也会受到阻碍。

8. 自由贸易的未来

世界贸易组织的自由贸易规则适用于大部分产品，但是它排除或者是仅在有限程度上，包含了服务和农产品。全球92%的水足迹应用于农业，所以可持续淡水资源的利用应该纳入进一步的国际贸易谈判中。综上可知，从水资源可持续利用角度来说，任何新的国际农产品贸易规则都应该包含一些条款，这些条款可以促进和提倡贸易产品背后更加可持续的水资源利用。2001年，世界贸易组织开始了新一轮多边贸易谈判—多哈回合，农产品贸易是谈判的焦点之一。然而，对贸易全球化不断变化的认知及对未来贸易方向的观念冲突，导致谈判的停滞不前。尽管这次谈判失败，但花点时间从根本上重新考虑我们对全球贸易体系的期望或许是有益的。

9. 水密集型产品贸易强化：风险和机遇

国际上存在大量的虚拟水贸易，而且随着全球贸易自由化，虚拟水贸易量将会继续增加（Ramirez-Vallejo and Rogers，2004）。水密集型产品贸易增加的同时带来了机遇和挑战。减少贸易壁垒的最大机遇就是水资源相对短缺的地区，虚拟水可以被看作一种可能的廉价替代水源。虚拟水进口可以被各国政府当作一种工具，来减少本国水资源的使用。虚拟水的进口（真实水资源和虚拟水相比，通常更加昂贵）可以缓解本国水资源的压力。而且，如果产品是从水资源生产力较高的地区贸易到水资源生产力较低的地区，那么贸易就可以节约水资源。比如说，墨西哥从美国进口玉米，在美国每年玉米的生产需要消耗41亿m^3水资源。如果墨西哥在本国生产这些进口的玉米，每年需要消耗122亿m^3水资源。因此，从全球尺度来说，美国出口到墨西哥的玉米贸易每年节约了81亿m^3水资源（Mekonnen and Hoekstra，2011b）。尽管也有一些例子是水密集型产品以相反的方向贸易，即从水分生产力较低的国家到水分生产力较高的国家，但现有的研究表明所有国际贸易的综合结果是向有利的方向发展。

贸易的一个非常重要的负面作用是消费的间接影响被外部化到其他国家。在大多数国家，农业水资源的价格仍然远远低于它的实际价值，越来越多的水用于加工出口产品。出口国家的用水成本并没有包含在进口国家产品消耗的价格之中。消费者通常没有意识到，也没有为生产他们所消耗产品的海外国家的水资源付费。根据经济学原理，贸易有效和公平的前提是消费者承担产品生产及其所产生影响的全成本。国际虚拟水贸易增加的另一个负面影响是，许多国家越来越依赖从其他国家进口水密集型产品。约旦每年净进口57亿m^3的虚拟水（Schyns *et al.*，2015a），是本国年可更新水资源量（9.4亿m^3）的六倍（FAO，2019b）。中东的其他国家，还有欧洲的许多国家，都拥有较高的水资源进口依赖度。越来越低的水资源自给率，使得许多独立的国家，甚至一些更大的区域，变得非常脆弱。假如，由于某种原因——战争或者是重要出口地区的自然灾害，粮食供应停止，进口区域将会受到严重影响。一个关键的问题是国家愿意承担多大程度的风险，这种风险可以通过提高本国的水资源和粮食自给率来避免（就像埃及和中国那样），也可以通过从不同的贸易国家进口粮食来降低。但是，目前世界贸易组织所倡导的发展趋势是减小贸易壁垒，同时鼓励发展自由贸易，减少了国家政府的干预。此外，各地区越来越侧重于进口某些特定作物，减弱了作物生产的多样化，这加剧了全球粮食系统的脆弱性。

现存世界贸易模式显著影响了大多数国家的水资源使用，减少或者增加了国内水资源的使用。未来国家和区域水资源政策研究应该包含贸易对水资源政策的影响评价。对水资源稀缺的国家，则有必要研究国家水资源短缺对贸易可能的影响。总之，水资源政策制定的战略分析应该包含国际或区域间虚拟水流动的未来或理想趋势分析。

国际农产品自由贸易协议，应该包括促进可持续农业水资源利用的相关规定。由于世界贸易组织明确避免建立环境协议，因此规定的具体内容至今还不清楚。只要自由贸易协议是有效的，同时又没有可持续的产品和水资源使用协议来限制国际贸易，不公平的国际贸易规定就会产生。至今仍没有成型的或者将出现的国际水资源可持续使用或者可持续国际产品协议，这是目前面临的一个很大风险。

第十六章 产品透明度

公众就水足迹的讨论有时很快就聚焦于是否需要为产品贴上水标签这一议题。考虑到水资源可持续利用，有些人倾向于为产品贴上水标签，他们认为有必要告知消费者相关信息以确保其公平选择权。然而，也有些人并不认同这一想法，因为他们不想商品上再多贴一个标签。他们认为仅仅在产品上贴个水足迹数字就能够使消费者真正知情的主张值得商榷。总之，他们对诸多的标签是否有效表示怀疑。人们常常问我是否赞成为产品贴上水标签，若赞成，应该贴哪种标签。阅读本章，你就会明白：我更热衷于产品透明度。产品透明度这个概念比为产品贴上标签（这个概念）的含义更广。我还看到了设计水标签的有用之处：它不仅是一个标识水足迹大小的数字——提高人们的水足迹意识——除此之外，它还能体现产品是否生产基于良好的水资源管理体系，并以此成为具备水足迹意识的消费者选择产品的依据。

在讨论产品透明度和详细阐述产品标签之前，我想先退一步，先对前文做个回顾。任何有关水足迹的讨论，无论是产品水足迹还是消费水足迹，其首要目标应该是弄清如何减少人类水足迹，以实现水资源可持续利用，并就何时何处减少水足迹做出最优化选择。因此，合理的步骤应该是：首先，研究某一水体（含水层、流域）的最大可持续水足迹，分析设定水足迹上限是否能获得政策支持（第十一章）；其次，讨论生产过程中水资源的利用效率，研究如何才能为用水过程和终端产品设立区域性或全球性的水足迹基准，从而为农民和企业提供水足迹参考标准，同时为政府向用户分配水足迹上限提供参考依据（第十二章）；再次，应该集中探讨基于有限淡水资源的消费模式，并且重点研究如何在人均水足迹存在巨大差异前提下实现公平性（第十三章）。创建产品透明度能够使关于产品水足迹的讨论富有成效，消费者能了解自己消耗或污染了多少来自不同地区的水资源，又在多大程度上加重了水资源短缺，同时企业也能了解他们所购买商品的详情。可能有人会反驳，产品透明度的重要性仅在于实现透明化的本身，但可能更重要的是，没有产品透明度我们很难看清如何走向可持续发展道路。人类的水足迹等于所有最终消费品（广义上的消费品，包括服务）水足迹的总和。倘若没有产品透明度（没有关于产品供应链每一阶段的生产环境信息）消费者永远也不会了解自己是如何与不可持续的水资源使用及水污染相关的。假如获得了相关信息，消费者就可能成为水足迹可持续化的参与者、推动者与合作者。

在本章中，我将首先回答为什么在实现资源可持续性这个目标背景下需要产品透明度？接着，将提出问题：企业具体要实现哪方面的透明？随后，从不同的角度思考产品透明度：包括最终消费者、企业、投资者及政府。然后，讨论产品贴标签的问题。最后，探讨良好的水资源管理的概念。这一概念是一个概括性术语，当谈到企业在生产与供应链可持续用水方面所做出的努力及其透明度问题时，常用来指企业的整体表现。

1. 为什么需要产品透明度？

有趣的是，我们通常对自己日常消费品的成分和来源知之甚少。在本地市场上，多是地方特产，我们可能多少都对产品来源和生产环境的相关细节有所了解。因为它们的生产线相对较短，又是在本地生产，消费者和生产者也都彼此了解。全球市场情况截然不同，工业化和经济全球化明显导致了产品的生产背景信息模糊不清。在各种复杂的、跨越国界的供应链中，如果供应链上游阶段的信息没有得到有效维护，就不能保证其能沿着供应链向下到最终产品，那么毫无疑问这些信息将会丢失。电脑含有多种金属材料，这些金属材料在某地被开采出来（或者来自于旧电脑中回收的部件）。一条牛仔裤由棉布做成，这里的棉布一定是从某地在某种条件下收割棉花，再到另一地点在某种生产条件下染色而来。如果消费者想保证他们购买的产品符合特定的可持续发展标准，就必须对产品用料成分的来源、生产方式和加工方式等细节有所了解。这不仅适用于最终消费者，也适用于那些想要确保自己购买的产品符合可持续发展标准的零售商或制造商。产品透明度主要是为了维护供应链上买方的利益。如果相关卖家实现信息透明，并且开始影响买家的消费行为，那么产品透明度也会成为卖家关心的问题。

产品透明度的主要目标是实现产品供应链的双向信息交流。一方面，供应链上游的企业将产品生产条件的相关信息顺着供应链提供给下游企业，最终提供给消费者。另一方面，消费者和企业根据产品信息，可以通过行使选择权、提问、要求更换产品等方式来提供反馈。产品透明度为企业创建了一个走绿色商业道路的激励机制。当然，假如在这方面没有足够的努力，也就没有回报。

2. 关于透明度

产品水足迹的透明度包含很多内容：①不同产品成分的绿水足迹、蓝水足迹和灰水足迹的大小和地点；②这些水足迹的可持续性；③可以采取何种优化方案，以便在必要的时间和地点减少水足迹。第二点是关于可持续性的，这里我们需要知道，水足迹分布在哪些流域，是否带来了水资源消耗或污染，造成了这些流域的不可持续发展（第十一章）。我们还要知道，产品的水足迹是否达到了某一特定基准值（第十二章）。

实现产品透明度最大的困难在于实现信息的有效公开。为了真正了解产品水足迹的大小、地理分布和可持续性，我们可能需要收集大量的数据——尤其是当产品的供应链极为复杂时。实现所有数据的有效公开工程浩大。然而，更重要的是要弄清楚如此庞大的数据集会告诉那些对产品水足迹效应感兴趣的人们什么信息呢？有两种不同的方式可以实现产品透明度：提供所有的实际数据，给出一份完整的水足迹评估的所有细节报告；或是公开关于水足迹整体效应的信息，这将基于一整套明确制定和共享的标准。

上述两种方式各有利弊。提供全部细节的最大优势在于，企业采购产品作进一步加工时，可以为企业进行最终产品评估提供必要信息。饮料公司可能需要所有为其提供糖原料的炼糖厂提供完整的水足迹账户。如果饮料公司无法得到这些数据，它也就无法对本公司生产的饮料做出详细的描述。如此一来，无论是对饮料公司自身，还是对公司客户来说，都是很不利的。第二种方式的优势是，有了这些详细资料，制定完整的水足迹账户就实现了透明化的最终形式。由于水足迹帐户还可以和公司整体表现的相关信息进行整合，因此水足迹账户本身并不包含整体效应方面的明确信息这一事实不是问题。从详细账户层面来讲，产品透明度的劣势是需要企业投入大量精力，建立详尽的水足迹账户，实现其公开可用，而企业可能会出于竞争优势考虑将这些数据保密。毫无疑问，企业完整的水足迹账户会泄露其原材料的来源。

为产品提供整体性能信息的一个极大的优势是，个体消费者更容易从这种综合信息服务中获取必要的信息。综合信息服务只是将产品的整体性能成系列地作简单的排序，甚至可以更简单一些，只告诉你一个产品是否满足一套给定的标准。其劣势是所有的真实信息在顺着供应链向下传递时会逐步消失。总而言之，详尽的水足迹账户似乎主要是针对企业-企业透明度，而整体表现信息则满足了企业——消费者透明度方面的要求。毕竟，详尽水足迹账户的保密问题不能看成压倒一切的问题，因为从企业——企业透明度角度而言，如果真的有必要，企业之间可以就非公开的详细数据签订保密协议。

建立机制确保完整的水足迹账户贯穿整条供应链并非易事。这需要沿着整条供应链创建一种账户，积累从供应链源头到终端的相关信息。一些跨国企业已经建立了相当先进的内部产品管理系统。借此，再加上某一特定批次最终产品的产品代码，企业便能够追溯这一批次的全部数据：例如，某个批次使用资源 1，某个批次使用资源 2，等等。这就使得企业能够准确追溯最终产品的源头。此类产品管理系统还能够突破单一企业的局限，通过跨企业应用使整条供应链追根溯源成为可能，但其前提显然是要实现企业间的合作。

企业之间可以独立于政策法规、认证机构或任何责任之外，自行建立产品透明度。目前还没有相关法规或认证机构涉及产品背后水资源的可持续利用。因此，消费者可见的产品透明度信息完全掌握在企业手里。这并不符合我们所追求的共同利益，也不符合那些想要在该领域谋求进一步发展的企业的利益。正如我上面所说，单纯依靠一个公司想要建立产品透明度举步维艰，因为这需要依赖供应链前端的公司提供相关数据，它们从前端公司购买了产品成分或组件。因此，有必要制定一些政策法规，同时建立一些公众或个人的认证方案。由于各利益相关者的需求和问题不同，我将从以下四个不同的角度来审视产品透明度：最终消费者、企业、投资者和政府。

3. 消费者的角度

为了了解我们所消费的产品，我们需要一种前所未有的产品透明度。消费者有权获知产品环境效应的相关信息。某个消费者不会有兴趣知道产品详尽的水足迹账户，包括产品可持续性数据、供应链上相关企业的改进计划等。从消费者的角度出发，他们更希望自己能够获得一份综合形式的信息，从中获知产品是否符合一套特定的可持续标准。个体消费者可以借助这类信息，选择不同的产品。然而，消费者和环保组织可能希望获得更多的细节，而不仅仅是那些在所有准确数据和特定标准的基础上评估后的结果。掌握完整的水足迹账户，了解企业水足迹目标和改进工作计划，将有助于消费者、环保组织与企业建立合作关系，共同寻求最优选择和最佳途径，为实现产品透明度向积极的方面迈进。因此，我们需要区别个体消费者的利益（简单的信息以有意识地做出购买选择）和民间团体组织关心的问题（复杂的信息以寻求变革）。

4. 企业的角度

就企业角度而言，关于是否存在产品透明度这一说法，企业间存在分歧。大体来讲，企业可以划分为两种。第一种企业：他们意识到自己需要产品透明度，正在努力尝试理解产品透明度的真正意义，掌握在供应链内部障碍重重和某些供应链极为复杂的情况下如何实现产品透明度，一方面谋求与消费者实现最有效的沟通，另一方面保证使产品水足迹向可持续方向发展。第二种企业：他们对整个产品透明度概念，尤其是供应链之内而自身领域之外的信息透明度持批判态度。第二种企业不认同需要对产品的整体可持续性承担责任，他们认为企业的责任只限于生产运作。正如我要在第十七章中所要谈到的，这样的责任观不仅有违道德，而且会阻碍企业的发展。那些认同自己应该为供应链上的改进发挥积极作用的企业，恰恰是那些真正取得进步的企业。企业固守“藩篱之内的责任”，只能使变革受阻。后一类型的企业有待政府加以监管，并立法予以规范。

产品透明度的建立将服务于整个商业界，这是因为产品供应链上自然资源的利用及其环境影响的信息对于制定战略以减少地球压力尤为必要。水足迹基准有助于形成合理的水足迹减小策略。企业直接与间接水足迹的透明度在吸引投资方面将会变得越来越重要。因为水资源短缺会给依赖水资源的行业带来风险，而投资者已经开始意识到这个风险究竟有多大（Sarni，2011）。

产品水足迹透明度当前的进展如何呢？对此我很难回答，只能提供一些简单的描述。因为，正如我们在对荷兰几家上市的大型公司的案例研究中所显示的那样，公司的“水透明度”仍然低得令人悲伤（Linneman *et al.*，2015）。但这并不意味着过去十年什么都没发生。企业首次了解水足迹概念并对此产生兴趣的时间是在2007年（根据记录：可口可乐公司）。现在许多年过去了，思想认识上发生了许多转变，但实际行动的改变却尚未发生。我们发现，食物、饮料、服装、纸浆和造纸行业对水的关注最多。这些企业纷纷开始探索本行业的水足迹，供应链也因此备受关注，但目前这些行业都还没有制定出各自的水足迹基准。确实有很多企业为自己所有的运作过程中水资源节约设定了明确目标，但除了可口可乐还没有企业为自己所有的运作设定零水足迹目标。不考虑产品自身所含的水资源，这一目标的实现是可能的（第十二章），而且世界上许多生产设备很可能已经可以达到这个要求。实现这一标准，企业唯一要做的就是实现零耗水，同时禁止以废水排放或者烟雾扩散等形式向周围水体排放化学物。关于企业供应链内的水足迹问题，情况又明显不同。有些企业已经开始分析他们的间接水足迹，包括可持续性，但是还没有企业制定出发展战略——包括设定合理的水足迹减小目标——来减少供应链上的水足迹。在这点上，我并不悲观。因为到目前为止，留给企业达到这一层次的时间太短。但无论如何，企业一定要实现这一目标。

关于小企业和大企业能做什么存在本质差异。小企业可以针对性地进行可持续性采购活动，合理地选择供应商。大企业能做的更多。例如，食物和饮料行业的大公司可以给农民施加压力，帮助农民减少水足迹，鼓励农民建立水足迹账户。帮助的形式可以是增强农民的水足迹意识、提高农民的水足迹账户构建能力、投资农业及改进提高灌溉技术。大公司可以与农民签订供应协议，在协议中明确水足迹的具体改进之处。这点同样适用于服装行业，服装业可以通过与特定的棉花农场主和加工工厂合作，协助他们采取必要的措施改善环境，最终推动棉花供应链的改进。

5. 投资者的角度

投资者在推动可持续发展方面的潜在作用常常被低估。原因就是我们一直清楚地看到是投资者所起到的消极作用。股票市场给我们的总体印象是赢利的投资者紧盯短期利益，这点构成了上市公司不可持续性行为背后的一大因素。此类印象是由商业银行、保险公司和养老基金造成的，主要是由于它们对投资的可持续性缺乏足够重视。然而，幸运的是我们发现这种状态正在逐渐发生改变，可持续性标准正逐渐走进投资者的世界。

2008 年出现了一个积极的信号：世界银行集团（World Bank Group）旗下的国际金融公司（International Finance Corporation，IFC）成为水足迹网络的创办伙伴之一。2011 年，在《水足迹评价手册》发布之际，世界银行国际金融公司（IFC）的全球业务经理莫妮卡·韦伯-法尔（Monika Weber-Fahr）表示：

> 水对商业至关重要：水质低下或供水不足可以消减甚至关闭业务经营和供应链中的活动。《水足迹评价手册》中给出的方法填补了新兴业务的迫切需求，为企业提供了一种途径来理解其运作过程和供应链环节中的水资源消耗情况，评估可持续性及制定有效的应对策略。

过去的几年里，IFC 已向我们展示了水足迹评估是如何有效促进企业提高水足迹意识，督促企业水资源利用向更为可持续的方向发展，其中之一就是主动发挥带头作用，例如，IFC 与印度的吉安灌溉系统公司（Jain Irrigation Systems，简称“吉安灌溉”）和塔塔集团（TATA Group），还有孟加拉国的服装产业合作。

投资者对于商业用水透明度越来越感兴趣的另一个信号是始于碳披露项目（CDP，2009）的水资源披露倡议。碳披露项目是一个独立的非营利性组织，于 2000 年成立，拥有世界上最大的企业气候变化信息数据库，该组织代表机构投资人、采购组织和政府机构举行会议。2007 年，碳披露项目扩大了服务范围，发起供应链倡议活动，鼓励大型组织携手供应商，整理有关气候变化对供应链的各种影响的高质量信息并加以利用。一些成员公司请求碳披露项目为他们提供帮助，使其能在水资源相关的问题上与供应商加强合作。2008 年，碳披露项目意识到水资源相关的问题——不管是作为一个更广泛的气候变化挑战的重要组成部分，还是作为一个单独议题，推出了水足迹披露试点。2017 年，在该组织发布的年度全球水资源报告中，全球 4653 家公司被要求提供有关其水资源管理的数据，其中 2025 家公司做出了回应（CDP，2017）。

然而，在最近的一项研究中，我们发现，尽管投资者的投资决策对未来水资源的状态和形态产生了巨大的影响，但他们在促进水资源可持续投资实践方面却落后了（Hogeboom *et al.*，2018a）。通过审查他们公开发布的政策，我们评估了投资者是否及如何在他们的投资决策中包括水的可持续性标准。在荷兰的一个案例研究中，我们开发了一个评估投资者水资源可持续的框架，并将其应用于20家大型投资机构。我们发现，总的来说，水的可持续性对投资者来说是一个盲点，导致公开的政策既没有明确的界定，也没有明确的制定，特别是在投资活动的供应链方面。要让投资者在投资政策中确保高效、可持续和公平的用水，还有很长的路要走。

应当注意，投资者似乎是在推动企业透明度，而不是产品透明度。对于拥有少数产品系列的公司来说，情况大体是一致的。但是对于拥有大量产品系列的公司来说，深入了解整个企业的可持续发展并不会为公司每个具体产品的可持续发展方面提供多少真知灼见。

6. 政府的职责

建立产品透明度，市场（消费者、生产者、投资者）的作用非常重要，而政府的作用也同样重要。目前，企业在建立产品透明度上所做出的努力是自发的。过去，政府制定了一系列的法规来规范产品的公共卫生与安全水平，这些法规一般是以产品标准的形式出现。企业必须要符合这些标准，以维护消费者的利益。所以我们理所当然地期待，未来政府也会更加重视制定产品可持续性的相关标准，水资源可持续利用的标准也应当纳入其中。

此外，政府的另一个职责是强化市场的产品透明度。正如本章前面所说的，一家公司不可能建立起本公司的产品透明度，因为它必须依赖供应链中更深一层的产品原料，或成分来源公司提供的相关数据。如果客户要求提供水资源关键数据，那么供应商多少有责任满足客户的这一要求。这类信息可以通过不同的方式提供给客户，可以包含在公司的年度可持续发展报告中，可以发布在网上，也可以作为产品信息与产品一同交付给客户。

在第十五章中，我对棉花、水稻、蔗糖等高耗水产品制定国际水足迹标签的做法极力支持，原因是只有通过包含特定类型的贸易限制条例在内的国际协定，才能规范符合可持续发展的国际贸易。在世界贸易组织的自由贸易协定下，任何国家不能禁止不可持续性产品，或对其执行比可持续性产品更高的进口关税。只有出台相关国际环保协定，取代自由贸易相关规定，才能禁止不可持续性产品的贸易。特别是那些关注“可持续消费”的政府，他们可能会将这一关注转化为贸易政策。例如，考虑到英国居民水足迹总量的75%来自境外这一事实（Mekonnen and Hoekstra，2011b），英国政府可能会致力于进一步提高进口产品的潜在水足迹透明度，甚至禁止产品进口，或者提高贸易壁垒来阻止违反可持续水资源利用有关规定的产品进口，但唯有通过该领域内的国际合作才有可能实现这一目标。

7. 应该给产品贴上水足迹标签吗？

我们来做做下面这个思维性实验。作为消费者，我们可以选择生活在五个世界里的一个。请根据你的喜好为这五个世界排列顺序：

（1）在这个世界里，所有的产品都符合可持续性原则。我们从超市的货架上取下来的任何商品都符合特定的可持续标准。

（2）在这个世界里，许多产品不符合可持续性原则。而符合可持续原则的产品都贴有国际标准化可持续性标签，标签上显示了产品的整体性能，包含公共卫生、社会与环境等方面信息。可持续用水信息也包含在这个标签上。

（3）这个世界与前一个世界一样，有许多产品不符合可持续性原则。但是没有一个综合的可持续标签。不同的标签上标注了不同的信息，如有关于能源、公平贸易、有机食物、森林与海洋管理等不同类型的标签。各类标签并没有贴在所有产品上，而只在最相关的产品上。我们还精选出一批高耗水产品，专门配有水资源管理标签。

（4）这个世界与前一个世界一样，但是没有水资源管理标签。

（5）这个世界里没有产品标签。产品背后的社会和环境信息严重缺乏透明度。许多产品不符合可持续性原则，我们也不清楚究竟哪些产品更符合可持续性原则，哪些产品更不符合。

我按照自己的喜好将这五个世界排列出来。我很好奇你的喜好是怎样的。当前，我们生活在世界（4）中。世界（3）与世界（4）一样，只是多了一种标签。如果你不喜欢这些似乎永无止境地增加的产品标签，可能你对于从世界（4）向世界（3）的迈进不是非常热心。我也有此感触，因为如果产品的标签无限制地扩散，似乎代价高昂但收效甚微。但是，个人认为这是一个转折点。我们还没有准备好迎接一个以共同标准和国际协议为基础的有效的、全面的、国际共享的可持续性标签世界（2）。在我看来，不同国家和地区拥有标注各自社会和环境信息的标签，毫无疑问这是一个中间站，这比什么都没有的世界（5）要好。相比只有一个明细可靠的国际可持续性标签，太多的标签可能无法对消费者的选择产生决定性影响。当然它们或多或少会影响消费者选择，更重要的是，它们会推动企业不断改善社会环境的各个领域。很清楚，由此我认为设计产品水资源管理标签也是件好事。如此一来，它就是为食物、饮料、棉花贴上标签的最合理依据。这些行业拥有较高的产品透明度是设计这样一种标签的先决条件，而行业提高产品透明度本身就已经是一个巨大的进步。以产品标签形式呈现的更高的产品透明度能够在一定程度上对环保创新与先进企业起到市场激励作用。但是，这种标签的设计需要消费者的参与。

在数字化世界里，物理标签的概念可能已经过时。不难想象，消费者扫描一下产品代码便可了解到产品各个层面的信息。最高层面上，消费者可以获知关于产品价格、成分和产地及各个方面的性能信息，其中，包括卫生、能源消耗、水资源消耗、生物多样性、公平竞争等。更详细的层面上，消费者可以了解每个问题上的更多细节。

直到这里，我都在不停地谈论“水资源管理标签”，而不是“水足迹标签”。本章前面的内容里，我提到了产品透明度的概念，对提供所有事实与产品总体性能的相关信息做了区分。没有人会在产品标签上提供完整的水足迹账户——包括所有产品组件的绿水、蓝水和灰水足迹，每种组件的水足迹可持续性，以及企业为进一步完善而制定的有关水足迹目标的详细报告和行动方案等。这些数据可以作为产品透明度的一部分通过其他方式予以公布，如发布在网上，或者包括在年度可持续发展报告中。在产品标签上，包含产品性能的综合评估也许更有用，这包括水资源管理标签等。它可以是一个简单的印章，表明“生产过程基于良好的水资源管理”，或是一个标签，将水资源管理水平分为若干等级加以排序。关于产品水足迹、可持续性、必要的水足迹减小方案等方面更深入的知识，将作为评价不同水资源管理标准信息的一部分。

一些企业对于在产品上添加水足迹信息开展了实验。芬兰食物公司莱斯罗（Raisio）是首家提出为产品贴上水足迹标签的公司（2009 年）。该公司在一包燕麦片上添加了一个标签，标明每 100g 燕麦片耗水 101L，其中燕麦种植耗水比例为 99.3%，加工耗水比例为 0.57%，包装材料耗水比例为 0.16%。根据我之前的论述，可能有人要对这样一个水足迹标签的有效性提出质疑：从标签本身无法深入了解这个水足迹是好是坏，因而无法为消费者做出明智的消费选择提供依据。然而，这一标签却起了其他作用。我猜它旨在提高消费者关于食物用水量方面的意识。从这个角度看，这个标签也许是有用的。它迎合了企业和政府在其他方面做出的一系列努力，使人们增强了水资源利用领域的意识。该环境下，水足迹常常作为一个总数使用，目的是要提高人们的水足迹意识。然而，若是为了影响消费者选择，宣传良好的水资源管理理会更为有效（Postle *et al.*，2011）。这就需要一个规范性的标准（基于客观标准）来更有效地指导。

从地球可持续发展的角度，只要产品的水资源管理标签能够刺激消费者和生产者，带领他们向更为可持续性的消费和生产模式的道路迈进就是成功的。联合国环境规划署（UNEP）（2005）认为，提倡可持续消费时，生态标签可能最为重要，但是一定要针对个体消费者。改善生产者与公共或私人买家的关系并不一定要通过给产品贴上标签才能实现，除了产品层面，企业层面也可以进行水资源管理相关活动。

8. 良好的水资源管理

要定义一个企业或组织什么时候是良好的水资源管理者并不简单。理由是水资源管理是一个无所不包的概念，类似于“可持续发展”，不过它主要是针对水资源。全球有很多水资源管理组织，但是最大的全球性组织是 2008 年由（美国）太平洋研究院（Pacific Institute）、（美国）大自然保护协会（Nature Conservancy，TNC）、澳大利亚水资源管理协会（Australia's Water Stewardship Initiative）、世界自然基金会（World Wide Fund for Nature，WWF）和国际水资源见证组织（Water Witness International）联合创办的水资源管理联盟。水资源管理联盟正在推出一个水验证项目，鼓励采用行业惯例，促进全球水资源利用的社会与环境可持续发展（Richter，2009）。

水资源管理联盟目前正在制定国际水资源管理标准，它将作为国际标准，定义一套水资源管理步骤、原则、标准和指标，指导具体地点和流域进行水资源管理，以符合环境、社会和经济等方面的可持续发展要求［AWS（美国航空气象处），2014］。该标准规定了水资源管理的四项原则：①致力于良好的水资源管理；②可持续性水资源平衡；③致力于良好的水质状态；④致力于与水有关的重要地区的健康状况。该标准由六个步骤组成：提交、收集和了解、计划、实施、评估及交流和披露。每个步骤都包含一组带有相应指标的标准。标准基本以地理位置为中心，适用于生产位置，而不是以产品或者供应链为导向。但是，供应链标准在一定程度上会包含其中，也可能会包含在标准的后续制定过程中。

9. 全球水足迹标准

实现企业与产品透明度，其一是要在不同的行业和国家之间使用同一种语言、定义与计算方法。为了满足这一要求，2009 年，也就是在水足迹概念首次提出大约七年之后，水足迹网络发行了水足迹评价全球标准的第一个版本。两年之后，第二个版本问世（Hoekstra *et al.*，2011）。这个标准经过了世界各地众多组织与研究人员的磋商，进行了系统的同行评审，涵盖了关于水足迹计算的广泛定义和研究方法。它阐述了各类水足迹的计算过程，水足迹类型，包括加工过程、最终产品、消费者、国家和企业等。它还将水足迹可持续评估方法，以及一系列水足迹应对方案纳入其中。全球面临的一个重大挑战就是进一步发展一门共同的语言，建立相互理解的基础。正如在环境核算的其他领域展示的那样，混乱的定义与研究方法无法为可持续性交流服务。

第十七章　谁将成为改变未来的英雄？

合理的水资源管理是消费者、政府、企业与投资者的共同职责。这些社会成员扮演着各自不同的角色，他们之间的相互作用决定了水资源管理的最终效果。每一个角色都可以阻碍其他任意一个角色往正确的方向发展——就像现在经常发生的——但是他们也可以相互激励和促进。首先我将解释我们是怎么相互阻止对方的。消费者常常乐于购买便宜的食物、服装和其他物品，显然他们根本不在乎这些商品的来源。此外，我们所购买的许多产品最终未完全使用或直接丢弃。根据联合国粮农组织的最新研究，富裕国家的消费者一年浪费的粮食（2.22 亿 t/a）相当于撒哈拉沙漠以南的非洲地区的粮食总产量（2.30 亿 t/a）（Gustavsson *et al.*，2011）。消费者并不在乎商品的源头或最终消费情况，这给出一个明确的市场信号："可持续"并不会显著影响这些商品的生产。从表面来看，人们似乎普遍赞成和明白可持续的目的，但却不愿将可持续性付诸行动（Vermeir and Verbeke，2006）。在这场"竞次之争"中，没有人提醒生产者为经营和供应链的可持续做出努力。除了为生产者提供基本收益，最终的消费者还需要垫付一部分用于减少供应链中的水资源消耗与治理污染的资金。如果最终的消费者倾向于选择价格最低的商品，那么事情将很难朝着实现可持续性的正确方向发展。如果政府不积极实施适当的激励政策，同时投资方追求短期利益而不是长期的可持续发展，那么哪一家企业仍然愿意去采取适当的措施实现可持续发展呢？这将产生消极后果，因为消费者行为与人们最初的积极态度相悖的一个原因，是"大多数产品无论如何不会具有可持续特点"的感觉和想法。正如 Vermeir 和 Verbeke（2006）所说：对可持续产品存在的低认知程度是该类产品低购买意向的主要原因。

在当今不容乐观的情景下，如果每一个角色能够承担其责任并有所行动，我们将会迎来一个积极的而不是如此消极的结果。众多证据表明：如果消费者从货架上选取更多标有如"公平贸易"、"有机产品"等标签的产品，那么这些产品，相对于其他没有这类标签的商品，就会非常畅销。在过去十年间"公平贸易"与"有机产品"销量的增长源于愿意为这类商品支付更多费用的消费者的贡献（参见实例 Howard and Allen，2008）。当然这与政府和企业也不无关联，越来越多的标签和认证方案已经制定并实施。许多人抱怨大多数标签和认证方案不够透明，并且质疑一些标签的真实性，所以有人怀疑许多现实中的进步到底是不是这些标签改进的结果。不幸的是，现有的标签和认证方案，很少包括水资源可持续使用的标准。到目前为止，大部分的关注点集中在公众健康、良好的劳动环境、动物福利、减少能源利用、可持续的林业与渔业。合理的水资源管理还未成为现有商品标签的一部分。

标签不是最重要的，因为它只是众多有用的媒介之一，本身并不起决定性作用。其本质是消费者如何通过他们现实中的消费行为来表达消费倾向，而不论标签上标注了什么。政府可以也应该发挥其关键作用，鼓励消费者去购买这类产品，激励企业去提供这类产品。这对于政府而言很容易实现，如减少可持续产品较非可持续产品的附加税，在认证方案的制定中发挥主导作用，逐渐引入法规去促使生产者在今后的生产过程中更加注重可持续发展。最后，投资者可以而且应该将社会和环境标准应用到投资决策之中。幸运的是，这已经引起了投资商们的兴趣。消费者作为自己积蓄的工作者、投票者和的投资者，所以他们不仅可以作为买方、也可以在工作中通过行使他们的权利，如影响政党的规划、选举并推动他们的政府、到银行储蓄等，去应用实施严格的可持续标准。这一切都开始和结束于每个人通过自己的能力可以并应承担各自的责任。

让我们回顾一下本书已经讨论过的一些例子，不同的角色如何采取积极的措施以促进世界淡水资源的可持续利用。第四章中，软饮料的水足迹例子已经说明，为了运送可持续饮品饮料，企业需要在他们的供应链上投入比经营管理更多的资金。对许多其他企业而言也是如此，尤其是提供农业原料的企业。第六章关于肉类产品的研究表明，消费者可以通过减少他们的肉类消费、提高对肉类产品生产地环境的关注，而不仅仅是在家安装节水装置，来缓解淡水资源过度开采和污染的问题。第八章生物燃料水足迹的例子中提到，政府应该将水资源保护目标置于考虑最优水资源利用的能源政策之中。第九章花卉贸易的例子很好地诠释了结合供应链的潜能，西方国家的消费者可以通过为每一支花支付特定的附加费用来降低发展中国家鲜花种植业的水足迹。第十五章关于贸易的研究，清楚地说明了政府也应该将水资源保护融入他们的贸易政策之中。

1. 消费者：创造影响力

消费者（或消费者和环境机构）开始要求对产品背后的水足迹更高的透明度将会非常有意义，这样消费者就可以更好地了解隐藏在产品中的水资源消耗和由此产生的影响。这可为消费者减少对特定产品的消费或完全避免此类消费奠定基础。它也可以使消费者学会如何在水足迹相对较低的牛肉和水足迹相对较高的牛肉中、在不同水足迹的鲜花中进行选择。当然，水足迹只是众多可持续性指标参数之一，但是它让人们更多地意识到商品可持续性的价值，有选择好过于没有选择。好处就是消费者的参与，可以对供应链的改变产生巨大的影响力。第九章中关于花卉贸易的例子可能是最好的诠释。

花卉市场的繁荣景象与对环境的不良影响并不匹配。如果消费者愿意为没有对环境产生不良影响的鲜花付钱，那消费者只需支付很少的钱。而现实中，在花农与消费者之间存在巨大的附加额，所以消费者支付的价钱远远高于花农的收入。如果消费者支付一定的水资源使用附加费，并将这部分附加费转移到花农手中，用于投资水资源可持续利用，那么筹集的这部分资金对花农是非常有价值的，而且足以支付所需的设备，如滴灌设备和温室中的水循环设备等。同理，这适用于在供应链上附加值相对较高的产品，如当今大部分的食物和饮料类产品。用于减少农田尺度水足迹所需的投入可以从农民的角度去考虑，但是从消费者的角度考虑，这部分投入会非常低。这个挑战就是改变价值链，让农民通过应用节水技术在整个产业链第一阶段增加价值，并且只有当供应链之间有合适的沟通，这个增加价值才算合理，整个产业链中的所有角色，包括最终消费者，才会认可它。

消费者意识是改变的前提。企业可以在解释产品的可持续性过程中扮演重要角色。然而，问题是区别富有诚意的声明与单纯的广告是很难的，因此政府的政策是决定性的，这正是现在许多政府所缺乏的要素。从能源领域的企业宣传，我们可以观察到，许多企业宣称他们的产品能源效率及“碳中和”反响并不大，这大大地破坏了那些更诚实销售、宣传的同行企业。现代消费者面临的一大困难是：他或她应该相信什么？销售者的虚假宣传并未受到限制。

2. 企业：面向供应链的责任

为了理解自己宽泛的社会角色及指导他们如何履行责任，企业与管理专业人士已经发展了大量的概念、工具和策略。在企业社会责任的保护伞下，许多企业致力于把社会和环境目标变成他们完整的商业模型。采用智能的社会和环境关键绩效指标，被当作一种管理手段去衡量公司运作的好坏。许多企业打着“消费者-全球化-利润”或“三重底线”的旗号去表明他们的商业模式，涵盖了三个方面：经济的、社会的与生态的。而在供应链中，可持续性问题是由可持续采购解决，这不仅是经济指标，社会和环境指标也要在商品和服务的采购中予以考虑。为了强调不负责的商业及资源不可持续利用的财政投入，有关社会需求和生态问题的不合理响应的商业危机越来越受到人们的关注。企业逐渐认识到：除了需要满足法律要求外，他们还需要社会经营许可。确保消费者合理评价企业需要努力的一个重要措施（最好的情况下，也是学习和发展的一个措施）就是社会参与，即利益相关者和相关团体在创建和实施重大公司决策中的参与。确实，商业世界充满了管理行话。这些理论通常是合理的，但是我们需要看到这些美好词语背后所涉及的水资源话题。

人们期望支持可持续发展的企业有一系列减少他们产品水足迹的策略。现如今世界上很少有企业在其商业模式中融入水资源管理。大多数企业对水资源的兴趣仍然局限于他们自己生产运营中产生的水足迹上，而将供应链水足迹置之度外。许多企业，包括食物、饮料产业及服装业，其供应链水足迹比企业自身运作产生的水足迹要大许多倍。由许多企业，像可口可乐公司、百事公司、南非米勒啤酒集团及喜力啤酒集团所做的研究显示，饮料企业的供应链水足迹占他们总水足迹的99%。然而，所有这些企业使用的都是只针对企业生产过程中与水有关的关键绩效指标。资金投入也是为了在这个方面得到更高效的利用，这意味着在可持续目标下，所投入的资金被用于减少他们产品总水足迹的1%。要实现真正的可持续性，很难想象这些资金投入是最划算的。例如，没人反对努力将每公升啤酒所需的5L用水量降为3.5L，但是如果在供应链中间接用水量未能减少100L或300L，则所取得的生态收益将是微小的。甚至如果人们能意识到制造每升啤酒所用的这5L水大部分会返回到生态系统而被再次利用，因为只有不返回到原系统的水被算作蓝水足迹（定义为净取水量，不是毛取水量）。如果总用水量的减少会造成净用水量的减少，那么用水量从5L减少到3.5L会减少蓝水足迹，但这一减少量也许并不会为缓解淡水资源压力做出多少贡献。简而言之：为实现产品可持续性，企业仅注重减少其生产经营内部的水足迹是不够的。

提到减少水足迹，如果企业将他们的重点转到供应链上会更好些。这可能是个难题，因为大多数企业对于他们的产业链一无所知。我曾经问过一个世界著名品牌服装企业的首席执行官，他的企业是否能够在地图上绘出全世界范围内他们所用于生产其公司品牌服装的棉花产地，其答案仅仅是之后一个关于他的产业对绿色供应链贡献的激情澎湃的演讲，但是他必须承认“答案并不清楚”。无可否认，棉花供应链是极其复杂的（Rivoli，2005），但是如果一个企业对它所使用棉花的来源地和种植方式一无所知，那么他又如何卖出具有可持续性特征的服装呢？同理于其他产业的企业，如食物、饮料和鲜花产业等。然而，供应链透明化，确实是一个挑战。根据我与大量企业合作与交谈的经验，如果真正的目的是标注水足迹的地点，那么估算一个企业供应链水足迹并不容易。了解农产品的最初来源是很重要的，因为水足迹的大小及对当地的影响受多种要素影响，如气候、灌溉措施和当地的水资源的匮乏程度。

大型加工业、经销商和产业机构可以利用他们的力量实现供应链的透明化。如果他们有这种意愿，这一情况就有可能会实现。同时，一些相应的政府法规的制定对这一情况也是有益的。有机与公平贸易标签的经验已经告诉我们：追踪产业链是可能的，即使差距是巨大的且发展中国家也在其中。大型企业可以与他们的供应商签署包括以降低水足迹为目标的阶梯式发展规划的供货协议，而小型企业除了选择最优的供货商外别无选择。

3. 长远投资

投资者可以是一个重要的驱动力，鼓励企业把水风险高和良好的水资源管理优先列入他们的运作计划之中。自2008年左右，投资团体已开始逐渐重视由水缺乏造成的相关危机（Levinson *et al.*，2008；Morrison *et al.*，2009，2010a，2010b；Barton，2010）。事情本身是好的，且探究投资团体如何重新发起对于企业水责任的辩论也是有趣的。直到2010年左右，商业界对淡水的关注仍主要建立在企业社会责任的保护伞下。我在这里使用“企业社会责任”这个词从实践意义上就是把可持续原则并入商业模式中，而不是从慈善事业上去理解（见 Crane *et al.*，2008）。这个讨论是关于水管理原则在商业中的内在化。大概在2010年，我们可以见证另一个框架的突然出现和快速应用，即“水危机”，正如我们所知，争论的形成方式影响着认知与结果（Tversky and Kahneman，1981）。合理的水资源管理计划需要关注水资源的可持续性。作为治理“水危机”的一个挑战，可持续用水问题将转移到商业活动的经济层面。不幸的是，治理“水危机”常常与良好的水资源管理工作相混淆（Hoekstra，2014c）。虽然前者可以为后者做出贡献，但水资源管理需要的不仅仅是治理“水危机”，在一定程度上，减少企业“水危机”的措施将与增加可持续性用水的措施相统一。但是水资源的过度开采与污染往往不会直接导致商业危机，因为可持续意味着长远，并且甚至当它构成威胁时，也可能只是对于特定群体而言，并不一定会对产生这一威胁的群体带来危机。此外，当跨国企业作为水资源来源的河流干涸时，他们可以很容易地将来源转移到其他地方。简而言之，治理商业水危机与企业可持续用水是不同的。不管怎样，我们可以看到在更宽泛的群体中，包括环境组织，“水危机”被理解为一个框架（Orr *et al.*，2009，2011；Pegram *et al.*，2009）。

投资者可以在世界稀缺淡水资源的合理利用中发挥重要作用。将淡水短缺看作商业危机是一个良好的开端，但还远远不够。在一个地区水资源被过度开采后，这个地区继续供应原材料将面临风险，而企业却不会面临这个风险，例如一个饮料公司可以轻易地从另一个地区引进大麦或糖。减少商业危机比负起社会责任更容易。所以，投资者应该支持真正促进长远可持续发展的商业计划，例如将好的水资源管理指标应用到所有投资决策之中，以及向他们的客户要求“水公开”。

4. 一致的政府政策

水是一种公共商品，所以政府应担起制定适当规则与激励机制的责任以确保可持续的生产与消费及生态系统淡水的保护。政府应该支持消费者、生产者和投资者去为更合理的水资源管理措施做出努力，如发展雨养、有机和精准农业，促进发展更先进的灌溉技术和节水策略、引进合理的水价模式、制定各流域的水足迹上限，及帮助不同部门制定水足迹基准和提供教育。政府将更合理的水资源管理相关发展目标融入不同的政策领域，如农业政策、能源政策、贸易政策和税收政策也是重要的。正如世界上许多地方非常普遍的做法，在缺水地区投资灌溉农业是没有意义的。类似地，采取会加重不必要的水资源短缺的能源政策也是没有意义的。合理的水政策包括采取好的农业和能源政策。它也意味与其他政府联合起来，共同制定涉及各国水足迹降低目标的相关国际协议（第十三章）。在国际环境下，政府也可以尝试将可持续用水协议与法律相结合，允许政府限制那些不符合国际水协议的产品贸易（第十五章）。此外，国家政府也可以首先在国际环境背景下，制定合理的法规去推进企业生产与供应链用水相关的产品透明度，实施信息公开（第十六章）。最后，合理的水政策也包括通过国家税收政策，更好地扶持可持续产品，例如，可以通过分化型附加税收关税来实现。

5. 责任：我们可以把它化整为零吗？

人们普遍认为消费者与生产者只对他们自己使用的自然资源和相关环境影响负责。从这一观点出发，消费者只对与家庭用水相关的直接水足迹负责。他们的间接水足迹，即所消费的产品和服务生产过程中的相关水足迹，其实是源于那些产品和服务的生产者，所以生产者应该对此负责。类似地，这一观点也认为，企业只对其自己的水消耗和水污染承担责任，而对他们的间接用水没有责任。公司的可持续报告通常只报告他们生产过程中的用水量，不考虑在供应链上的水资源消耗。这一观点也同样经常用于政府部门，他们只对他们管辖范围内的事情负责。国家政府通常对国家内部水资源的合理利用和保护负有责任感，没有几个政府会对他们国家之外的水资源负责，即使这个国家的居民可能依靠着明显与不可持续用水相关的进口商品。适当的规范其他地区的不可持续用水也是其他间接用水国家的责任。

关于消费者、生产者与政府责任的这一观点是非常局限的。从法律角度来看，很难看出这种观点的问题之所在，但是从道德角度来看，消费者对消费不可持续商品无须负责，生产者对购买不可持续生产的原料无须负责，政府对进口不可持续产品的决策也无须负责，这似乎又有些不合常理。认为“每个人都应对自己的水资源消耗与污染负责”的这一准则与我们如何看待其他相似的例子是不一致的。想想那个购买赃物的例子（见 Hoekstra and Chapagain，2008），谚语道：买者与小偷一样坏。我们的意思是偷窃，这个行为本身是不好的，但是购买赃物的行为也不好，不是因为这个购买者可以被谴责为小偷，而是因为购买者选择了来自于偷窃赃物系统的产品。另一个例子是购买依靠奴隶工作而生产的产品。我们都谴责雇佣奴隶是不道德的，但是我猜当前我们仍同意购买由雇佣奴隶生产的产品也是不好的。我认为，一般而言，如果生产 X 是“坏”的，购买 X 也是“坏”的这一说法是合理的。眼下，我们不去争论这两个行为是否是同等坏或其中一个更坏，存在的问题是基于非可持续用水和污染的产品是否是“坏”的。如果是，那么可以肯定：购买依赖于供应链中不可持续用水和污染的产品也是不好的。当然，这需要对关于“什么是不可持续”问题的持续社会辩论，但是无论关于可持续（好）和不可持续（坏）讨论的结果如何，远离不好事物的责任同时取决于消费者与生产者。在这一点上达成共识对于水管理政策的合理化是至关重要的。当然，这种讨论不只是针对淡水资源管理领域。Lenzen 等（2007）说明了消费者和生产者在温室气体排放和土地分配领域也存在类似的责任难题。

尽管从道德角度出发，消费者与生产者的责任延伸到其自身直接的水资源消耗与污染之外，但在实际中，最直接的方式还是令每一个角色对其直接造成的后果负责。如果农民通过可持续的方式用水，工业通过可持续的方式生产产品，以及消费者生活用水都是可持续的，问题将会得到解决。定义“可持续的”和制定法规以规范各种行为符合可持续性标准将是政府的任务。这种观点，政府扮演的是调节器的角色，为用水者和污染者制定边界条件，消费者与生产者只要保持在这个设定的边界条件中，使用和污染水都是被允许的，然而，在现实中这已经被证明是不起作用的。事实上，这正是我们当前所生活的世界之现状。可以看到，这对于地下水和湖面水位的降低、河流径流的损耗及超出可接受水质标准的水污染并不起作用，这些现象在世界很多地方包括许多发达国家都能观察到。人们可以最终把责任归结于政府部门没有制定合理的水资源管理法规，或者公司违反了这些法规，但是问题不仅仅如此。就像我在本章开始时提到的：各种行为者之间的相互作用才能使事情改善。对政府和企业具有督促作用的消费者将是改善这一情况的基本条件，企业促进他们的供应商也是重要的。承担供应链中水足迹责任的消费者与企业，将最终成为这场所需要的改变中起主要作用。

参考文献

Abdelkader, A., Elshorbagy, A., Tuninetti, M., Laio, F., Ridolfi, L., Fahmy, H., Hoekstra, A. Y. (2018). National water, food, and trade modeling framework: the case of Egypt. *Science of the Total Environment*, 639: 485-496.

Abdullaev, I., De Fraiture, C., Giordano, M., Yakubov, M., Rasulov, A. (2009). Agricultural water use and trade in Uzbekistan: Situation and potential impacts of market liberalization. *Water Resources Development*, 25(1): 47-63.

Akbar, N. M., Khwaja, M. A. (2006). Study on effluents from selected sugar mills in Pakistan: Potential environmental, health, and economic consequences of an excessive pollution load. Sustainable Development Policy Institute, Islamabad, Pakistan.

Alcamo, J., Döll, P., Henrichs, T., Kaspar, F., Lehner, B., Rösch, T., Siebert, S. (2003). Global estimation of water withdrawals and availability under current and business as usual conditions. *Hydrological Sciences*, 48(3): 339-348.

Aldaya, M. M., Allan, J. A., Hoekstra, A. Y. (2010a). Strategic importance of green water in international crop trade. *Ecological Economics*, 69(4): 887-894.

Aldaya, M. M., Hoekstra, A. Y. (2010). The water needed for Italians to eat pasta and pizza. *Agricultural Systems*, 103(6): 351-360.

Aldaya, M. M., Llamas, M. R. (2008). Water footprint analysis for the Guadiana River Basin. Value of Water Research Report Series No. 35, UNESCO-IHE, Delft, the Netherlands.

Aldaya, M. M., Muñoz, G., Hoekstra, A. Y. (2010b). Water footprint of cotton, wheat and rice production in Central Asia. Value of Water Research Report Series No. 41, UNESCO-IHE, Delft, the Netherlands.

Allan, J. A. (2001). *The Middle East water Question: Hydropolitics and the Global Economy*. I. B. Tauris, London, UK.

Allan, J. A. (2003). Virtual water—the water, food, and trade nexus: useful concept or misleading metaphor? *Water International*, 28(1): 106-113.

Allan, T. (2011). *Virtual Water: Tackling the Threat to Our Planet's Most Precious Resource*. I. B. Tauris, London, UK.

Allen, M. R., Frame, D. J., Huntingford, C., Jones, C. D., Lowe, J. A., Meinshausen, M., Meinshausen, N. (2009). Warming caused by cumulative carbon emissions towards the trillionth tonne. *Nature*, 458(7242): 1163-1166.

Alwahti, A. Y. (2003). A taste of vanilla, TED Case Studies No. 686, Trade Environment Database. American University, Washington, DC, USA.

Antonelli, M., Ruini, L. F. (2015). Business engagement with sustainable water resource management through water footprint accounting: The case of the Barilla Company. *Sustainability*, 7: 6742-6758.

Ariga, J., Jayne, T. S., Nyoro, J. (2006). Factors driving the growth in fertilizer consumption in Kenya, 1990-2005: sustaining the momentum in Kenya and lessons for broader replicability in Sub-Saharan Africa. Tegemeo Working Paper 24/2006, Tegemeo Institute of Agricultural Policy and Development, Egerton University, Nairobi, Kenya.

AWS (2014). The AWS International Water Stewardship Standard. Version 1.0, Alliance for Water Stewardship, North Berwick, Scotland, UK.

Baille, M., Baille, A., Delmon, D. (1994). Microclimate and transpiration of greenhouse rose crops. *Agricultural and Forest Meteorology*, 71(1-2): 83-97.

Baillie, J., Zhang, Y. P. (2018). Space for nature. *Science*, 361(6407): 1051.

Banerji, R., Chowdhury, A. R., Misra, G., Sudarsanam, G., Verma, S. C., Srivastava, G. S. (1985). Jatropha seed oils for energy. *Biomass*, 8(4): 277-282.

Bartolini, F., Bazzani, G. M., Gallerani, V., Raggi, M., Viaggi, D. (2007). The impact of water and agriculture policy scenarios on irrigated farming systems in Italy: an analysis based on farm level multi-attribute linear programming models. *Agricultural Systems*, 93(1-3): 90-114.

Barton, B. (2010). Murky waters? Corporate reporting on water risk: a benchmarking study of 100 companies. Ceres, Boston, MA, USA.

Bauer, C. J. (1997). Bringing water markets down to earth: The political economy of water rights in Chile, 1976-95. *World Development*, 25(5): 639-656.

Becht, R. (2007). Environmental effects of the floricultural industry on the Lake Naivasha Basin. ITC Naivasha Database, Enschede, the Netherlands.

Becht, R., Harper, D. M. (2002). Towards an understanding of human impact upon the hydrology of Lake Naivasha, Kenya. *Hydrobiologia*, 488: 1-11.

Becht, R., Nyaoro, J. R. (2006). The influence of groundwater on lake-water management: the Naivasha case. In: Odada, E. O., Olago, D. O., Ochola, W., Ntiba, M., Wandiga, S., Gichuki, N., Oyieke, H. (eds). *Proceedings of the 11th World Lakes Conference*, *31 October-4 November* 2005. Nairobi, Kenya, Ministry of Water and Irrigation: International Lake Environment Committee (ILEC), Vol. II, 384-388.

Becht, R., Odada, O., Higgins, S. (2005). Lake Naivasha: experience and lessons learned brief. In: ILEC (ed). *Managing Lakes and Their Basins for Sustainable Use: A Report for Lake Basin Managers and Stakeholders.* International Lake Environment Committee Foundation, Kusatsu, Japan, 277-298.

Berbel, J., Gutiérrez-Martín, C., Rodríguez-Díaz, J. A., Camacho, E., Montesinos, P. (2015). Literature review on rebound effect of water saving measures and analysis of a Spanish case study. *Water Resources Management*, 29(3): 663-678.

Berndes, G. (2002). Bioenergy and water: The implicationsof large-scale bioenergy production for water use and supply. *Global Environmental Change*, 12(4): 253-271.

Bevilacqua, M., Braglia, M., Carmignani, G., Zammori, F. A. (2007). Life cycle assessment of pasta production in Italy. *Journal of Food Quality*, 30(6): 932-952.

Bianchi, A. (1995). Durum wheat crop in Italy. In: Di Fonzo, N., Kaan, F., Nachit, M. (eds). *Durum Wheat Quality in the Mediterranean Region.* International Centre for Advanced Mediterranean Agronomic Studies (CIHEAM-IAMZ), Zaragoza, Spain, 103-108.

BIER (2011). A practical perspective on water accounting in the beverage sector. Beverage Industry Environmental Roundtable, St. Paul, MN, USA.

Binswanger, M. (2001). Technological progress and sustainable development: What about the rebound effect? *Ecological Economics*, 36(1): 119-132.

Bjørn, A., Diamond, M., Birkved, M., Hauschild, M. Z. (2014). Chemical footprint method for improved communication of freshwater ecotoxicity impacts in the context of ecological limits. *Environmental Science and Technology*, 48(22): 13253-13262.

Bjornlund, H., McKay, J. (2002). Aspects of water markets for developing countries: experiences from Australia, Chile, and the US. *Environment and Development Economics*, 7: 769-795.

Boden, T. A., Marland, G., Andres, R. J. (2010). Global, regional, and national fossil-fuel CO_2 emissions. Carbon Dioxide Information Analysis Center, Oak Ridge National Laboratory, US Department of Energy, Oak Ridge, TN, USA.

Boulay, A. M., Hoekstra, A. Y., Vionnet, S. (2013). Complementarities of water-focused Life Cycle Assessment and Water Footprint Assessment. *Environmental Science and Technology*, 47(21): 11926-11927.

Bringezu, S. (2015). Possible target corridor for sustainable use of global material resources. *Resources*, 4(1): 25-54.

Brouwer, C., Prins, K., Heibloem, M. (1989). Irrigation scheduling. Irrigation Water Management Training Manual No. 4, Food and Agriculture Organization of the United Nations, Rome, Italy.

Brouwer, F., Heinz, I., Zabel, T. (eds) (2003). Governance of water-related conflicts in agriculture: New directions in agri-environmental and water policies in the EU. Environmental and Policy Series, Vol. 37, Kluwer Academic Press, Dordrecht, the Netherlands.

Carter, N. T., Campbell, R. J. (2009). Water issues of Concentrating Solar Power (CSP) electricity in the U. S. Southwest. Congressional Research Service, Washington, DC, USA.

CA Water (2012). *Database Aral Sea*. CA Water-lnfo, Portal of Knowledge for Water and Environmental Issues in Central Asia, www. cawater-info. net.

Cazcarro, I., Hoekstra, A. Y., Sánchez Chóliz, J. (2014). The water footprint of tourism in Spain. *Tourism Management*, 40: 90-101.

CBD (2010). Strategic plan for biodiversity 2011-2020. Convention on Biological Diversity, Montreal, Canada.

CDP (2009). CDP water disclosure: die case for water disclosure. Carbon Disclosure Project, London, UK.

CDP (2017). CDP global water report 2017—a turning tide: tracking corporate action on water security. Carbon Disclosure Project, London, UK.

Chakravarty, D., Dasgupta, S., Roy, J. (2013). Rebound effect: How much to worry? *Current Opinion in Environmental Sustainability*, 5: 216-228.

Chapagain, A. K., Hoekstra, A. Y. (2003). Virtual water flows between nations in relation to international trade in livestock and livestock products. Value of Water Research Report Series No. 13, UNESCO-IHE, Delft, the Netherlands.

Chapagain, A. K., Hoekstra, A. Y. (2008). The global component of freshwater demand and supply: An assessment of virtual water flows between nationsas a result of trade in agricultural and industrial products. *Water International*, 33(1): 19-32.

Chapagain, A. K., Hoekstra, A. Y. (2011). The blue, green and grey water footprint of rice from production and consumption perspectives. *Ecological Economics*, 70(4): 749-758.

Chapagain, A. K., Hoekstra, A. Y., Savenije, H. H. G. (2006a). Water saving through international trade of agricultural products. *Hydrology and Earth System Sciences*, 10(3): 455-468.

Chapagain, A. K., Hoekstra, A. Y., Savenije, H. H. G., Gautam, R. (2006b). The water footprint of cotton consumption: An assessment of the impact of worldwide consumption of cotton products on the water resources in the cotton producing countries. *Ecological Economics*, 60(1): 186-203.

Charnovitz, S. (2002). The law of environmental 'PPMs' in the WTO: debunking the myth of illegality. *The Yale Journal of International Law*, 27(1): 59-110.

Chen, Z. M., Chen, G. Q. (2013). Virtual water accounting for the globalized world economy: national water footprint and international virtual water trade. *Ecological Indicators*, 28: 142-149.

Chico, D., Aldaya, M. M., Garrido, A. (2013). A water footprint assessment of a pair of jeans: The influence of agricultural policies on the sustainability of consumer products. *Journal of Cleaner Production*, 57: 238-248.

Chouchane, H., Krol, M. S., Hoekstra, A. Y. (2018). Expected increase in staple crop imports in water-scarce countries in 2050. *Water Research X*, 1: 100001.

Chukalla, A. D., Krol, M. S., Hoekstra, A. Y. (2015). Green and blue water footprint reduction in irrigated agriculture: Effect of irrigation techniques, irrigation strategies and mulching. *Hydrology and Earth System Sciences*, 19(12): 4877-4891.

Chukalla, A. D., Krol, M. S., Hoekstra, A. Y. (2017). Marginal cost curves for water footprint reduction in irrigated agriculture: Guiding a cost-effective reduction of crop water consumption to a permit or benchmark level. *Hydrology and Earth System Sciences*, 21(7): 3507-3524.

Chukalla, A. D., Krol, M. S., Hoekstra, A. Y. (2018a). Grey water footprint reduction in irrigated crop production: Effect of nitrogen application rate, nitrogen form, tillage practice and irrigation strategy. *Hydrology and Earth System Sciences*, 22(6): 3245-3259.

Chukalla, A. D., Krol, M. S., Hoekstra, A. Y. (2018b). Trade-off between blue and grey water footprint of crop production at different nitrogen application rates under various field management practices. *Science of the Total Environment*, 626: 962-970.

CIA (2019). *The World Factbook*. Central Intelligence Agency, Washington, DC, USA.

CIESIN (2005). Gridded population of the world, version 3. Socioeconomic Data and Applications Center, Center for International Earth Science Information Network, Columbia University, New York, USA.

Cooley, H., Donnelly, K. (2012). Hydraulic fracturing and water resources: separating the frack from the fiction. Pacific Institute, Oakland, CA, USA.

Cornish, G., Bosworth, B., Perry, C., Burke, J. (2004). Water charging in irrigated agriculture: an analysis of international experience. FAO Waters Reports 28, Food and Agriculture Organization of the United Nations, Rome, Italy.

Costanza, R. *et al.* (1997). The value of the world's ecosystem services and natural capital. *Nature*, 387(6630): 253-260.

Crane, A. G., McWilliams, A., Matten, D., Moon, J., Siegel, D. S. (eds) (2008). *The Oxford Handbook of Corporate Social Responsibility*. Oxford University Press, Oxford, UK.

Crase, L., O'Keefe, S. (2009). The paradox of national water savings: a critique of 'Water for the Future'. *Agenda: A Journal of Policy Analysis and Reform*, 16(1): 45-60.

Čuček, L., Klemeš, J. J., Kravanja, Z. (2011). Overview of footprints and relations between carbon and nitrogen footprints. *Chemical Engineering Transactions*, 25: 923-928.

Čuček, L., Klemeš, J. J., Kravanja, Z. (2012). A review of footprint analysis tools for monitoring impacts on sustainability. *Journal of Cleaner Production*, 34: 9-20.

Dalin, C., Konar, M., Hanasaki, N., Rinaldo, A., Rodriguez-Iturbe, I. (2012). Evolution of the global virtual water trade network. *Proceedings of the National Academy of Sciences*, 109 (16): 5989-5994.

Dalin, C., Wada, Y., Kastner, T., Puma, M. J. (2017). Groundwater depletion embedded in international food trade. *Nature*, 543(7647): 700-704.

Davis, K., Seveso, A., Rulli, M., D'Odorico, P. (2017a). Water savings of crop redistribution in the United States. *Water*, 9: 83.

Davis, K. F., Rulli, M. C., Seveso, A., D'Odorico, P. (2017b). Increased food production and reduced water use through optimized crop distribution. *Nature Geoscience*, 10: 919-924.

De Fraiture, C., Cai, X., Amarasinghe, U., Rosegrant, M., Molden, D. (2004). Does international cereal trade save water? The impact of virtual water trade on global water use. Comprehensive Assessment Research Report 4, International Water Management Institute, Colombo, Sri Lanka.

Dellapenna, J. W. (2000). The importance of getting names right: The myth of markets for water. *William and Mary Environmental Law and Policy Review*, 25: 317–377.

Dennehy, K. F. (2000). High Plains regional ground-water study. USGS Fact Sheet FS-091-00, United States Geological Survey, Denver, CO.

Didier, T., Lucie, S. (2008). Measuring consumer's willingness to pay for organic and fair trade products. *International Journal of Consumer Studies*, 32(5): 479–490.

Dittrich, M., Giljum, S., Lutter, S., Polzin, C. (2012). *Green economies around the world? Implications of resource use for development and the environment*, Sustainable Europe Research Institute, Vienna, Austria.

Dixon, J., Braun, H. -J., Kosina, P., Crouch, J. (eds) (2009). Wheat facts and futures 2009. International Maize and Wheat Improvement Center, Mexico City, Mexico.

Dominguez-Faus, R., Powers, S. E., Burken, J. G., Alvarez, P. J. (2009). The water footprint of biofuels: a drink or drive issue? *Environmental Science and Technology*, 43(9): 3005–3010.

Dubcovsky, J., Dvorak, J. (2007). Genome plasticity a key factor in the success of polyploid wheat under domestication. *Science*, 316(5833): 1862–1866.

EC (2009). Directive 2009/28/EC of the European Parliament and of the Council of 23 April 2009 on the promotion of the use of energy from renewable sources and amending and subsequently repealing Directives 2001/77/EC and 2003/30/EC. European Commission, Brussels, Belgium.

EC (2010). Water framework directive implementation reports. European Commission, Brussels, Belgium.

EC (2011). A resource-efficient Europe: Flagship initiative under the Europe 2020 strategy. European Commission, Brussels, Belgium.

EC, PBL (2011). EU resource efficiency perspectives in a global context. PBL Netherlands Environmental Assessment Agency, The Hague, the Netherlands, and European Commission, Brussels, Belgium.

Economy, E. C. (2004). The river runs black: the environmental challenge to China's future. Cornell University Press, Ithaca, NY, USA.

Edelstein, M. R., Cerny, A., Gadaev, A. (2012). Disaster by design: the Aral Sea and its lessons for sustainability. Emerald, Bingley, UK.

EPA (2009). National primary drinking water regulations. Environmental Protection Agency, Washington, DC, USA.

Ercin, A. E., Aldaya, M. M., Hoekstra, A. Y. (2011). Corporate water footprint accounting and impact assessment: The case of the water footprint of a sugar-containing carbonated beverage. *Water Resources Management*, 25(2): 721–741.

Ercin, A. E., Aldaya, M. M., Hoekstra, A. Y. (2012). The water footprint of soy milk and soy burger and equivalent animal products. *Ecological Indicators*, 18: 392–402.

Ercin, A. E., Hoekstra, A. Y. (2012). Carbon and water footprints: Concepts, methodologies and policy responses. United Nations World Water Assessment Programme, Side Publications Series No. 4, UNESCO, Paris, France.

Ercin, A. E., Hoekstra, A. Y. (2014). Water footprint scenarios for 2050: A global analysis. *Environment International*, 64: 71–82.

Ercin, A. E., Hoekstra, A. Y. (2016). European water footprint scenarios for 2050. *Water*, 8(6): 226.

Ercin, A. E., Mekonnen, M. M., Hoekstra, A. Y. (2013). Sustainability of national consumption from a water resources perspective: the case study for France. *Ecological Economics*, 88: 133-147.

Everard, M., Harper, D. M. (2002). Towards the sustainability of the Lake Naivasha Ramsar site and its catchment. *Hydrobiologia*, 488: 191-202.

Ewing, B. R., Hawkins, T. R., Wiedmann, T. O., Galli, A., Ercin, A. E., Weinzettel, J., Steen- Olsen, K. (2012). Integrating ecological and water footprint accounting in a multi- regional input- output framework. *Ecological Indicators*, 23: 1-8.

Fader, M., Gerten, D., Thammer, M., Heinke, J., Lotze- Campen, H., Lucht, W., Cramer, W. (2011). Internal and external green- blue agricultural water footprints of nations, and related water and land savings through trade. *Hydrology and Earth System Sciences*, 15(5): 1641-1660.

Falkenmark, M. (2000). Competing freshwater and ecological services in the river basin perspective: An expanded conceptual framework. *Water International*, 25(2): 172-177.

Falkenmark, M., Rockström, J. (2004). Balancing water for humans and nature: the new approach in ecohydrology. Routledge Earthscan, London, UK.

Fang, K., Heijungs, R. (2015). Investigating the inventory and characterization aspects of footprinting methods: lessons for the classification and integration of footprints. *Journal of Cleaner Production*, 108: 1028-1036.

Fang, K., Heijungs, R., De Snoo, G. R. (2014). Theoretical exploration for the combination of the ecological, energy, carbon, and water footprints: overview of a footprint family. *Ecological Indicators*, 36: 508-518.

Fang, K., Heijungs, R., Duan, Z., De Snoo, G. R. (2015). The environmental sustainability of nations: benchmarking the carbon, water and land footprints against allocated planetary boundaries. *Sustainability*, 7(8): 11285-11305.

FAO (2001). The world's forests 2000, GeoNetwork. Food and Agricultural Organization of the United Nations, Rome, Italy.

FAO (2006). Global forest resources assessment 2005: progress towards sustainable forest management. FAO Forestry Paper 147, Food and Agriculture Organization of the United Nations, Rome, Italy.

FAO (2009). Global map of yearly actual evapotranspiration: Resolution 5 arc minutes, for the period 1961-1990. Food and Agriculture Organization of the United Nations, Rome, Italy.

FAO (2011). The state of the world's land and water resources for food and agriculture: managing systems at risk. Food and Agriculture Organization of the United Nations, Rome, Italy, and Routledge Earthscan, London, UK.

FAO (2012). FAOSTAT. Food and Agriculture Organization of the United Nations, Rome, Italy, http://faostat. fao. org.

FAO (2013). Food wastage footprint: Impacts on natural resources. Food and Agriculture Organization of the United Nations, Rome, Italy.

FAO (2016). Global forest resources assessment 2015: How are the world's forests changing? 2nd edn. Food and Agriculture Organization of the United Nations, Rome, Italy.

FAO (2019a). FAOSTAT. Food and Agriculture Organization of the United Nations, Rome, Italy, http://faostat. fao. org.

FAO (2019b). AQUASTAT. Food and Agriculture Organization of the United Nations, Rome, Italy, www. fao. org/nr/water/aquastat/main/.

FAO, CEPI (2007). Recovered paper data 2006. Food and Agriculture Organization of the United Nations, Rome, Italy, and Confederation of European Paper Industries, Brussels, Belgium.

FAO, UNESCO, IAH, World Bank Group, GEF (2016). Global diagnostic on groundwater governance. Food and Agriculture Organization, Rome, Italy.

Fereres, E., Soriano, M. A. (2007). Deficit irrigation for reducing agricultural water use. *Journal of Experimental Botany*, 58(2): 147-159.

Ferrara, V., Pappalardo, G. (2004). Intensive exploitation effects on alluvial aquifer of the Catania plain, eastern Sicily, Italy. *Geofisica Internacional*, 43(4): 671-681.

Foley, J. A. *et al.* (2011). Solutions for a cultivated planet. *Nature*, 478: 337-342.

Franke, N. A., Boyacioglu, H., Hoekstra, A. Y. (2013). Grey water footprint accounting: Tier 1 supporting guidelines. Value of Water Research Report Series No. 65, UNESCO-IHE, Delft, the Netherlands.

Galli, A., Wiedmann, T., Ercin, E., Knoblauch, D., Ewing, B., Giljum, S. (2011). Integrating ecological, carbon and water footprint into a 'footprint family' of indicators: definition and role in tracking human pressure on the planet. *Ecological Indicators*, 16: 100-112.

Galloway, J. N. *et al.* (2007). International trade in meat: The tip of the pork chop. *Ambio*, 36 (8): 622-629.

Geerts, S., Raes, D. (2009). Deficit irrigation as an on-farm strategy to maximize crop water productivity in dry areas. *Agricultural Water Management*, 96(9): 1275-1284.

Gephart, J. A., Davis, K. F., Emery, K. A., Leach, A. M., Galloway, J. N., Pace, M. L. (2016). The environmental cost of subsistence: optimizing diets to minimize footprints. *Science of the Total Environment*, 553: 120-127.

Gerbens-Leenes, P. W., Hoekstra, A. Y., Bosman, R. (2018). The blue and grey water footprint of construction materials: steel, cement and glass. *Water Resources and Industry*, 19: 1-12.

Gerbens-Leenes, P. W., Hoekstra, A. Y., Van der Meer, T. H. (2009a). The water footprint of energy from biomass: a quantitative assessment and consequences of an increasing share of bio-energy in energy supply. *Ecological Economics*, 68(4): 1052-1060.

Gerbens-Leenes, P. W., Mekonnen, M. M., Hoekstra, A. Y. (2013). The water footprint of poultry, pork and beef: a comparative study in different countries and production systems. *Water Resources and Industry*, 1-2: 25-36.

Gerbens-Leenes, P. W., Van Lienden, A. R., Hoekstra, A. Y., Van der Meer, T. H. (2012). Biofuel scenarios in a water perspective: the global blue and green water footprint of road transport in 2030. *Global Environmental Change*, 22(3): 764-775.

Gerbens-Leenes, P. W., Xu, L., De Vries, G. J., Hoekstra, A. Y. (2014). The blue water footprint and land use of biofuels from algae. *Water Resources Research*, 50(11): 8549-8563.

Gerbens-Leenes, W., Hoekstra, A. Y. (2011). The water footprint of biofuel-based transport. *Energy & Environmental Science*, 4(8): 2658-2668.

Gerbens-Leenes, W., Hoekstra, A. Y. (2012). The water footprint of sweeteners and bioethanol. *Environment International*, 40(1): 202-211.

Gerbens-Leenes, W., Hoekstra, A. Y., Van der Meer, T. H. (2009b). The water footprint of bioenergy. *Proceedings of the National Academy of Sciences*, 106(25): 10219-10223.

Gerbens-Leenes, W., Hoekstra, A. Y., Van der Meer, T. H. (2009c). A global estimate of the water footprint of Jatropha curcas under limited data availability. *Proceedings of the National Academy of Sciences*, 106(40): E113.

Gerten, D., Hoff, H., Rockström, J., Jägermeyr, J., Kummu, M., Pastor, A. V. (2013). Towards a revised planetary boundary for consumptive freshwater use: role of environmental flow requirements. *Current Opinion in Environmental Sustainability*, 5: 551-558.

GFN (2018). National footprint accounts 2018 edition. Global Footprint Network, Oakland, CA, USA.

Giljum, S., Burger, E., Hinterberger, F., Lutter, S., Bruckner, M. (2011). A comprehensive set of resource use indicators from the micro to the macro level. *Resources, Conservation and Recycling*, 55(3): 300-308.

Gleeson, T., Richter, B. (2018). How much groundwater can we pump and protect environmental flows through time? Presumptive standards for conjunctive management of aquifers and rivers. *River Research and Applications*, 34(1): 83-92.

Gleeson, T., Wada, Y., Bierkens, M. F. P., van Beek, L. P. H. (2012). Water balance of global aquifers revealed by groundwater footprint. *Nature*, 488(7410): 197-200.

Gleick, P. H. (ed) (1993). *Water in Crisis: A Guide to the World's Fresh Water Resources*. Oxford University Press, Oxford, UK.

Gleick, P. H. (1994). Water and energy. *Annual Review of Energy and the Environment*, 19: 267-299.

Gleick, P. H. (1999). The human right to water. *Water Policy*, 1(5): 487-503.

Gleick, P. H. (2010). *Bottled and Sold: the Story Behind Our Obsession With Bottled Water*. Island Press, Washington, DC, USA.

Gleick, P. H., Wolff, G., Chalecki, E. L., Reyes, R. (2002). Globalization and international trade of water. In: Gleick, P., Burns, W. C. G. (eds). *The World's Water 2002-2003, The Biennial Report on Freshwater Resources*. Island Press, Washington, DC, USA, 33-56.

GoI (2018). National policy on biofuels 2018. Government of India, Ministry of Petroleum and Natural Gas, New Delhi, India.

Gonzalez-Garcia, S., Berg, S., Feijoo, G., Moreira, M. T. (2009). Environmental impacts of forest production and supply of pulpwood: Spanish and Swedish case studies. *International Journal of Life Cycle Assessment*, 14(4): 340-353.

Goodland, R., Anhang, J. (2009). Livestock and climate change: What if the key actors in climate change are cows, pigs, and chickens? *World Watch Magazine*, Nov/Dec 2009, 10-19.

Goria, A., Lugaresi, N. (2002). The evolution of the national water regime in Italy. Euwareness Project, Istituto per la Ricerca Sociale, Milan, Italy.

Grafton, R. Q., Williams, J., Perry, C. J., Molle, F., Ringler, C., Steduto, P., Udall, B., Wheeler, S. A., Wang, Y., Garrick, D., Allen, R. G. (2018). The paradox of irrigation efficiency. *Science*, 361(6404): 748-750.

Grote, U., Craswell, E., Vlek, P. (2005). Nutrient flows in international trade: Ecology and policy issues. *Environmental Science and Policy*, 8(5): 439-451.

Gunkel, G., Kosmol, J., Sobral, M., Rohn, H., Montenegro, S., Aureliano, J. (2006). Sugar cane industry as a source of water pollution: Case study on the situation in Ipojuca River, Pernambuco, Brazil. *Journal of Water, Air, and Soil Pollution*, 180(1-4): 261-269.

Gustavsson, J., Cederberg, C., Sonesson, U., Van Otterdijk, R., Meybeck, A. (2011). Global food losses and food waste: Extent, causes and prevention. Food and Agriculture Organization of the United Nations, Rome, Italy.

GWP (2000). Integrated water resources management. TAC Background Paper No. 4, Global Water Partnership, Stockholm, Sweden.

Hanasaki, N., Inuzuka, T., Kanae, S., Oki, T. (2010). An estimation of global virtual water flow and sources of water withdrawal for major crops and livestock products using a global hydrological model. *Journal of Hydrology*, 384: 232-244.

Hardin, G. (1968). The tragedy of the commons. *Science*, 162(3859): 1243-1248.

Harper, D., Mavuti, K. (2004). Lake Naivasha, Kenya: ecohydrology to guide the management of a tropical protected area. *Ecohydrology and Hydrobiology*, 4(3): 287-305.

Harvey, M., Pilgrim, S. (2011). The new competition for land: food, energy, and climate change. *Food Policy*, 36(Supplement 1): S40-S51.

Häyhä, T., Lucas, P. L., van Vuuren, D. P., Cornell, S. E., Hoff, H. (2016). From Planetary Boundaries to national fair shares of the global safe operating space: How can the scales be bridged? *Global Environmental Change*, 40: 60–72.

Hendy, C. R. C., Kleih, U., Crawshaw, R., Phillips, M. (1995). Livestock and the environment finding a balance: interactions between livestock production systems and the environment, impact domain: concentrate feed demand. Food and Agriculture Organization of the United Nations, Rome, Italy.

Herrero, M., Gerber, P., Vellinga, T., Garnett, T., Leip, A., Opio, C., Westhoek, H. J., Thornton, P. K., Olesen, J., Hutchings, N., Montgomery, H., Soussana, J. -F., Steinfeld, H., McAllister, T. A. (2011). Livestock and greenhouse gas emissions: The importance of getting the numbers right. *Animal Feed Science and Technology*, 166–167: 779–782.

Hertwich, E. G., Peters, G. P. (2009). Carbon footprint of nations: A global, trade-linked analysis. *Environmental Science and Technology*, 43: 6414–6420.

Herva, M., Franco, A., Carrasco, E. F., Roca, E. (2011). Review of corporate environmental indicators. *Journal of Cleaner Production*, 19: 1687–1699.

HLPE (2015). Water for food security and nutrition. High Level Panel of Experts on Food Security and Nutrition, Committee on World Food Security, Rome, Italy.

Hoekstra, A. Y. (ed.) (2003). Virtual water trade: proceedings of the International Expert Meeting on Virtual Water Trade. Delft, the Netherlands, 12–13 December 2002, Value of Water Research Report Series No. 12, UNESCO-IHE, Delft, the Netherlands.

Hoekstra, A. Y. (2008). The relation between international trade and water resources management. In: Gallagher, K. P. (ed). *Handbook on Trade and the Environment*. Edward Elgar Publishing, Cheltenham, UK, 116–125.

Hoekstra, A. Y. (2009). Human appropriation of natural capital: A comparison of ecological footprint and water footprint analysis. *Ecological Economics*, 68(7): 1963–1974.

Hoekstra, A. Y. (2010a). The water footprint of animal products. In: D'Silva, J., Webster, J. (eds). *The Meat Crisis: Developing more Sustainable Production and Consumption*. Earthscan, London, UK, 22–33.

Hoekstra, A. Y. (2010b). The relation between international trade and freshwater scarcity. Working Paper ERSD-2010-05, January 2010, World Trade Organization, Geneva, Switzerland.

Hoekstra, A. Y. (2011a). The global dimension of water governance: Why the river basin approach is no longer sufficient and why cooperative action at global level is needed. *Water*, 3(1): 21–46.

Hoekstra, A. Y. (2011b). The relation between international trade and freshwater scarcity. In: Hoekstra, A. Y., Aldaya, M. M., Avril, B. (eds). Proceedings of the ESF Strategic Workshop on accounting for water scarcity and pollution in the rules of international trade. Amsterdam, 25–26 November 2010, Value of Water Research Report Series No. 54, UNESCO-IHE, Delft, the Netherlands, 9–29.

Hoekstra, A. Y. (2012a). The hidden water resource use behind meat and dairy. *Animal Frontiers*, 2(2): 3–8.

Hoekstra, A. Y. (2014a). Sustainable, efficient and equitable water use: The three pillars under wise freshwater allocation. *WIREs Water*, 1(1): 31–40.

Hoekstra, A. Y. (2014b). Water for animal products: A blind spot in water policy. *Environmental Research Letters*, 9 (9): 091003.

Hoekstra, A. Y. (2014c). Water scarcity challenges to business. *Nature Climate Change*, 4(5): 318–320.

Hoekstra, A. Y. (2015a). The sustainability of a single process, production process or product. *Ecological Indicators*, 57: 82–84.

Hoekstra, A. Y. (2015c). The water footprint of industry. In: Klemeš, J. J. (ed). *Assessing and Measuring Environmental Impact and Sustainability*. Butterworth-Heinemann, Oxford, UK, 221-254.

Hoekstra, A. Y. (2016). A critique on the water-scarcity weighted water footprint in LCA. *Ecological Indicators*, 66: 564-573.

Hoekstra, A. Y. (2017a). Water footprint assessment: evolvement of a new research field. *Water Resources Management*, 31(10): 3061-3081.

Hoekstra, A. Y. (2017b). The water footprint of animal products. In: D'Silva, J., Webster, J. (eds). *The Meat Crisis: Developing more Sustainable and Ethical Production and Consumption, 2nd edn.* Routledge, London, UK, 21-30.

Hoekstra, A. Y. (2018b). Global food and trade dimensions of groundwater governance. In: Villholth, K. G., López-Gunn, E., Conti, K. I., Garrido, A., Van der Gun, J. (eds). *Advances in Groundwater Governance*. CRC Press, Leiden, the Netherlands, 353-366.

Hoekstra, A. Y. (2018c). How to reduce our water footprint to a sustainable level? *UN Chronicle*, 55(1): 52-54.

Hoekstra, A. Y. (2019). Green-blue water accounting in a soil water balance. *Advances in Water Resources*, 129: 112-117.

Hoekstra, A. Y., Buurman, J., Van Ginkel, K. C. H. (2018b). Urban water security: a review. *Environmental Research Letters*, 13(5): 053002.

Hoekstra, A. Y., Chapagain, A. K. (2007). Water footprints of nations: water use by people as a function of their consumption pattern. *Water Resources Management*, 21(1): 35-48.

Hoekstra, A. Y., Chapagain, A. K. (2008). *Globalization of Water: Sharing the Planet's Freshwater Resources.* Blackwell Publishing, Oxford, UK.

Hoekstra, A. Y., Chapagain, A. K., Aldaya, M. M., Mekonnen, M. M. (2011). *The Water Footprint Assessment Manual: Setting the Global Standard.* Routledge Earthscan, London, UK.

Hoekstra, A. Y., Chapagain, A. K., Van Oel, P. R. (2017). Advancing waterfootprint assessment research: challenges in monitoring progress towards Sustainable Development Goal 6. *Water*, 9(6): 438.

Hoekstra, A. Y., Chapagain, A. K., Zhang, G. P. (2016). Water footprints and sustainable water allocation. *Sustainability*, 8(1): 20.

Hoekstra, A. Y., Gerbens-Leenes, W., Van der Meer, T. H. (2009). The water footprint of Jatropha curcas under poor growing conditions. *Proceedings of the National Academy of Sciences*, 106(42): E119.

Hoekstra, A. Y., Hung, P. Q. (2002). Virtual water trade: a quantification of virtual water flows between nations in relation to international crop trade. Value of Water Research Report Series No. 11, UNESCO-IHE, Delft, the Netherlands.

Hoekstra, A. Y., Hung, P. Q. (2005). Globalisation of water resources: international virtual water flows in relation to crop trade. *Global Environmental Change*, 15(1): 45-56.

Hoekstra, A. Y., Mekonnen, M. M. (2011). Global water scarcity: monthly blue water footprint compared to blue water availability for the world's major river basins. Value of Water Research Report Series No. 53, UNESCO-IHE, Delft, the Netherlands.

Hoekstra, A. Y., Mekonnen, M. M. (2012a). The water footprint of humanity. *Proceedings of the National Academy of Sciences*, 109(9): 3232-3237.

Hoekstra, A. Y., Mekonnen, M. M. (2012b). From water footprint assessment to policy. *Proceedings of the National Academy of Sciences*, 109(22): E1425.

Hoekstra, A. Y., Mekonnen, M. M. (2016). Imported waterrisk: the case of the UK. *Environmental Research Letters*, 11(5): 055002.

Hoekstra, A. Y., Mekonnen, M. M., Chapagain, A. K., Mathews, R. E., Richter, B. D. (2012). Global monthly water scarcity: blue water footprints versus blue water availability. *PLoS ONE*, 7(2): e32688.

Hoekstra, A. Y., Wiedmann, T. O. (2014). Humanity's unsustainable environmental footprint. *Science*, 344(6188): 1114–1117.

Hogeboom, R. J., Hoekstra, A. Y. (2017). Water and landfootprints and economic productivity as factors in local crop choice: The case of silk in Malawi. *Water*, 9(10): 802.

Hogeboom, R. J., Kamphuis, I., Hoekstra, A. Y. (2018a). Water sustainability of investors: development and application of an assessment framework. *Journal of Cleaner Production*, 202: 642–648.

Hogeboom, R. J., Knook, L., Hoekstra, A. Y. (2018b). The blue water footprint of the world's artificial reservoirs for hydroelectricity, irrigation, residential and industrial water supply, flood protection, fishing and recreation. *Advances in Water Resources*, 113: 285–294.

Holmatov, B., Hoekstra, A. Y., Krol, M. S. (2019). Land, water and carbon footprints of circular bioenergy production systems. *Renewable & Sustainable Energy Reviews*, 111: 224–235.

Howard, P. H., Allen, P. (2008). Consumer willingness to pay for domestic 'fair trade': evidence from the United States. *Renewable Agriculture and Food Systems*, 23(3): 235–242.

Huang, Y. A., Weber, C. L., Matthews, H. S. (2009). Categorization of scope 3 emissions for streamlined enterprise carbon footprinting. *Environmental Science and Technology*, 43: 8509–8515.

ICID (2006). Experiences with inter basin water transfers for irrigation, drainage and flood management. Revised draft report of the ICID Task Force on Inter Basin Water Transfers, International Commission on Irrigation and Drainage, New Delhi, India.

ICWE (1992). The Dublin statement on water and sustainable development. International Conference on Water and the Environment, Dublin, Ireland.

IEA (2017). World energy outlook 2017. International Energy Agency, Paris, France.

IEA (2018). World energy outlook 2018. International Energy Agency, Paris, France.

IPCC (2014). Climate change 2014: Synthesis report. Contribution of Working Groups I, II and III to the Fifth Assessment Report of the Intergovernmental Panel on Climate Change, IPCC, Geneva, Switzerland.

ISO (2014). ISO 14046: Environmental management - water footprint - principles, requirements and guidelines. International Organization for Standardization, Geneva, Switzerland.

1STAT (2008). Annual crop data. Italian National Institute of Statistics, Rome, Italy, www. istat. it.

ITC (2006). PC-TAS version 2000-2004 in HS or STIC. International Trade Centre, Geneva, Switzerland.

Jackson, N., Konar, M., Hoekstra, A. Y. (2015). The water footprint of food aid. *Sustainability*, 7(6): 6435–6456.

Jackson, T. (2009). *Prosperity without Growth: Economics for a Finite Planet.* Routledge Earthscan, London, UK.

Jackson, T., Papathanasopoulou, E. (2008). Luxury or 'lock-in'? An exploration of unsustainable consumption in the UK: 1968 to 2000. *Ecological Economics*, 68: 80–95.

Jalava, M., Kummu, M., Pokka, M., Siebert, S., Varis, O. (2014). Diet change: a solution to reduce water use? *Environmental Research Letters*, 9: 074016.

Jalota, S. K., Prihar, S. S. (1998). *Reducing Soil Water Evaporation until Tillage and Straw Mulching.* Iowa State University Press, Ames, IA, USA.

Jefferies, D., Muñoz, I., Hodges, J., King, V. J., Aldaya, M., Ercin, A. E., Milà- i- Canals, L., Hoekstra, A. Y. (2012). Water footprint and life cycle assessment as approaches to assess potential impacts of products on water consumption: key learning points from pilot studies on tea and margarine. *Journal of Cleaner Production*, 33: 155–166.

Jenkinson, D. S. (2001). The impact of humans on the nitrogen cycle, with focus on temperate arable agriculture. *Plant and Soil*, 228(1): 3–15.

Jones, C. M., Kammen, D. M. (2011). Quantifying carbon footprint reduction opportunities for U. S. households and communities. *Environmental Science and Technology*, 45: 4088–4095.

Jongschaap, R. E. E., Blesgraaf, R. A. R., Bogaard, T. A., Van Loo, E. N., Savenije, H. H. G. (2009). The water footprint of bioenergy from Jatropha curcas L. *Proceedings of the National Academy of Sciences*, 106(35): E92.

Jongschaap, R. E. E., Corré, W. J., Bindraban, P. S., Brandenburg, W. A. (2007). Claims and facts on Jatropha curcas L.: global Jatropha curcas evaluation, breeding and propagation programme. Report 158, Plant Research International, Wageningen, the Netherlands and Stichting Het Groene Woudt, Laren, the Netherlands.

Kampman, D. A., Hoekstra, A. Y., Krol, M. S. (2008). The water footprint of India. Value of Water Research Report Series No. 32, UNESCO-IHE, Delft, the Netherlands.

Karandish, F., Hoekstra, A. Y. (2017). Informing national food and water security policy through water footprint assessment: the case of Iran. *Water*, 9(11): 831.

Karandish, F., Hoekstra, A. Y., Hogeboom, R. J. (2018). Groundwater saving and quality improvement by reducing water footprints of crops to benchmarks levels. *Advances in Water Resources*, 121: 480–491.

Katyaini, S., Barua, A. (2017). Assessment of interstate virtual water flows embedded in agriculture to mitigate water scarcity in India (1996–2014). *Water Resources Research*, 53(8): 7382–7400.

Kitaka, N., Harper, D. M., Mavuti, K. M. (2002). Phosphorus inputs to Lake Naivasha, Kenya, from its catchments and the trophic state of the lake. *Hydrobiologia*, 488: 73–80.

Kummu, M., De Moel, H., Porkka, M., Siebert, S., Varis, O., Ward, P. J. (2012). Lost food, wasted resources: Global food supply chain losses and their impacts on freshwater, cropland, and fertiliser use. *Science of the Total Environment*, 438: 477–489.

Lamers, P., Hamelinck, C., Junginger, M., Faaij, A. (2011). International bioenergy trade: a review of past developments in the liquid biofuel market. *Renewable and Sustainable Energy Reviews*, 15: 2655–2676.

Larijani, K. M. (2005). Iran's water crisis: Inducers, challenges and counter-measures. 45th Congress of the European Regional Science Association, VU University Amsterdam, Amsterdam, the Netherlands.

Leach, A. M., Galloway, J. N., Bleeker, A., Erisman, J. W., Kohn, R., Kitzes, J. (2012). A nitrogen footprint model to help consumers understand their role in nitrogen losses to the environment. *Environmental Development*, 1: 40–66.

Lenzen, M., Moran, D., Bhaduri, A., Kanemoto, K., Bekchanov, M., Geschke, A., Foran, B. (2013). International trade of scarce water. *Ecological Economics*, 94: 78–85.

Lenzen, M., Murray, J., Sack, F., Wiedmann, T. (2007). Shared producer and consumer responsibility: Theory and practice. *Ecological Economics*, 61(1): 27–42.

León, L. M., Parise, M. (2008). Managing environmental problems in Cuban karstic aquifers. *Environmental Geology*, 58(2): 275–283.

Lerman, Z., Stanchin, I. (2006). Agrarian reforms in Turkmenistan. In: Babu, S. C., Djalalov, S. (eds). *Policy Reform and Agriculture Development in Central Asia.* Springer, New York, USA, 222–223.

Lettenmeier, M., Rohn, H., Liedtke, C., Schmidt-Bleek, F. (2009). Resource productivity in 7 steps: How to develop eco-innovative products and services and improve their material footprint. Wuppertal Institute for Climate, Environment and Energy, Wuppertal, Germany.

Levinson, M., Lee, E., Chung, J., Huttner, M., Danely, C., McKnight, C., Langlois, A. (2008). Watching water: a guide to evaluating corporate risks in a thirsty world. J. P. Morgan, New York, USA.

Liao, Y., De Fraiture, C., Giordano, M. (2008). Global trade and water: Lessons from China and the WTO. *Global Governance*, 14(4): 503-521.

Lin, D., Hanscom, L., Murthy, A., Galli, A., Evans, M., Neill, E., Mancini, M. S., Martindill, J., Medouar, F. - Z., Huang, S., Wackernagel, M. (2018). Ecological footprint accounting for countries: Updates and results of the national footprint accounts, 2012-2018. *Resources*, 7(3): 58.

Linneman, M. H., Hoekstra, A. Y., Berkhout, W. (2015). Ranking water transparency of Dutch stock- listed companies. *Sustainability*, 7(4): 4341-4359.

Liu, C., Kroeze, C., Hoekstra, A. Y., Gerbens- Leenes, W. (2012). Past and future trends in grey water footprints of anthropogenic nitrogen and phosphorus inputs to major world rivers. *Ecological Indicators*, 18: 42-49.

Liu, J., Lundqvist, J., Weinberg, J., Gustafsson, J. (2013). Food losses and waste in China and their implication for water and land. *Environmental Science and Technology*, 47: 10137-10144.

Liu, J., Williams, J. R., Zehnder, A. J. B., Yang, H. (2007). GEPIC—modelling wheat yield and crop water productivity with high resolution on a global scale. *Agricultural Systems*, 94 (2): 478-493.

Lundqvist, J., De Fraiture, C., Molden, D. (2008). Saving water: From field to fork—curbing losses and wastage in the food chain. SIWI Policy Brief, Stockholm International Water Institute, Stockholm, Sweden.

Ma, J., Hoekstra, A. Y., Wang, H., Chapagain, A. K., Wang, D. (2006). Virtual versus real water transfers within China. *Philosophical Transactions of the Royal Society of London B*, 361 (1469): 835-842.

Maheu, A. (2009). Energy choices and their impacts on demand for water resources: an assessment of current and projected water consumption in global energy production. McGill University, Montreal, Canada.

Malthus, T. R. (1798). *An Essay on the Principle of Population*. J. Johnson, London, UK.

Margat, J., Van der Gun, J. (2013). *Groundwater Around the World: a Geographic Synopsis*. CRC Press, Leiden, the Netherlands.

Marston, L., Konar, M., Cai, X., Troy, T. J. (2015). Virtual groundwater transfers from over- exploited aquifers in the United States. *Proceedings of the National Academy of Sciences*, 112 (28): 8561-8566.

Mathioudakis, V., Gerbens- Leenes, P. W., Van der Meer, T. H., Hoekstra, A. Y. (2017). The water footprint of second- generation bioenergy: a comparison of biomass feedstocks and conversion techniques. *Journal of Cleaner Production*, 148: 571-582.

Matthews, H. S., Hendrickson, C. T., Weber, C. L. (2008). The importance of carbon footprint estimation boundaries. *Environmental Science and Technology*, 42: 5839-5842.

Mavuti, K. M., Harper, D. M. (2006). The ecological state of Lake Naivasha, Kenya, 2005: Turning 25years research into an effective Ramsar monitoring programme. In: Odada, E. O. (eds). Proceedings of the 11th World Lakes Conference, 31 October- 4 November 2005, Nairobi, Kenya. International Lake Environment Committee, Shiga, Japan, Vol. II, 30-34.

McGuire, V. L. (2007). Water- level changes in the High Plains Aquifer, predevelopment to 2005 and 2003 to 2005. Scientific Investigations Report 2006-5324, United States Geological Survey, Reston, VA.

McIsaac, G. F., David, M. B., Gertner, G. Z., Goolsby, D. A. (2001). Eutrophication: nitrate flux in the Mississippi river. *Nature*, 414(6860): 166-167.

MDBC (2004). The cap: providing security for water users and sustainable rivers. Murray- Darling Basin Commission, Canberra, Australia.

Meadows, D. H., Meadows, D. L., Randers, J., Behrens, W. W. (1972). *The Limits to Growth*. Universe Books, New York, USA.

Mehta, L., La Cour Madsen, B. (2005). Is the WTO after your water? The General Agreement on Trade in Services (GATS) and poor people's right to water. *Natural Resources Forum*, 29(2): 154–164.

Meinshausen, M., Meinshausen, N., Hare, W., Raper, S. C. B., Frieler, K., Knutti, R., Frame, D. J., Allen, M. R. (2009). Greenhouse-gas emission targets for limiting global warming to 2°C. *Nature*, 458: 1158–1162.

Mekonnen, M. M., Gerbens-Leenes, P. W., Hoekstra, A. Y. (2015a). The consumptive water footprint of electricity and heat: a global assessment. Environmental Science: *Water Research and Technology*, 1(3): 285–297.

Mekonnen, M. M., Gerbens-Leenes, P. W., Hoekstra, A. Y. (2016). Future electricity: the challenge of reducing both carbon and water footprint. *Science of the Total Environment*, 569-570: 1282–1288.

Mekonnen, M. M., Hoekstra, A. Y. (2010). A global and high-resolution assessment of the green, blue and grey water footprint of wheat. *Hydrology and Earth System Sciences*, 14(7): 1259–1276.

Mekonnen, M. M., Hoekstra, A. Y. (2011a). The green, blue and grey water footprint of crops and derived crop products. *Hydrology and Earth System Sciences*, 15(5): 1577–1600.

Mekonnen, M. M., Hoekstra, A. Y. (2011b). National water footprint accounts: the green, blue and grey water footprint of production and consumption. Value of Water Research Report Series No. 50, UNESCO-IHE, Delft, the Netherlands.

Mekonnen, M. M., Hoekstra, A. Y. (2012a). A global assessment of the water footprint of farm animal products. *Ecosystems*, 15(3): 401–415.

Mekonnen, M. M., Hoekstra, A. Y. (2012b). The blue water footprint of electricity from hydropower. *Hydrology and Earth System Sciences*, 16(1): 179–187.

Mekonnen, M. M., Hoekstra, A. Y. (2014a). Water footprint benchmarks for crop production: a first global assessment. *Ecological Indicators*, 46: 214–223.

Mekonnen, M. M., Hoekstra, A. Y. (2014b). Water conservation through trade: the case of Kenya. *Water International*, 39(4): 451–468.

Mekonnen, M. M., Hoekstra, A. Y. (2015). Global gray water footprint and water pollution levels related to anthropogenic nitrogen loads to fresh water. *Environmental Science and Technology*, 49(21): 12860–12868.

Mekonnen, M. M., Hoekstra, A. Y. (2016). Four billion people facing severe water scarcity. *Science Advances*, 2(2): e1500323.

Mekonnen, M. M., Hoekstra, A. Y. (2018). Global anthropogenic phosphorus loads to fresh water and associated grey water footprints and water pollution levels: a high-resolution global study. *Water Resources Research*, 54(1): 345–358.

Mekonnen, M. M., Hoekstra, A. Y., Becht, R. (2012). Mitigating the water footprint of export cut flowers from the Lake Naivasha Basin, Kenya. *Water Resources Management*, 26 (13): 3725–3742.

Mekonnen, M. M., Romanelli, T. L., Ray, C., Hoekstra, A. Y., Liska, A. J., Neale, C. M. U. (2018). Water, energy, and carbon footprints of bio-ethanol from the U. S. and Brazil. *Environmental Science and Technology*, 52(24): 14508–14518.

Meybeck, M. (2003). Global analysis of river systems: From Earth system controls to Anthro-pocene syndromes. *Philosophical Transactions of the Royal Society B: Biological Sciences*, 358 (1440): 1935–1955.

Meybeck, M. (2004). The global change of continental aquatic systems: Dominant impacts of human activities. *Water Science and Technology*, 49(7): 73–83.

Meyer, K., Newman, P. (2018). The Planetary Accounting Framework: A novel, quota- based approach to understanding the impacts of any scale of human activity in the context of the Planetary Boundaries. *Sustainable Earth*, 1: 4.

Micklin, P. (2016). The future Aral Sea: Hope and despair. *Environmental Earth Sciences*, 75 (9): 844.

Micklin, P., Aladin, N. V., Plotnikov, I. (eds) (2014). *The Aral Sea: the Devastation and Partial Rehabilitation of a Great lake*. Springer, Heidelberg, Germany.

Millstone, E., Lang, T. (2003). *The Atlas of Food*. Routledge Earthscan, London, UK.

Minx, J., Baiocchi, G., Wiedmann, T., Barrett, J., Creutzig, F., Feng, K., Förster, M., Pichler, P. P., Weisz, H., Hubacek, K. (2013). Carbon footprints of cities and other human settlements in the UK. *Environmental Research Letters*, 8(3): 035039.

Mitchell, D. (2008). A note on rising food prices. Policy Research Working Paper 4682, Development Prospects Group, The World Bank, Washington, DC, USA.

Mitchell, R. B. (2010). *International Politics and the Environment*. SAGE Publications, London, UK.

Miura, A. (2001). Coffee market and Colombia. TED Case Studies No. 637, Trade Environment Database, Vol. 11, No. 2, American University, Washington, DC, USA.

Molden, D. (ed.) (2007). *Water for Food, Water for Life: a Comprehensive Assessment of Water Management in Agriculture*. Routledge Earthscan, London, UK.

Molle, F., Berkoff, J. (2007). Water pricing in irrigation: The lifetime of an idea. In: Molle, F., Berkoff, J. (eds). *Irrigation Water Pricing: the Gap Between Theory and Practice*. Comprehensive Assessment of Water Management in Agriculture Series No. 4, CAB International Publication, Wallingford, UK, 1-20.

Monzote, R. F. (2008). *From Rainforest to Cane Field in Cuba: an Environmental History since 1492*. University of North Carolina Press, Chapel Hill, NC, USA.

Moore, D., Cranston, G., Reed, A., Galli, A. (2012). Projecting future human demand on the Earth's regenerative capacity. *Ecological Indicators*, 16: 3-10.

Morrison, J., Morkawa, M., Murphy, M., Schulte, P. (2009). Water scarcity and climate change: growing risks for business and investors. CERES, Boston, MA, USA.

Morrison, J., Schulte, P., Christian- Smith, J., Orr, S., Hepworth, N., Pegram, G. (2010b). Guide to responsible business engagement with water policy. Pacific Institute, Oakland, CA, USA.

Morrison, J., Schulte, P., Schenck, R. (2010a). Corporate water accounting: An analysis of methods and tools for measuring water use and its impacts. United Nations Global Compact, New York, USA.

Mpusia, P. T. O. (2006). Comparison of water consumption between greenhouse and outdoor cultivation. M. Sc. Thesis, ITC, Enschede, the Netherlands.

Musota, R. (2008). Using WEAP and scenarios to assess sustainability of water resources in a basin: case study for Lake Naivasha catchment, Kenya. M. Sc. Thesis, ITC, Enschede, the Netherlands.

Nandalal, K. D. W., Hipel, K. W. (2007). Strategic decision support for resolving conflict over water sharing among countries along the Syr Darya River in the Aral Sea Basin. *Journal of Water Resources Planning and Management*, 133(4): 289-299.

Naylor, R., Steinfeld, H., Falcon, W., Galloway, J., Smil, V., Bradford, E., Alder, J., Mooney, H. (2005). Losing the links between livestock and land. *Science*, 310(5754): 1621-1622.

Naylor, R. L., Hardy, R. W., Bureau, D. P., Chiu, A., Elliott, M., Farrell, A. P., Forster, I., Gatlin, D. M., Goldburg, R. J., Hua, K., Nichols, P. D. (2009). Feeding aquaculture in an era of finite resources. *Proceedings of the National Academy of Sciences*, 106(36): 15103-15110.

NCASI (2009). Water profile of the United States forest products industry. National Council for Air and Stream Improvement, Research Triangle Park, NC, USA.

NCC (2019). Cotton crop databases. National Cotton Council of America, Cordova, TN, USA, www. cotton. org.

NDRC (2007). Medium and long-term development plan for renewable energy in China. National Development and Reform Commission, People's Republic of China, Beijing, China.

Neumayer, E. (2004). The WTO and the environment: Its past record is better than critics believe, but the future outlook is bleak. *Global Environmental Politics*, 4(3): 1-8.

Niccolucci, V., Tiezzi, E., Pulselli, F. M., Capineri, C. (2012). Biocapacity vs. ecological footprint of world regions: a geopolitical interpretation. *Ecological Indicators*, 16: 23-30.

Nilsson, C., Reidy, C. A., Dynesius, M., Revenga, C. (2005). Fragmentation and flow regulation of the world's large river systems. *Science*, 308(5720): 405-408.

Nogueira Junior, E., Kumar, M., Pankratz, S., Oyedun, A. O., Kumar, A. (2018). Development of life cycle water footprints for the production of fuels and chemicals from algae biomass. *Water Research*, 140: 311-322.

Norse, D. (2005). Non-point pollution from crop production: Global, regional and national issues. *Pedosphere*, 15(4): 499-508.

Noss, R. F., Cooperrider, A. Y. (1994). *Saving Nature's Legacy: Protecting and Restoring Biodiversity*. Island Press, Washington, DC, USA.

Nouri, H., Stokvis, B., Galindo, A., Blatchford, M., Hoekstra, A. Y. (2019). Water scarcity alleviation through water footprint reduction in agriculture: The effect of soil mulching and drip irrigation. *Science of the Total Environment*, 653: 241-252.

Nriagu, J. O., Pacyna, J. M. (1988). Quantitative assessment of worldwide contamination of air, water and soils by trace metals. *Nature*, 333(6169): 134-139.

O'Mara, F. P. (2011). The significance of livestock as a contributor to global greenhouse gas emissions today and in the near future. *Animal Feed Science and Technology*, 166-167: 7-15.

O'Neill, D. W., Fanning, A. L., Lamb, W. F., Steinberger, J. K. (2018). A good life for all within planetary boundaries. *Nature Sustainability*, 1: 88-95.

OECD (2006). Water and agriculture: Sustainability, markets and policies. Organisation for Economic Cooperation and Development, Paris, France.

Oki, T., Kanae, S. (2004). Virtual water trade and world water resources. *Water Science and Technology*, 49(7): 203-209.

Olivier, J. G. J., Peters, J. A. H. W. (2018). Trends in global CO_2 and total greenhouse gas emissions: 2018 Report. PBL Netherlands Environmental Assessment Agency, The Hague, the Netherlands.

Olsson, G. (2012). *Water and Energy: Threats and Opportunities*. IWA Publishing, London, UK.

Orgaz, F., Fernández, M. D., Bonachela, S., Gallardo, M., Fereres, E. (2005). Evapotranspiration of horticultural crops in an unheated plastic greenhouse. *Agricultural Water Management*, 72(2): 81-96.

Orlowsky, B., Hoekstra, A. Y., Gudmundsson, L., Seneviratne, S. I. (2014). Today's virtual water consumption and trade under future water scarcity. *Environmental Research Letters*, 9 (7): 074007.

Orr, S., Cartwright, A., Tickner, D. (2009). Understanding water risks: a primer on the consequences of water scarcity for government and business. WWF, Godalming, UK and HSBC, London, UK.

Orr, S., Sánchez-Navarro, R., Schmidt, G., Seiz-Puyuelo, R., Smith, K., Verberne, J. (2011). Assessing water risk: A practical approach for financial institutions. WWF, Berlin, Germany and DEG, KFW Bankengruppe, Germany.

Ostrom, E. (1990). *Governing the Commons: the Evolution of Institutions for Collective Action.* Cambridge University Press, Cambridge, UK.

Ostrom, E., Burger, J., Field, C. B., Norgaard, R. B., Policansky, D. (1999). Revisiting the commons: Local lessons, global challenges. *Science*, 284(5412): 278–282.

Oweis, T., Hachum, A. (2012). Supplemental irrigation: A highly efficient water- use practice, 2nd edn. International Center for Agricultural Research in the Dry Areas, Aleppo, Syria.

Pahlow, M., Van Oel, P. R., Mekonnen, M. M., Hoekstra, A. Y. (2015). Increasing pressure on freshwater resources due to terrestrial feed ingredients for aquaculture production. *Science of the Total Environment*, 536: 847–857.

Peck, J. C. (2007). Groundwater management in the High Plains Aquifer in the USA: legal problems and innovations. In: Giordano, M., Villholth, K. G. (eds). The *Agricultural Ground- water Revolution: Opportunities and Threats to Development.* CAB International, Wallingford, UK.

Pegram, G., Orr, S., Williams, C. (2009). Investigating shared risk in water: corporate engagement with the public policy process. WWF, Godalming, UK.

Pereira, L. S., Oweis, T., Zairi, A. (2002). Irrigation management under water scarcity. *Agricultural Water Management*, 57(3): 175–206.

Perry, C. (2003). Water pricing: Some important definitions and assumptions. Occasional Paper No. 59, SOAS Water Issues Study Group, School of Oriental and African Studies/King's College London, University of London, London, UK.

Perry, C. (2007). Efficient irrigation; inefficient communication; flawed recommendations. *Irrigation and Drainage*, 56(4): 367–378.

Peters, G. P., Hertwich, E. G. (2008). Post- Kyoto greenhouse gas inventories: production versus consumption. *Climatic Change*, 86: 51–66.

Peters, G. P., Marland, G., Le Quéré, C., Boden, T., Canadell, J. G., Raupach, M. R. (2012). Rapid growth in CO_2 emissions after the 2008–2009 global financial crisis. *Nature Climate Change*, 2: 2–4.

Peters, G. P., Minx, J. C., Weber, C. L., Edenhofer, O. (2011). Growth in emission transfers via international trade from 1990 to 2008. *Proceedings of the National Academy of Sciences*, 108(21): 8903–8908.

Peterson, J., Bernardo, D. (2003). High Plains regional aquifer study revisited: a 20 year retrospective for Western Kansas. *Great Plains Research*, 13(2): 179–197.

Pimentel, D., Marklein, A., Toth, M. A., Karpoff, M. N., Paul, G. S., McCormack, R., Kyriazis, J., Krueger, T. (2009). Food versus biofuels: environmental and economic costs. *Human Ecology*, 37(1): 1–12.

Pimentel, D., Patzek, T. W. (2005). Ethanol production using corn, switch grass, and wood: biodiesel production using soybean and sunflower. *Natural Resources Research*, 14(1): 65–76.

Pimentel, D., Pimentel, M. H. (2008). *Food, Energy, and Society*, 3*rd edn.* CRC Press, Boca Raton, FL, USA.

Pitesky, M. E., Stackhouse, K. R., Mitloehner, F. M. (2009). Clearing the air: Livestock's contribution to climate change. *Advances in Agronomy*, 103: 1–40.

Poff, N. L., Zimmerman, J. K. H. (2010). Ecological responses to altered flow regimes: a literature review to inform the science and management of environmental flows. *Freshwater Biology*, 55(1): 194–205.

Polimeni, J. M., Mayumi, K., Giampietro, M., Alcott, B. (2008). *The Jevons Paradox and the Myth of Resource Efficiency Improvements.* Routledge Earthscan, London, UK.

Postel, S. L., Daily, G. C., Ehrlich, P. R. (1996). Human appropriation of renewable freshwater. *Science*, 271(5250): 785–788.

Postle, M., George, C., Upson, S., Hess, T., Morris, J. (2011). Assessment of the efficiency of the water footprinting approach and of the agricultural products and foodstuff labelling and certification schemes. Risk and Policy Analysts Limited, London, Norfolk, UK and Cranfield University, Cranfield, Bedfordshire, UK.

Pouzols, F. M., Toivonen, T., Di Minin, E., Kukkala, A. S., Kullberg, P., Kuusterä, J., Lehtomäki, J., Tenkanen, H., Verburg, P. H., Moilanen, A. (2014). Global protected area expansion is compromised by projected land-use and parochialism. *Nature*, 516(7531): 383-386.

Pradhan, P., Fischer, G., Van Velthuizen, H, Reusser, D. E., Kropp, J. P. (2015). Closing yield gaps: flow sustainable can we be? *PLoS ONE*, 10: e0129487.

Ramirez-Vallejo, J., Rogers, P. (2004). Virtual water flows and trade liberalization. *Water Science and Technology*, 49(7): 25-32.

Raworth, K. (2017). *Doughnut Economics; Seven Ways to Think Like a 21st-century Economist.* Random House Business Books, London, UK.

Renner, A., Zelt, T., Gerteiser, S. (2008). Global market study on jatropha. Final report prepared for the World Wildlife Fund for Nature (WWF), GEXSI London, UK and Berlin, Germany.

Rep, J. (2011). *From Forest to Paper, the Story of Our Water Footprint.* UPM-Kymmene, Helsinki, Finland.

Ricardo, D. (1821). *On the Principles of Political Economy and Taxation, 3rd edn.* John Murray, London, UK.

Richter, B. (2009). Sustainable water use: Can certification show the way? *Innovations*, 4(3): 119-139.

Richter, B. D., Davis, M. M., Apse, C., Konrad, C. (2012). A presumptive standard for environmental flow protection. *River Research and Applications*, 28(8): 1312-1321.

Ridoutt, B. G., Huang, J. (2012). Environmental relevance: The key to understanding water footprints. *Proceedings of the National Academy of Sciences*, 109(22): E1424.

Ridoutt, B. G., Pfister, S. (2010). A revised approach to water footprinting to make transparent the impacts of consumption and production on global freshwater scarcity. *Global Environmental Change*, 20: 113-120.

Rivoli, P. (2005). *The Travels of a T-shirt in the Global Economy: an Economist Examines the Markets, Power, and Politics of World Trade.* John Wiley, Hoboken, NJ, USA.

Rockström, J. *et al.* (2009a). A safe operating space for humanity. *Nature*, 461: 472-475.

Rockström, J. *et al.* (2009b). Planetary boundaries: Exploring the safe operating space for humanity. *Ecology and Society*, 14(2): 32.

Rogers, P., De Silva, R., Bhatia, R. (2002). Water is an economic good: How to use prices to promote equity, efficiency, and sustainability. *Water Policy*, 4(1): 1-17.

Romaguera, M., Hoekstra, A. Y., Su, Z., Krol, M. S., Salama, M. S. (2010). Potential of using remote sensing techniques for global assessment of water footprint of crops. *Remote Sensing*, 2(4): 1177-1196.

Romaguera, M., Krol, M. S., Salama, M. S., Hoekstra, A. Y., Su, Z. (2012). Determining irrigated areas and quantifying blue water use in Europe using remote sensing Meteosat Second Generation (MSG) products and Global Land Data Assimilation System (GLDAS) data. *Photogrammetric Engineering & Remote Sensing*, 78(8): 861-873.

Romaguera, M., Krol, M. S., Salama, M. S., Su, Z., Hoekstra, A. Y. (2014a). Application of a remote sensing method for estimating monthly blue water evapotranspiration in irrigated agriculture. *Remote Sensing*, 6(10): 10033-10050.

Romaguera, M., Salama, M. S., Krol, M. S., Hoekstra, A. Y., Su, Z. (2014b). Towards the improvement of blue water evapotranspiration estimates by combining remote sensing and model simulation. *Remote Sensing*, 6(8): 7026-7049.

Rosegrant, M. W., Cline, S. (2002). The politics and economics of water pricing in developing countries. *Water Resources Impact*, 4(1): 6–8.

Roth, D., Warner, J. (2007). Virtual water: Virtuous impact? The unsteady state of virtual water. *Agriculture and Human Values*, 25(2): 257–270.

Ruini, L., Marino, M., Pignatelli, S., Laio, F., Ridolfi, L. (2013). Water footprint of a large-sized food company: the case of Barilla pasta production. *Water Resources and Industry*, 1-2: 7–24.

Rulli, M. C., Saviori, A., D'Odorico, P. (2013). Global land and water grabbing. *Proceedings of the National Academy of Sciences*, 110(3): 892–897.

SABMiller, GTZ, WWF (2010). Water futures: Working together for a secure water future. SABMiller, Woking, UK and WWF, Goldalming, UK.

SABMiller, WWF (2009). Water footprinting: Identifying and addressing water risks in the value chain. SABMiller, Woking, UK and WWF, Goldalming, UK.

Sala, S., Goralczyk, M. (2013). Chemical footprint: A methodological framework for bridging life cycle assessment and planetary boundaries for chemical pollution. *Integrated Environmental Assessment and Management*, 9(4): 623–632.

Sanchez, P. A. (2002). Soil fertility and hunger in Africa. *Science*, 295(5562): 2019–2020.

Sarni, W. (2011). *Corporate Water Strategies*. Routledge Earthscan, London, UK.

Savenije, H. H. G. (2002). Why water is not an ordinary economic good, or why the girl is special. *Physics and Chemistry of the Earth*, 27(11-22): 741–744.

Savenije, H. H. G., Hoekstra, A. Y., Van der Zaag, P. (2014). Evolving water science in the Anthropocene. *Hydrology and Earth System Sciences*, 18(1): 319–332.

Schindler, D. (2010). Tar sands need solid science. *Nature*, 468(7323): 499–501.

Schyns, J. F., Booij, M. J., Hoekstra, A. Y. (2017). The water footprint of wood for lumber, pulp, paper, fuel and firewood. *Advances in Water Resources*, 107: 490–501.

Schyns, J. F., Hamaideh, A., Hoekstra, A. Y., Mekonnen, M. M., Schyns, M. (2015a). Mitigating the risk of extreme water scarcity and dependency: The case of Jordan. *Water*, 7 (10): 5705–5730.

Schyns, J. F., Hoekstra, A. Y. (2014). The added value of Water Footprint Assessment for national water policy: a case study for Morocco. *PLoS ONE*, 9(6): e99705.

Schyns, J. F., Hoekstra, A. Y., Booij, M. J. (2015b). Review and classification of indicators of green water availability and scarcity. *Hydrology and Earth System Sciences*, 19(11): 4581–4608.

Schyns, J. F., Hoekstra, A. Y., Booij, M. J., Hogeboom, R. J., Mekonnen, M. M. (2019). Limits to the world's green water resources for food, feed, fibre, timber and bio-energy. *Proceedings of the National Academy of Sciences*, 116(11): 4893–4898.

Schyns, J. F., Vanham, D. (2019). The water footprint of wood for energy consumed in the European Union. *Water*, 11(2): 206.

Scott, C. A., Vicuña, S., Blanco-Gutiérrez, I., Meza, F., Varela-Ortega, C. (2014). Irrigation efficiency and water-policy implications for river basin resilience. *Hydrology and Earth System Sciences*, 18(4): 1339.

Sears, L., Caparelli, J., Lee, C., Pan, D., Strandberg, G., Vuu, L., Lawell, C. Y. C. L. (2018). Jevons' Paradox and efficient irrigation technology. *Sustainability*, 10(5): 1590.

Seekell, D. A. (2011). Does the global trade of virtual water reduce inequality in freshwater resource allocation? *Society and Natural Resources*, 24(11): 1205–1215.

Seekell, D. A., D'Odorico, P., Pace, M. L. (2011). Virtual water transfers unlikely to redress inequality in global water use. *Environmental Research Letters*, 6(2): 024017.

Shiklomanov, I. A., Rodda, J. C. (2004). *World Water Resources at the Beginning of the Twenty-first Century*. Cambridge University Press, Cambridge, UK.

Siebert, S., Burke, J., Faures, J. M., Frenken, K., Hoogeveen, J., Döll, P., Portmann, F. T. (2010). Groundwater use for irrigation: A global inventory. *Hydrology and Earth System Sciences*, 14: 1863–1880.

Smil, V. (2013). *Should We Eat Meat? Evolution and Consequences of Modern Carnivory*. Wiley-Blackwell, Chichester, UK.

Smit, R., Whitehead, J., Washington, S. (2018). Where are we heading with electric vehicles? *Air Quality and Climate Change*, 52(3): 18–27.

Solomon, S. K. (2005). Environmental pollution and its management in the sugar industry in India: an appraisal. *Journal of Sugar Technology*, 7(1): 77–81.

Sorrell, S., Dimitropoulos, J., Sommerville, M. (2009). Empirical estimates of the direct rebound effect: a review. *Energy Policy*, 37(4): 1356–1371.

Springmann, M. et al. (2018). Options for keeping the food system within environmental limits. *Nature*, 562(7728): 519–525.

Steinfeld, H., Gerber, P., Wassenaar, T., Castel, V., Rosales, M., De Haan, C. (2006). Livestock's long shadow: Environmental issues and options. Food and Agriculture Organization of the United Nations, Rome, Italy.

Stocking, M. A. (2003). Tropical soils and food security: the next 50 years. *Science*, 302 (5649): 1356–1359.

Suweis, S., Konar, M., Dalin, C., Hanasaki, N., Rinaldo, A., Rodriguez-Iturbe, I. (2011). Structure and controls of the global virtual water trade network. *Geophysical Research Letters*, 38(10): L10403.

Suweis, S., Rinaldo, A., Maritan, A., D'Odorico, P. (2013). Water-controlled wealth of nations. *Proceedings of the National Academy of Sciences*, 110(11): 4230–4233.

Svancara, L. K., Brannon, R., Scott, J. M., Groves, C. R., Noss, R. F., Pressey, R. L. (2005). Policy-driven versus evidence-based conservation: A review of political targets and biological needs. *BioScience*, 55(11): 989–995.

T&E (2017). Roadmap to climate-friendly land freight and buses in Europe. Transport & Environment, Brussels, Belgium.

Tang, S. Y. (1992). *Institutions and Collective Action: Self Governance in Irrigation Systems*. ICS Press, San Francisco, CA, USA.

TCCC, TNC (2010). Product water footprint assessments: practical application in corporate water stewardship. The Coca-Cola Company, Atlanta, GA, USA and The Nature Conservancy, Arlington, VA, USA.

Terry, B., Athanasios, D., Jonathan, R. (2009). The macroeconomic rebound effect and the world economy. *Energy Efficiency*, 2(4): 411–427.

Thenkabail, P. S., Schull, M., Turral, H. (2005). Ganges and Indus river basin land use/land cover (LULC) and irrigated area mapping using continuous streams of MODIS data. *Remote Sensing of Environment*, 95 (3): 317–341.

Tilman, D., Fargione, J., Wolff, B., D'Antonio, C., Dobson, A., Howarth, R., Schindler, D., Schlesinger, W. H., Simberloff, D., Swackhamer, D. (2001). Forecasting agriculturally driven global environmental change. *Science*, 292(5515): 281–284.

Tiruneh, B. A. (2004). Modelling water quality using soil and water assessment tool SWAT: a case study in Lake Naivasha Basin, Kenya. M. Sc. Thesis, ITC, Enschede, the Netherlands.

Tversky, A., Kahneman, D. (1981). The framing of decisions and the psychology of choice. *Science*, 211(4481): 453-458.

UN (1948). Universal declaration of human rights, United Nations, New York, USA.

UN (1992). Agenda 21: The United Nations programme of action from Rio. United Nations, New York, USA.

UN (1998). Kyoto protocol to the United Nations framework convention on climate change. United Nations, Kyoto, Japan.

UN (2015a). Transforming our world: The 2030 agenda for sustainable development. United Nations, New York, USA.

UN (2015b). Adoption of the Paris agreement, framework convention on climate change. United Nations, Paris, France.

UN (2017). World population prospects: The 2017 revision. Population Division, Department of Economic and Social Affairs, United Nations, New York, USA.

UNCESCR (2002). General Comment No. 15: The right to water. UN Committee on Economic, Social and Cultural Rights, United Nations, New York, USA.

UNECE, FAO (2010). Forest product conversion factors for the UNECE region. Geneva Timber and Forest Discussion Paper 49, United Nations Economic Commission for Europe, Geneva, Switzerland and Food and Agriculture Organization of the United Nations, Rome, Italy.

UNEP (2005). The trade and environmental effects of ecolabels: assessment and response. United Nations Environment Programme, Nairobi, Kenya.

UNEP (2012). The emissions gap report 2012. United Nations Environment Programme, Nairobi, Kenya.

UNESCO (1998). UNESCO's initiative for the Aral Sea Basin. United Nations Educational, Scientific and Cultural Organization, Tashkent, Uzbekistan.

UNESCO (2000). Water-related vision for the Aral sea basin for the year 2025. United Nations Educational, Scientific and Cultural Organization, Paris, France.

UNESCO (2003). Water for people, water for life, United Nations World Water Development Report. Part: Case Studies, Chapter 19, UNESCO Publishing, Paris, France and Berghahn Books, Oxford, UK.

Van Oel, P. R., Hoekstra, A. Y. (2012). Towards quantification of the water footprint of paper: A first estimate of its consumptive component. *Water Resources Management*, 26(3): 733-749.

Van Oel, P. R., Krol, M. S., Hoekstra, A. Y. (2009a). A river basin as a common-pool resource: A case study for the Jaguaribe basin in the semi-arid Northeast of Brazil. *International Journal of River Basin Management*, 7(4): 345-353.

Van Oel, P. R., Mekonnen, M. M., Hoekstra, A. Y. (2009b). The external water footprint of the Netherlands: Geographically-explicit quantification and impact assessment. *Ecological Economics*, 69(1): 82-92.

Van Wyk, B. E. (2005). *Food Plants of the World: an Illustrated Guide*. Timber Press, Portland, OR, USA.

Vanham, D., Hoekstra, A. Y., Bidoglio, G. (2013b). Potential water saving through changes in European diets. *Environment International*, 61: 45-56.

Vanham, D. *et al.* (2018). Physical water scarcity metrics for monitoring progress towards SDG target 6.4: an evaluation of indicator 6.4.2 'Level of water stress'. *Science of the Total Environment*, 613-614: 218-232.

Vanham, D., Mekonnen, M. M., Hoekstra, A. Y. (2013a). The water footprint of the EU for different diets. *Ecological Indicators*, 32: 1-8.

Varis, O., Biswas, A. K., Tortajada, C., Lundqvist, J. (2006). Megacities and water management. *International Journal of Water Resources Development*, 22: 377-394.

Verdegem, M. C. J., Bosma, R. H., Verreth, J. A. V. (2006). Reducing water use for animal production through aquaculture. *Water Resources Development*, 22(1): 101–113.

Verma, S., Kampman, D. A., Van der Zaag, P., Hoekstra, A. Y. (2009). Going against the flow: A critical analysis of inter-state virtual water trade in the context of India's National River Linking Programme. *Physics and Chemistry of the Earth*, 34(4-5): 261–269.

Vermeir, I., Verbeke, W. (2006). Sustainable food consumption: Exploring the consumer 'attitude-Behavioral intention' gap. *Journal of Agricultural & Environmental Ethics*, 19(2): 169–194.

Vörösmarty, C. J., Hoekstra, A. Y., Bunn, S. E., Conway, D., Gupta, J. (2015). Fresh water goes global. *Science*, 349 (6247): 478–479.

Wackernagel, M., Rees, W. E. (1996). *Our Ecological Footprint — Reducing Human Impact on the Earth*. New Society Publishers, Gabriola Island, BC, Canada.

Wada, Y., Van Beek, L. P. H., Bierkens, M. F. P. (2012). Nonsustainable groundwater sustaining irrigation: a global assessment. *Water Resources Research*, 48: W00L06.

Wada, Y., Van Beek, L. P. H., Van Kempen, C. M., Reckman, J. W. T. M., Vasak, S., Bierkens, M. F. P. (2010). Global depletion of groundwater resources. *Geophysical Research Letters*, 37: L20402.

Wada, Y., Wisser, D., Bierkens, M. F. P. (2014). Global modeling of withdrawal, allocation and consumptive use of surface water and groundwater resources. *Earth System Dynamics*, 5: 15–40.

Wallace, J. S., Gregory, P. J. (2002). Water resources and their use in food production systems. *Aquatic Sciences*, 64 (4): 363–375.

Wang, F., Sims, J. T., Ma, L., Ma, W., Dou, Z., Zhang, F. (2011). The phosphorus footprint of China's food chain: Implications for food security, natural resource management, and environmental quality. *Journal of Environmental Quality*, 40: 1081–1089.

Wang, R., Zimmerman, J. (2016). Hybrid analysis of blue water consumption and water scarcity implications at the global, national, and basin levels in an increasingly globalized world. *Environmental Science and Technology*, 50(10): 5143–5153.

Wang, Y. B., Wu, P. T., Engel, B. A., Sun, S. K. (2014). Application of water footprint combined with a unified virtual crop pattern to evaluate crop water productivity in grain production in China. *Science of the Total Environment*, 497-498: 1–9.

Ward, F. A., Pulido-Velazquez, M. (2008). Water conservation in irrigation can increase water use. Proceedings of the*National Academy of Sciences*, 105(47): 18215–18220.

WCD (2000). Dams and development: A new framework for decision-making. The report of the World Commission on Dams, Routledge Earthscan, London, UK.

WEF (2019). The global risks report 2019. World Economic Forum, Geneva, Switzerland.

Weinzettel, J., Hertwich, E. G., Peters, G. P., Steen-Olsen, K., Galli, A. (2013). Affluence drives the global displacement of land use. *Global Environmental Change*, 23(2): 433–438.

Wichelns, D. (2010). Virtual water: A helpful perspective, but not a sufficient policy criterion. *Water Resources Management*, 24(10): 2203–2219.

Wiedmann, T., Minx, J. (2008). A definition of 'carbon footprint'. In: Pertsova, C. C. (ed). *Ecological Economics Research Trends*. Nova Science Publishers, Hauppauge, NY, USA, 1–11.

Wiedmann, T. O., Lenzen, M., Barrett, J. R. (2009). Companies on the scale: Comparing and benchmarking the sustainability performance of businesses. *Journal of Industrial Ecology*, 13: 361–383.

Wiedmann, T. O., Schandl, H., Lenzen, M., Moran, D., Suh, S., West, J., Kanemoto, K. (2015). The material footprint of nations. *Proceedings of the National Academy of Sciences*, 112 (20): 6271–6276.

Willett, W., Rockström, J., Loken, B., Springmann, M., Lang, T., Vermeulen, S., Garnett, T., Tilman, D., DeClerck, F., Wood, A., Jonell, M., Clark, M., Gordon, L. J., Fanzo, J., Hawkes, C., Zurayk, R., Rivera, J. A., De Vries, W., Majele Sibanda, L., Afshin, A., Chaudhary, A., Herrero, M., Agustina, R., Branca, F., Lartey, A., Fan, S., Crona, B., Fox, E., Bignet, V., Troell, M., Lindahl, T., Singh, S., Cornell, S. E., Srinath Reddy, K., Narain, S., Nishtar, S., Murray, C. J. L. (2019). Food in the Anthropocene: the EAT-Lancet Commission on healthy diets from sustainable food systems. *The Lancet*, 393: 447–492.

Wilson, E. O. (2016). *Half-Earth: Our Planet's Fight for Life*, W. W. Norton & Company, New York, USA.

Wisser, D., Fekete, B. M., Vörösmarty, C. J., Schumann, A. H. (2010). Reconstructing 20th century global hydrography: a contribution to the Global Terrestrial Network-Hydrology (GTN-H). *Hydrology and Earth System Sciences*, 14(1): 1–24.

Wisser, D., Frolking, S., Hagen, S., Bierkens, M. F. P. (2013). Beyond peak reservoir storage? A global estimate of declining water storage capacity in large reservoirs. *Water Resources Research*, 49(9): 5732–5739.

World Bank (2004). Water resources sector strategy: Strategic directions for World Bank engagement. World Bank, Washington, DC, USA.

World Water Commission (2000). A water secure world: Vision for water, life, and the environment. World Water Vision Commission Report, World Water Commission, The Hague, the Netherlands.

WRI, WBCSD (2011). Greenhouse gas protocol corporate value chain (scope 3) accounting and reporting standard. World Resources Institute, Washington, DC, USA, and World Business Council for Sustainable Development, Conches-Geneva, Switzerland.

WTO (2008). Understanding the WTO, 4th edn. World Trade Organization, Geneva, Switzerland.

WWF (2004). Sugar and the environment: Encouraging better management practices in sugar production. WWF Global Freshwater Programme, WWF, Zeist, the Netherlands.

WWF (2006). Drought in the Mediterranean: WWF policy proposals. WWF/Adena, Madrid, Spain and WWF Mediterranean Programme, Rome, Italy.

Xu, T. Z. (1999). Water quality assessment and pesticide fate modelling in the Lake Naivasha area, Kenya. M. Sc. Thesis, ITC, Enschede, the Netherlands.

Yang, H., Reichert, P., Abbaspour, K. C., Zehnder, A. J. B. (2003). A water resources threshold and its implications for food security. *Environmental Science and Technology*, 37(14): 3048–3054.

Yang, H., Wang, L., Abbaspour, K. C., Zehnder, A. J. B. (2006). Virtual water trade: an assessment of water use efficiency in the international food trade. *Hydrology and Earth System Sciences*, 10(3): 443–454.

Yang, H., Wang, L., Zehnder, A. (2007). Water scarcity and food trade in the Southern and Eastern Mediterranean countries. *Food Policy*, 32(5-6): 585–605.

Yuan, Q., Song, G., Fullana-i-Palmer, P., Wang, Y., Semakula, H. M., Mekonnen, M. M., Zhang, S. (2017). Water footprint of feed required by farmed fish in China based on a Monte Carlo-supported von Bertalanffy growth model: a policy implication. *Journal of Cleaner Production*, 153: 41–50.

Zhuo, L., Hoekstra, A. Y. (2017). The effect of different agricultural management practices on irrigation efficiency, water use efficiency and green and blue water footprint. *Frontiers of Agricultural Science and Engineering*, 4(2): 185–194.

Zhuo, L., Hoekstra, A. Y., Wu, P., Zhao, X. (2019). Monthly blue water footprint caps in a river basin to achieve sustainable water consumption: the role of reservoirs. *Science of the Total Environment*, 650: 891–899.

Zhuo, L., Mekonnen, M. M., Hoekstra, A. Y. (2016a). The effect of inter-annual variability of consumption, production, trade and climate on crop-related green and blue water footprints and inter-regional virtual water trade: A study for China (1978-2008). *Water Research*, 94: 73-85.

Zhuo, L., Mekonnen, M. M., Hoekstra, A. Y. (2016b). Consumptive water footprint and virtual water trade scenarios for China — with a focus on crop production, consumption and trade. *Environment International*, 94: 211-223.

Zhuo, L., Mekonnen, M. M., Hoekstra, A. Y. (2016c). Benchmark levels for the consumptive water footprint of crop production for different environmental conditions: a case study for winter wheat in China. *Hydrology and Earth System Sciences*, 20(11): 4547-4559.

Zhuo, L., Mekonnen, M. M., Hoekstra, A. Y., Wada, Y. (2016d). Inter- and intra-annual variation of water footprint of crops and blue water scarcity in the Yellow River Basin (1961-2009). *Advances in Water Resources*, 87: 21-41.

Zijp, M. C., Posthuma, L., Van De Meent, D. (2014). Definition and applications of a versatile chemical pollution footprint methodology. *Environmental Science and Technology*, 48 (18): 10588-10597.

Zonn, I., Glantz, M., Kostianoy, A., Kosarev, A. (2009). *The Aral Sea Encyclopedia*. Springer, Heidelberg, Germany.

Zwart, S. J., Bastiaanssen, W. G. M., De Fraiture, C., Molden, D. J. (2010). A global benchmark map of water productivity for rainfed and irrigated wheat. *Agricultural Water Management*, 97(10): 1617-1627.